国家“双高计划”高水平专业群建设成果系列教材 ◆ 现代移动通信技术专业

5G基站调试与运维

张雪梅　王瑞　马敬贺　主编

電子工業出版社
Publishing House of Electronics Industry
北京•BEIJING

内 容 简 介

随着 5G 无线侧引入新的关键技术，业界针对 5G 场景逐渐形成基本共识：针对 eMBB 场景，5G 提供了更高速率和更大带宽的接入能力，支持解析度更高、体验更鲜活的多媒体内容；针对 mMTC 场景，5G 优化了更高连接密度时的信令控制能力，支持大规模、低成本、低能耗物联网设备的高效接入；针对 uRLLC 场景，5G 提供了低时延和高可靠的信息交互能力，支持互联实体间高度精密、实时、安全的协同业务。面对 5G 极致的体验、效率和性能要求，以及“万物互联”的愿景，网络将面临全新的挑战与机遇。

图书在版编目（CIP）数据

5G 基站调试与运维 / 张雪梅，王瑞，马敬贺主编. —北京：电子工业出版社，2023.9

ISBN 978-7-121-45447-9

Ⅰ. ①5… Ⅱ. ①张… ②王… ③马… Ⅲ. ①第五代移动通信系统－高等学校－教材 Ⅳ. ①TN929.53

中国国家版本馆 CIP 数据核字（2023）第 068223 号

责任编辑：王　花
印　　刷：三河市双峰印刷装订有限公司
装　　订：三河市双峰印刷装订有限公司
出版发行：电子工业出版社
　　　　　北京市海淀区万寿路 173 信箱　　　　邮编：100036
开　　本：787×1092　1/16　印张：15.75　字数：424 千字
版　　次：2023 年 9 月第 1 版
印　　次：2023 年 9 月第 1 次印刷
定　　价：48.00 元

凡所购买电子工业出版社图书有缺损问题，请向购买书店调换。若书店售缺，请与本社发行部联系，联系及邮购电话：（010）88254888，88258888。

质量投诉请发邮件至 zlts@phei.com.cn，盗版侵权举报请发邮件至 dbqq@phei.com.cn。

本书咨询联系方式：010-88254609，hzh@phei.com.cn。

前言

《高举中国特色社会主义伟大旗帜 为全面建设社会主义现代化国家而团结奋斗——在中国共产党第二十次全国代表大会上的报告》指出，“深入实施人才强国战略。培养造就大批德才兼备的高素质人才，是国家和民族长远发展大计。”2020 年是国际电信联盟愿景中 5G 的商用元年，5G 基础设施建设、5G 移动网络运维、5G 业务开展等急需 5G 的相关技术人才。本书“全面贯彻党的教育方针，落实立德树人根本任务，培养德智体美劳全面发展的社会主义建设者和接班人。”本书在课程内容设计上以学生为中心，思政育人为主线，注重行业岗位应用技能的培养，团结协作、爱国敬业、自主创新的核心素养贯穿教学全过程。本书既可以作为高等职业教育和本科电子信息类专业学生的教学用书，又可以作为通信类技术人员的参考用书。

本书结构合理，体例完整，内容深入浅出，在课程开发过程中以岗课赛证融通为指导思想，从培养现网工程师的角度出发，校企团队共同分析工程案例，并归纳了七个项目：项目一为 5G 网络架构；项目二为 5G 新空口原理，介绍了 5G 移动通信的基础知识；项目三为 5G 基站的硬件部署，通过现场勘察介绍工程实施；项目四为 5G 基站的开通与调试，基于仿真软件介绍基站的开通与调试流程；项目五为工程安全规范；项目六为 5G 基站的维护与故障处理，旨在培养学生排查故障的能力；项目七为 5G 网络的应用场景与典型案例，展示了 5G 万物互联的行业应用。各项目的考核点按照《5G 基站建设与维护职业技能等级标准》设置为初级、中级、高级，以满足个性化分层的学生培养需求。

本书配有大量免费的微课视频、PPT 课件和习题参考答案等资源，读者可以直接扫描二维码阅读或下载相关资源。5G 移动通信技术系列丛书是中国特色高水平高职院校和专业建设计划——高水平专业群建设项目（教职成函〔2019〕14 号）成果，包括《5G 网络基站调试与运维》《5G 网络规划与优化》《5G 无线技术与部署》《5G 承载网通信技术》《5G 云化技术及应用》。本书由校企团队合作开发，张雪梅、王瑞和济南博赛网络技术有限公司的马敬贺担任主编，张雪梅负责统稿，马敬贺负责技术审核，提供工程应用案例，并编写项目六 5G 基站的维护与故障处理。谢翠琴、王珏敏、任丽娜、程琦、杜玉红担任副主编。张雪梅编写了项目二的任务一、项目三，王瑞编写了项目七，王珏敏编写了项目一、项目二的任务二，任丽娜编写了项目四，程琦编写了项目五，谢翠琴、杜玉红完成了部分章节的优化工作。

鉴于编者水平有限，书中难免存在不足之处，欢迎读者批评指正，编者邮箱：79858444@qq.com。

编者

2023 年 3 月

目　录

项目一

5G网络架构

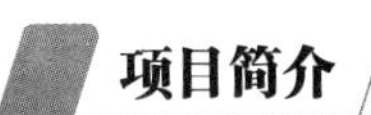

项目简介

从4G技术向5G技术演进，无线产业正在经历前所未有的巨大变化，在无线侧引入新的关键技术的同时，5G标准也提出了5G无线接入网新架构，无线接入网的功能重新划分，部署方式按需分配，网络架构也从分布式无线接入网（DRAN）、集中式无线接入网（CRAN），发展到云化无线接入网（CloudRAN）。云化架构将为未来的新业务引入提供灵活的加载服务和管理服务。

任务一：5G组网架构

（视频）与华为工程师面对面-1

【任务目标】

知识目标	（1）掌握移动通信网络的架构 （2）了解移动基站的演进过程 （3）了解移动通信网络的演进过程
技能目标	根据网络功能按需部署无线接入网络架构
素质目标	（1）华为面对技术瓶颈的挑战，团结一切可以团结的力量，让中国走向世界，培养学生强烈的民族自豪感和爱国情怀 （2）了解无线接入网络架构的演进过程，培养学生注重知识积累，学习华为创新不止的精神，实现从量变到质变的飞跃
重难点	重点：各项无线接入网络架构的部署模式、优势和劣势 难点：按需部署无线接入网
学习方法	目标学习法、探究学习法、合作学习法

【情境导入】

“黑天鹅”曾经是欧洲人言谈与写作中的惯用语，指代不可能存在的事物。但这个看似不可动摇的信念随着澳大利亚黑天鹅的发现而瓦解，从此“黑天鹅”成为影响重大的不确定性的代称。

在全球数字化转型的浪潮下，信息与通信技术（ICT）的未来发展同样充满了不确定性。任正非接受新华社采访时称：“即便有‘黑天鹅’，也只能是在华为的咖啡杯中飞”。面对未来技术、业务和商业模式的不确定性，华为无线将如何迎接挑战？华为在其2016年度的全球分析师大会上发布了CloudRAN解决方案，堪称无线领域的重要战略举措。

CloudRAN 在 SingleRAN 的基础上面向未来的网络架构演进，以云技术为基础重新设计了整个无线网络管理架构，把资源管理、多技术连接和架构弹性转变为新架构下的原生能力，以更好应对未来的不确定性。CloudRAN 在无线接入网的基础上完整地引入了云理念，补齐了全面云化的最后一块“拼图”，这是无线领域前所未有的基础创新。把充满不确定性的“黑天鹅”装入未来连接一切的“咖啡杯”是新的无线网络架构必须实现的目标。

【任务资讯】

（视频）
5G的前世

（视频）
5G的今生

1.1.1 传统无线网络架构

从 1G 到现在的 5G，移动通信系统网络架构在宏观上可以分为三部分：无线接入网、承载网、核心网。移动通信系统的网络架构如图 1-1 所示。无线接入网负责将终端接入通信网络，对应终端和基站部分；核心网主要起到运营支撑的作用，负责处理终端用户的移动管理、会话管理及服务管理等，位于基站和因特网之间；承载网主要负责数据传输，介于无线接入网和核心网之间，是为无线接入网和核心网提供网络连接的基础网络。

（视频）传
无线网络架

（PPT）基站
部署及演进

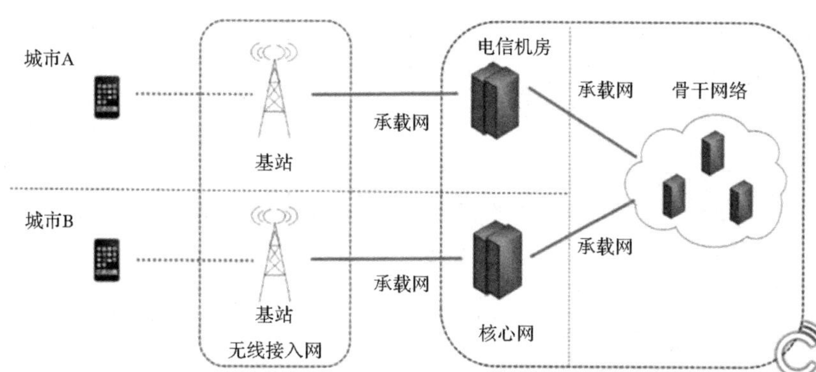

图 1-1 移动通信系统的网络架构

1. 基站演进

在无线接入网中，基站是提供无线覆盖、连接无线终端和核心网的关键设备，也是 5G 网络的核心设备。

1）基站名称的演进

无线接入网的核心是基站，自 20 世纪 70 年代末第一代移动通信系统诞生以来，移动通信基站已经陪伴了人类 40 余年。从 1G 发展到 5G，基站为人类社会带来了空前的变革。基站名称的演进如图 1-2 所示，1G 基站的简称为 BS，即 Base Station 的缩写。2G 基站的简称为 BTS，相较于 1G，BTS 在 Base Station 的中间添加了 Transceiver，即收发单元，所以 2G 基站的全称是 Base Transceiver Station，基站收发台，这一命名更加精准。3G 基站的名称有了很大变化，为 NodeB，译为 B 节点，简称为 NB。技术上最大的变化是实现了基带处理单元（Base Band Unit，BBU）和射频拉远单元（Remote Radio Unit，RRU）的分离。4G 时代强调演进，所以 4G 基站的名称在 NodeB 前面添加了 Evolved，即 eNB，译为演进型 NB。5G 基站的简称为 gNB，全称为 Next Generation NodeB。早期的 5G 部署有多种选项，包括独立部署和非独立部署，因此各种组合下的 5G 基站的名称不尽相同。比如，选项 3（Option3）锚定于现有 4G 基站和核心网，此时的 5G 基站叫作 en-gNB。采用选项 7（Option7）和全新的 5G 核心网架构时，基站侧也由 4G 基站（eNB）升级为增强型 4G 基站（ng-eNB）。

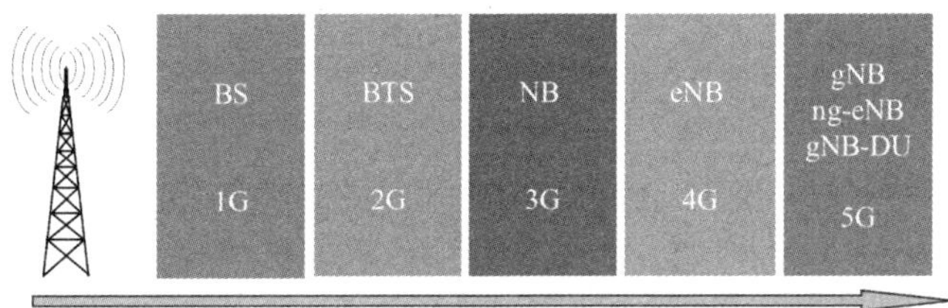

图 1-2　基站名称的演进

2）基站系统的演进

基站系统的演进如图 1-3 所示，1G 时代有两个标准，即 TACS 标准和 AMPS 标准。1987 年，我国在河北省秦皇岛市和广东省建立了第一代模拟移动通信系统，拉开了中国移动通信行业的序幕，我国 1G 时代的基站采用爱立信的 TACS 系统，其特点是模拟系统、基站庞大、整体式结构，但存在容量低、通话质量差、保密性差等问题。

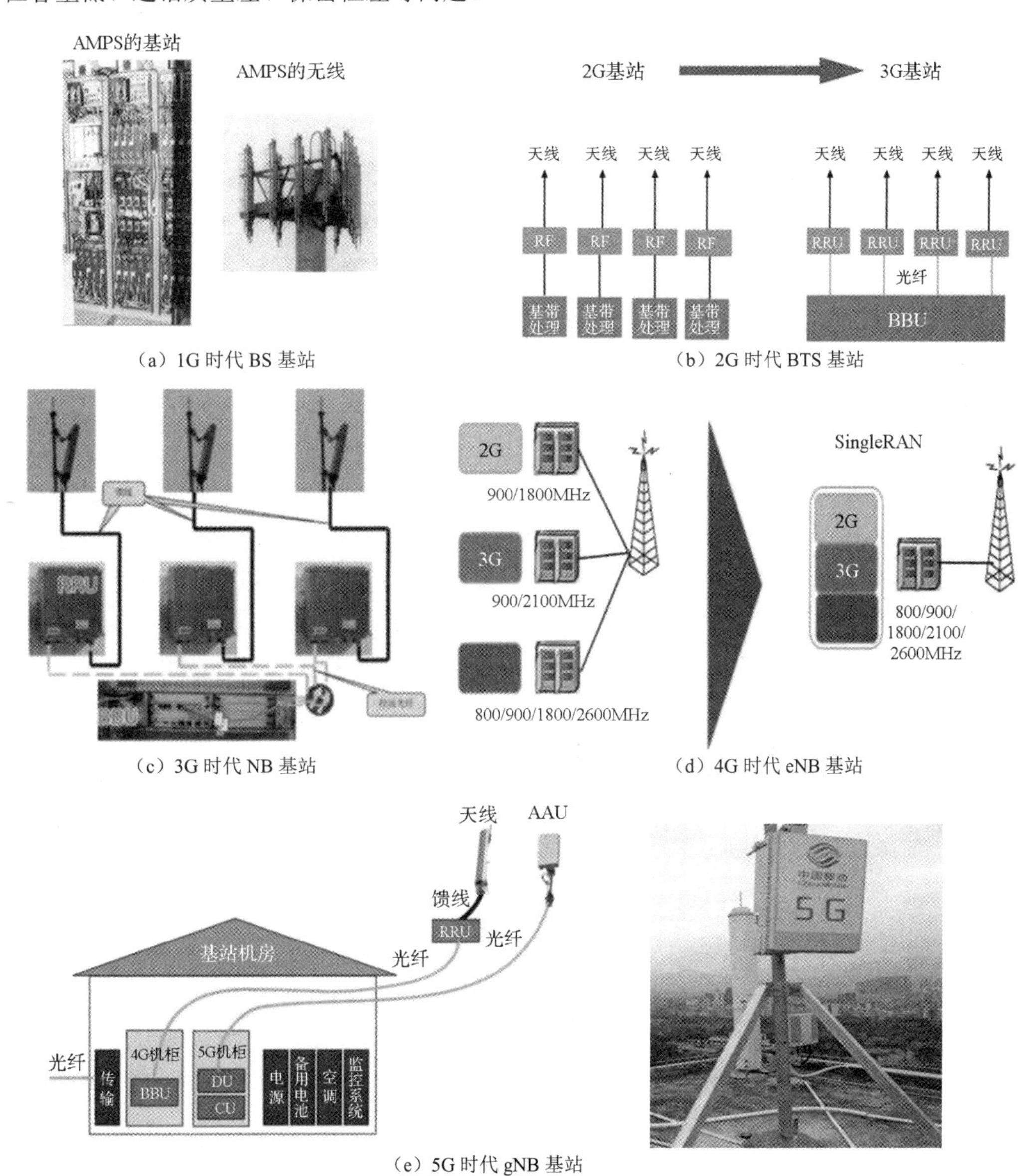

（a）1G 时代 BS 基站

（b）2G 时代 BTS 基站

（c）3G 时代 NB 基站

（d）4G 时代 eNB 基站

（e）5G 时代 gNB 基站

图 1-3　基站系统的演进

2G 时代的 BTS 基站主要包括公共单元、收发单元、合分路单元，采用一体化、整体式结构，即将 BBU、RRU、供电单元等全部放在一个机柜里，建设和扩容成本高，运维也很麻烦。

3G 时代的 NB 基站在技术上最大的变化是实现了 BBU 和 RRU 分离，即将原来 2G 基站的收发单元拆分为 BBU 和 RRU 两部分，它们之间通过光纤连接，一个 BBU 可以连接多个 RRU，在扩容改造方面变得更加灵活。同时，RRU 和 BBU 不在一起节省了机房的空间，部署起来更加灵活。早期的 RRU 部署在机房的墙上，后期进行改进，将 RRU 挂在铁塔上面，极大地缩短了馈线的长度，减少了信号的衰减。

4G 时代的 eNB 基站的最大特点是 SingleRAN 解决方案，一个 BBU 设备兼容了 2G、3G、4G 三种不同的网络制式，简单便捷，易于维护，降低了设备成本和维护成本。SingleRAN 最早由华为推出，是华为无线史上的一个传奇产品，它帮助华为开拓了海外市场，自此进入 4G 时代。华为无线设备的市场份额从行业排名第四一路攀升到行业第一。

5G 时代的 gNB 基站在技术上最大的变化是 RRU 和天线合并，组成有源天线单元（Active Antenna Unit，AAU），进一步简化结构，更易于安装和部署。按照逻辑功能划分，5G 基站可分为 BBU 与 AAU，二者可通过 CPRI 或 eCPRI 接口连接。

为了支持灵活的组网架构，适配不同的应用场景，5G 无线接入网存在多种不同架构、不同形态的基站设备。从设备架构的角度来看，5G 基站的架构可分为 BBU-AAU、CU-DU-AAU、BBU-RRU-天线、CU-DU-RRU-天线、一体化 gNB 等，其中，CU 表示中心单元，DU 表示分布单元；从设备形态的角度来看，5G 基站可分为基带设备、射频设备、一体化 gNB 设备及其他形态的设备。信号频率越高，信号传播过程中的衰减越大，5G 网络的基站密度也越大。2022 年第一季度，我国 5G 基站新增 13.4 万个，累计建成开通 155.9 万个，5G 网络已覆盖全国所有地级市和县城城区。

2．DRAN

无线接入网（Radio Access Network，RAN）一般用基站直接代指，因此从基站的角度来看，各种不同的 RAN 其实是基站的不同发展阶段演化出的不同形态。

在部署无线接入网时，分布式基站（Distributed Base Station，DBS）是主流部署站型，适用于各种常见的室内和室外场景。分布式基站如图 1-4 所示，常见的部署方式为屋顶室内站和屋顶室外站，采用抱杆形式，在旁边放置机柜。此外，还有地面室内站和地面室外站，采用铁塔形式，在旁边建设机房。

（PPT）DRAN

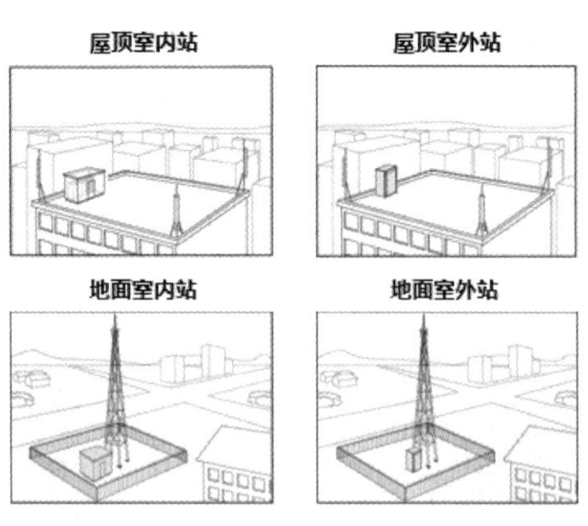

图 1-4　分布式基站

5G 基站仍采用 DBS 站型，在部署无线接入网时，既可以沿用传统的分布式无线接入网（Distributed Radio Access Network，DRAN）和集中式无线接入网（Centralized Radio Access Network，CRAN）架构，还可以采用基于云计算架构的绿色、新型无线接入网——云化无线接入网（Cloud Radio Access Network，CloudRAN）。

1）DRAN 的部署模式

在 1G 和 2G 时代，BBU、RRU 和供电单元等设备放在同一机柜里。到了 3G 时代，DBS 应运而生，运营商将 BBU 和 RRU 分离，构建了 DRAN。4G 基站基本上延续了 3G 的 DRAN 架构，将 BBU 单独放在机柜中，RRU 和天线挂在铁塔上，成为长期、主流的部署模式。DRAN 可利用现有大规模、已部署的机房及配套设备，光纤资源需求低，是在建设 5G 无线接入网初期时主要采用的部署模式。

在 DRAN 架构中，分别独立部署每个基站的机房，共站部署 BBU 与 RRU（或 AAU），独立部署配电设备、供电设备及其他配套设备。DRAN 的部署模式如图 1-5 所示，DRAN 最大的特点为 BBU 与 RRU（或 AAU）是分离的，一个 BBU 可以连接多个 RRU（或 AAU），BBU 一般放置于机房里，RRU（或 AAU）一般挂在铁塔或者抱杆上，RRU 和 BBU 之间通过光纤连接，光纤传输可以拉远距离。

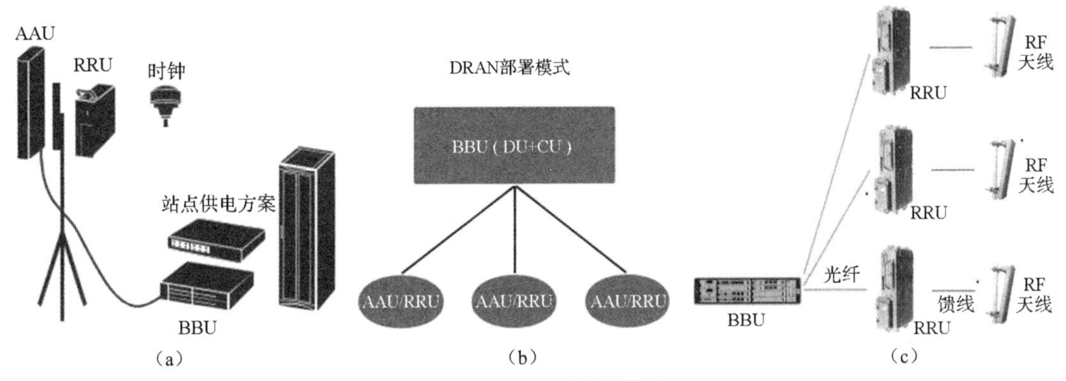

图 1-5 DRAN 的部署模式

2）DRAN 的优势

采用 DRAN 架构有以下优势。

（1）BBU 与 RRU 或 AAU 的共站部署中，用于连接的 CPRI 的光纤短，光纤整体消耗低，传输损耗低。

（2）网络规划更加灵活，扩容更加方便，一个 BBU 连接多个 RRU 或 AAU，增加 RRU（或 AAU）与天线就可以实现扩容。

（3）RRU（或 AAU）和天线都放置在铁塔上，减少了信号的衰减，部署起来更加方便，同时也节省了机房的空间。

（4）单站出现供电、传输方面的故障时，也不会对其他基站造成影响。

3）DRAN 的劣势

虽然 DRAN 的基站部署灵活，且单站故障对网络整体影响小，但其劣势也很明显。

（1）每个基站的机房都有独立的配套设备，导致整体设备投资较大。

（2）为了摆放 BBU 和配套设备（电源、空调和监控等），每个基站都需要进行基站机房建设、勘测，建设周期长，不利于快速布网。

（3）基站间资源独立，不利于资源共享。

5G 采用 3.5GHz 作为主覆盖频段，其信号传播过程中的衰减更大，因此 5G 网络采用高密度建站的策略。从 2G 到 4G 的建网过程中积累了大量的基站机房和室外一体化机柜，运营商在建网初期会采用旧基站与新建基站相结合的方式部署 DRAN。

3．CRAN

鉴于 DRAN 存在基站机房投资大、建设周期长、站间基带资源无法共享、站间业务协同不便等劣势，CRAN 可以弥补以上不足。

1）CRAN 的部署模式

CRAN 的部署模式如图 1-6 所示，继续采取 BBU 与 RRU 分离的方案，但是 RRU 采用拉远配置，无限接近于天线，极大地减少了馈线（天线与 RRU 的连接）上的信号衰减。同时，运营商把多个基站的 BBU 全部集中放置在一个中心机房（CO），最大的好处是可以形成 BBU 基带池，减少机房数量从而缩减建设成本。在图 1-6 中，CO 与 RRU 通过前传网络连接。

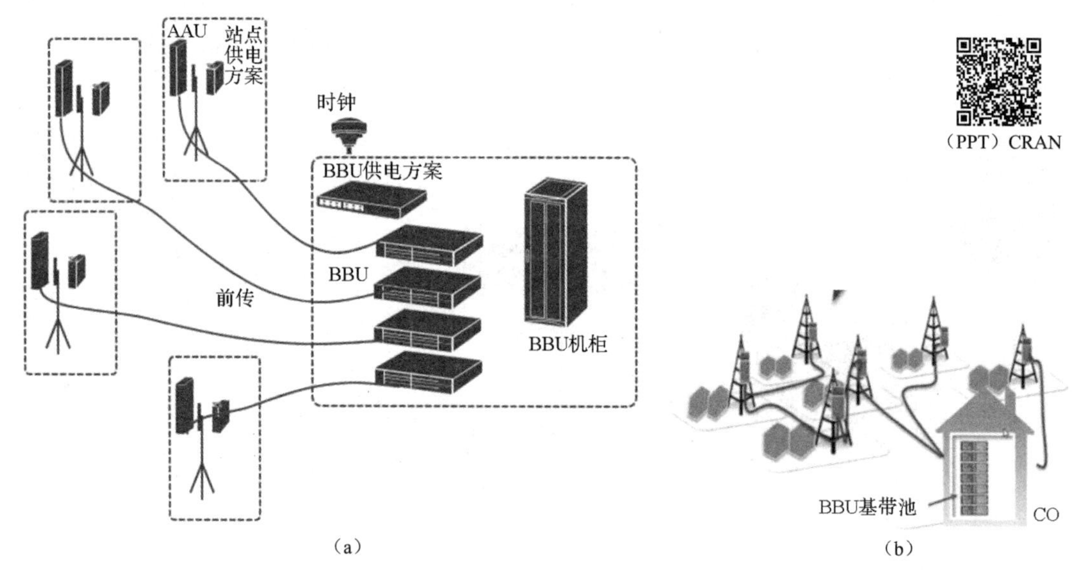

图 1-6　CRAN 的部署模式

科普小讲堂

4G 网络中 RRU 到 BBU 之间的传输叫作“前传”，一般采用 CPRI 或 eCPRI 接口；4G 网络只有前传和回传两部分，在 5G 网络中则演变为三个部分：

（1）AAU 连接 DU 的部分称为 5G 前传（Fronthaul）；

（2）DU 连接 CU 的部分称为中传（Middlehaul）；

（3）CU 与核心网之间的通信承载称为回传（Backhaul）。

2）CRAN 的优势

（1）机房建设、基站配置、站址租赁等费用大幅度降低，节省了建设和运营成本；

（2）通过跨基站组建基带池，实现了站间基带资源的共享，使资源利用更加合理；

（3）RRU 采用拉远配置，节约了馈线资源，减少了信号衰减；

（4）RRU 到用户的距离大幅缩短，从而降低了发射功率，意味着用户终端电池寿命的延长和无线接入侧功耗的降低。

3）CRAN 的劣势

CRAN 架构集中部署 BBU，存在以下劣势。

（1）BBU 和 RRU 采用长距离拉远配置，光纤消耗大，光纤成本较高。

（2）BBU 集中在单个机房中，安全风险高，一旦机房出现传输光缆故障、水灾、火灾等问题，将导致大量基站出现故障。

（3）CRAN 要求中心机房具备足够的设备安装空间、完善的配套设施，用于支持散热、备电（如空调、蓄电池等）。

CRAN 采用机房与远端抱杆的方式，可以快速完成无线接入网的基站部署并形成覆盖，该方案适合大容量、高密度话务区和要求短时间内完成基站部署的区域。总体而言，目前运营商部署 CRAN 的比例远低于 DRAN，但鉴于 CRAN 架构易于部署、高效协同的特性能够提升无线网络性能，CRAN 架构在 5G 无线接入网中将成为主流方案。

1.1.2　CloudRAN

（视频）无线网络云化架构

云架构已经成为未来网络的基础，华为已明确提出全面云化战略——“All Cloud”，包括整个网络端到端的云化。但众所周知，无线接入网是其中最困难的一环。华为推出 CloudRAN 后，在无线接入网上完整地引入云理念，补齐了全面云化的最后一块“拼图”，是无线领域前所未有的基础创新。

（PPT）CloudRAN 驱动力

1．CloudRAN 的驱动力

1）多样化业务

2G 支持短信互传和语音通话，3G 支持网页浏览，4G 支持视频业务，5G 则承载着多样化业务，可以实现大带宽、广连接、低延时的应用。在多样化业务中，无论是面向个人用户的数据通信业务，还是面向垂直行业的虚拟网络业务，甚至是要求可靠、实时和安全的城市公共安全监控与调度业务，都要求承载到移动运营商的网络上，需要多样化的用户体验速率（1Gbps～20Gbps）、多样化的延时要求（10ms 以下，甚至是 1ms 级别）、多样化的连接密度（10^7/km^2）。所以，未来无线接入网需要具有灵活和统一的架构，以支撑不同用户和业务的快速交付，同时又能够快速扩容以弹性支持业务扩展。

2）更快的连接速度

从 2G、3G、4G 到 5G，连接速度的提高始终是用户的核心诉求。在现实网络中，多频段、多制式会长期共存于同一张网络中，处于多层网络叠加覆盖的状态。多连接技术可以使用户从目前单一制式、单一频段和单一基站的接入，变成多制式、多频段和多基站的同时接入，从而极大地提高用户的接入速率、打造极致的网络体验。但目前以基站为中心的无线网络显然无法对此提供有效的支持，这就需要一个支持多连接技术的全新的网络架构。

3）难以维护的异构网络

为了达到不同场景下的覆盖要求，现实网络的基站有很多种，如宏站、杆站、微站、小站，它们的形态不一，设备结构不同，基站功率不同，导致了异构网络的形成。对于运营商和第三方网络维护公司而言，无线网络的运维和管理难度都在不断增加。当前传统的无线接入网架构已经

无法满足这些需求，需要重新设计架构，以满足 5G 的新业务，形成一个统一接入、高效管理、灵活扩展的全新无线接入网。

（PPT）
CloudRAN 架构

2. CloudRAN 架构

基于无线接入网重构的驱动力，5G 引入了全新的 CloudRAN 架构。

1）CloudRAN 的定义

CloudRAN 引入了集中式单元（Centralized Units，CU）和分布式单元（Distributed Unit，DU）分离的结构，CloudRAN 架构如图 1-7 所示，这也是 3GPP 标准规定的方案。此外，DU 和 CU 之间形成了新的接口——F1（中传接口），该接口采取以太网传输方案。5G 核心网（NGC）通过 NG 接口与 5G 无线接入网（NG-RAN）连接。

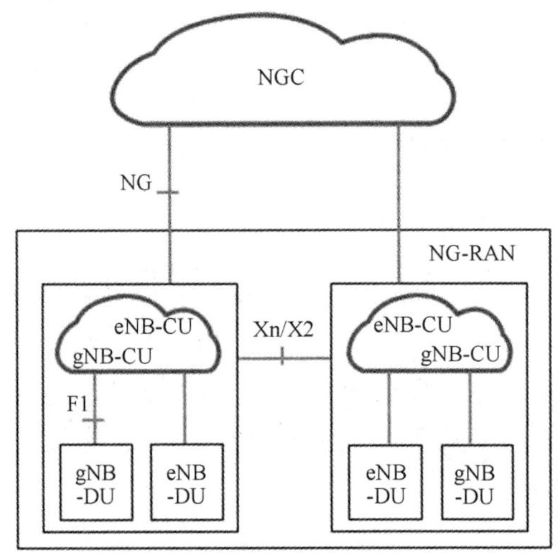

图 1-7　CloudRAN 架构

2）云化的思想

云化的思想即 CU 和 DU 分离（见图 1-8）：将基站 BBU 的功能分为处理实时业务和处理非实时业务。其中，实时部分属于 DU，仍保留在 BBU 模块，是基站的分布式单元。非实时部分属于 CU，可以统一部署多个基站的 CU，网络功能虚拟化（Network Functions Virtualization，NFV）之后进行云化部署，CU 是基站的集中式单元。

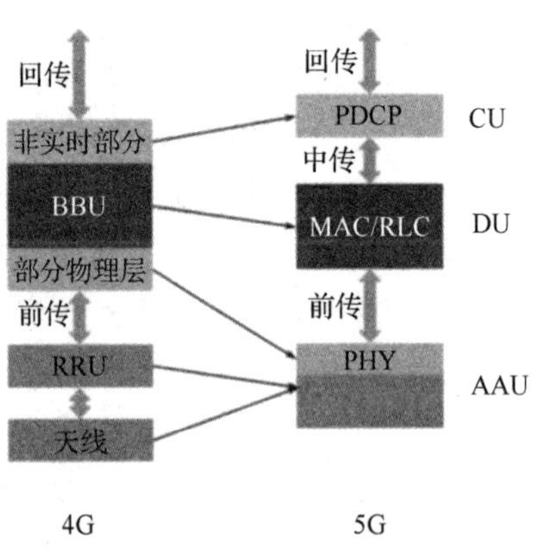

图 1-8　CU 和 DU 分离

思考

CloudRAN 是指将无线侧的全部资源云化吗？

通过 CloudRAN 技术实现架构灵活化，采用实时与非实时调度以分层实现网络功能单元按业务需求的灵活部署。实时部分靠近用户部署，实现精准、高效的空口资源管理；非实时部分集中部署，以支持多技术协同、跨基站调度。

“云化”只是云化无线侧的部分资源。处理实时业务的 DU 是不可云化的，但 CU 可以云化。

3）CloudRAN 的部署模式

为满足 5G 三大应用场景的技术需求，一个重要的技术方案应运而生——网络切片技术，即对一个 5G 网络进行逻辑切分，以分别满足不同场景的需求，如将 BBU 拆分为 DU 和 CU。根据不同的场景特性，CU 和 DU 有不同的、灵活的组合部署方式。

根据 DU 和 CU 的功能划分及对 4G 网络的继承，一般 DU 都置于 BBU 盒子中，CU 可置于 BBU 盒子中或通过虚拟化实现 CU 云化。因此，5G 的无线接入网架构分类如图 1-9 所示。

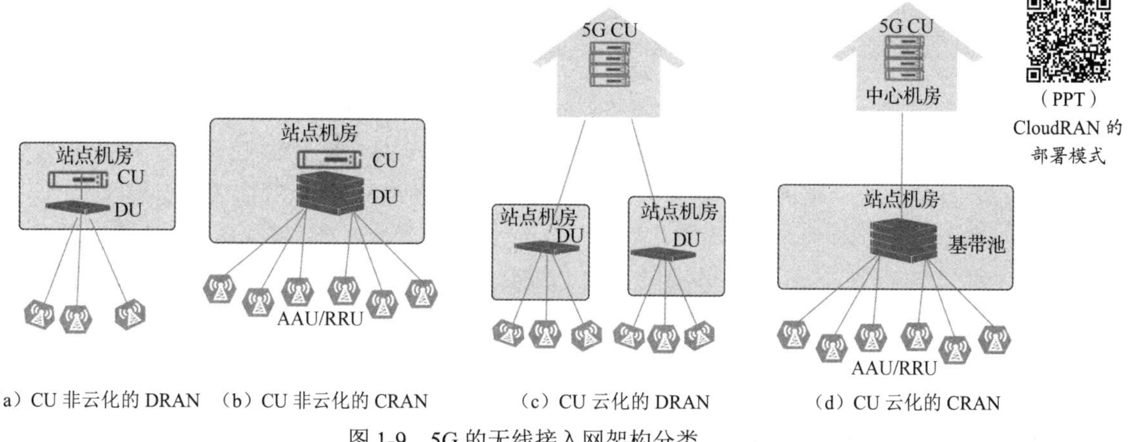

（a）CU 非云化的 DRAN （b）CU 非云化的 CRAN （c）CU 云化的 DRAN （d）CU 云化的 CRAN

图 1-9 5G 的无线接入网架构分类

（1）CU 非云化的 DRAN

CU 和 DU 都置于 BBU 盒子中，BBU 盒子集中放置于基站机房中，这是我们最熟悉的 3G 或 4G 的基站形态，也就是 RRU+BBU(含 CU 和 DU)。这种方式是传统的 DRAN，强调基带和射频模块的分离部署。

（2）CU 非云化的 CRAN

CU 和 DU 置于 BBU 盒子中，而 BBU 盒子集中堆放在基站机房中，不仅能节约空间，还能让集中堆放的 BBU 资源共享，相互协同。这种方式就是传统的 CRAN，强调 BBU 的集中部署。

（3）CU 云化的 DRAN

在 CU 云化部署中，AAU 设备放置于无线基站，CU 与 DU 分设，DU 按需部署在不同机房，CU 云化部署在数据中心，主要通过 NFV 技术实现。

（4）CU 云化的 CRAN

CU 与 DU 分设，CU 云化部署在中心机房，主要通过 NFV 技术实现，DU 则池化部署在同一机房。

4）CU 和 DU 协议栈的划分方案

5G 空口协议栈与 4G 空口协议栈差别不大，其控制面协议主要包括 RRC 层、PDCP 层、RLC 层、MAC 层、PHY 层及射频单元（天线和 RRU），而 BBU 负责处理 PHY 层到 RRC 层的功能。在 CU 和 DU 协议栈的划分上，各设备厂商及运营商采用的划分方案共有 8 种，CU 和 DU 协议栈的划分方案如图 1-10 所示。

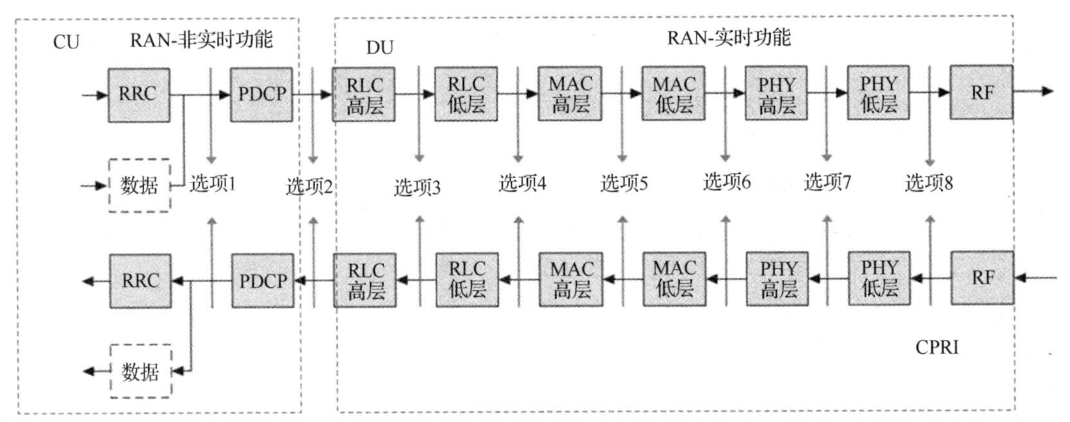

图 1-10 CU 和 DU 协议栈的划分方案

选项 1 将 RRC 层划分给 CU，将 PDCP 层到 PHY 层全部划分给 DU；选项 2 将 RRC 层和 PDCP 划分给 CU，将 RLC 层到 PHY 层全部划分给 DU；选项 3 将 RRC 层到 RLC 的高层划分给 CU，将 RLC 的低层到 PHY 层全部划分给 DU；选项 4 将 RRC 层到 RLC 的低层划分给 CU，将 MAC 的高层到 PHY 层全部划分给 DU；选项 5～选项 8 具体划分方案如图所示。而 3GPP 组织统一规定，3GPP R15 标准明确采用选项 2 方案，即基于 PDCP 层和 RLC 层分离模式的 CU 和 DU 的划分方案。各设备厂商和运营商必须遵循统一的标准。

思考

5G 无线接入网逻辑架构中明确 CU 和 DU 协议栈的划分方案。在具体的设备实现中，CU 和 DU 又是什么形态呢？

在具体的设备实现中，存在两种方案：CU 与 DU 合设方案、CU 与 DU 分离方案。

5G 和 CU-DU 架构存在两种设备形态：BBU 设备、独立 CU 设备。其中，BBU 设备一般基于专用芯片，采用专用架构实现，可用于 CU 与 DU 合设方案，同时完成 CU 和 DU 所有的逻辑功能。此外，BBU 设备也可以在 CU 与 DU 分离方案中用作 DU，完成 DU 的逻辑功能；独立 CU 设备采用通用架构或专用架构实现，只用于 CU 与 DU 分离方案，负责完成 CU 的逻辑功能。

3. CloudRAN 的价值

（图片）
CloudRAN 价值

网络部署能力不断演进与更迭，CloudRAN 架构的实现大大增加了无线接入网在 4G 和 5G 之间的协同连接，网络功能按需配置、管理，实现了资源融合，为用户带来了极致体验。总体上，CloudRAN 的价值体现在以下方面。

（1）CloudRAN 采用统一架构，实现网络的多维度融合。CloudRAN 的云化架构支持多技术、多频段、多层面等多维度融合，很好地实现了 4G 与 5G 的连接。

（2）CloudRAN 采用 5G 平滑引入，通过 NSA 的方式引入 5G，通过双连接实现极致用户体

验。同时避免了 4G 和 5G 基站间可能出现的数据迂回和额外传输投资和传输时延。

（3）CloudRAN 引入云架构的硬件和软件体系，实现软件与硬件的解耦，不同的业务部署不依赖特定硬件。此外，5G 开放平台加快了业务上线。

（4）CloudRAN 帮助无线网络实现了资源池化，池内资源共享有利于实现弹性扩容或缩容，达到分布与集中的平衡，按需部署网络功能也有助于提高资源利用效率。

【任务实施】

1. 查阅资料，了解中国华为的“黑天鹅”文化，分组交流资料收集成果。学习华为“即使有‘黑天鹅’，也是在我们的咖啡杯中飞”的故事，领略面对困难从不认输的逆境求生的精神，实现课程育人的目标。

2. 参观移动通信基站实训室，重点关注 5G 无线接入网与传统无线接入网络基站设备的区别。

3. 小组讨论，协同绘制 5G 网络架构图，并讲解网络架构组成部分及相关功能。

【任务评价】

任务点	考核点		
	初级	中级	高级
传统无线网络架构	（1）了解基站系统的演进体系 （2）了解 DRAN 的部署方案、优势、劣势 （3）了解 CRAN 的部署方案、优势、劣势	（1）描述 5G 基站的部署方式 （2）描述 DRAN 的部署方案 （3）描述 CRAN 的部署方案	（1）描述 5G 基站的部署方式 （2）将 DRAN 的部署方案灵活应用到具体场景 （3）将 CRAN 的部署方案灵活应用到具体场景
CloudRAN	（1）了解 CloudRAN 的驱动力 （2）了解 CloudRAN 的定义、云化思想和架构 （3）了解 CU 和 DU 协议栈的划分方案 （4）了解 CloudRAN 的价值	（1）了解 CloudRAN 的驱动力 （2）了解 CloudRAN 定义、云化思想 （3）掌握 CloudRAN 架构、CU 和 DU 协议栈的划分方案 （4）了解 CloudRAN 的价值	（1）了解 CloudRAN 驱动力 （2）掌握 CloudRAN 技术概念、云化思想 （3）掌握 CloudRAN 架构、CU 和 DU 协议栈的划分方案 （4）将 CloudRAN 的部署方案灵活应用到具体的部署场景

【任务小结】

本任务首先介绍了基站的名称演进和系统的演进，进而介绍了 5G 基站的部署方案；然后，介绍了传统无线网络的两种架构，即 DRAN 和 CRAN，并对两种架构的部署方式和优、劣势进行了对比描述；最后，介绍了无线网络云化架构 CloudRAN 的驱动力、定义、组网方案和部署方式，并总结了 CloudRAN 架构的应用价值。

【自我评测】

（文档）
参考答案

1. 在 CRAN 架构下，________功能是虚拟化的，需要集中化、池化部署。（　　）

A．BBU　　B．AAU　　C．DU　　D．无法判断

2．以下可用于 5G 无线接入网部署的组网方式为（　　）。

A．DRAN　　B．CRAN　　C．CloudRAN　　D．RAN

3．在 CloudRAN 架构中，以下哪个网元功能可以实现云化部署？（　　）

A．DU　　B．AAU　　C．CU　　D．BBU

任务二：NSA 组网架构

（PPT）NSA 组网架构

【任务目标】

知识目标	（1）掌握 NSA 组网方案 （2）了解 NSA 组网方案在 5G 中的部署规划
技能目标	能够根据网络功能按需部署 NSA 组网方案
素质目标	（1）通过发布问题激发学生思考，通过感受 5G 新事物的“螺旋式”向前发展，培养学生预见事物发展前进的辩证思维能力 （2）学习能力的提升也是“螺旋式”向前发展，坚定学生勇于战胜困难的决心
重难点	重点：各项组网方案的部署模式、相同点和不同点 难点：根据现网需求选择 NSA 组网方案
学习方法	行为导向法、对比学习法、探究学习法、任务驱动法

【情境导入】

中国通信网络的发展经历了“1G 空白、2G 跟随、3G 突破、4G 并跑、5G 引领”阶段。3G 时代，中国自主研发了 TD-SCDMA 技术，但无法与高通公司的 CDMA 技术相提并论；4G 时代，中国的 TD-LTE 技术有了一定突破，但其中的核心长码编码 Turbo 码和短码咬尾卷积码仍旧不是中国原创；5G 时代将重新定义全球市场，华为成为 5G 领先者，华为的专利申请数遥遥领先于其他公司。2016 年 11 月，国际通信标准组织 3GPP 的 RAN1 第 87 次会议在美国举行。11 月 17 日，关于 5G 短码方案的讨论落下帷幕，中国华为公司主推的极化码（Polar Code）方案以压倒性的投票优势成为 5G 控制信道 eMBB 场景编码的最终方案。编码和调制是无线通信技术中最核心、最深奥的部分，被誉为通信技术的皇冠，体现了一个国家通信科学基础理论的整体实力，华为主推的极化码入选 5G 标准，引起了业界的广泛关注。

关于 5G 组网的标准，2016 年的 3GPP 釜山会议提出了 12 种组网选项，其中，选项 3/3a/3x、选项 7/7a/7x、选项 4/4a 为非独立组网架构。2017 年 12 月，3GPP 制定的 5G 非独立（Non-Stand Alone，NSA）组网标准的第一个版本正式冻结。5G 部署的初期大多数采用 NSA 标准。那么何为 NSA 呢？5G 的到来是否意味着需要扔掉 4G 设备呢？下面带着这些问题，开启本节的学习。

【任务资讯】

1.2.1　NSA 的组网方案

1．NSA 组网的背景

5G 通信技术由国际通信标准化组织 3GPP 牵头制定，5G 标准的制定是一个复杂的系统工程，考虑到技术复杂度及迅速推向市场的需求，5G 标准的制定分为两个阶段：5G 阶段 1 和 5G 阶段 2，分别对应两个协议版本 R15 和 R16。R15 版本定义了 eMBB 业务场景的相关标准，已于

2018 年 6 月冻结。R16 版本主要定义了 mMTC 和 URLLC 两个业务场景，于 2019 年年底冻结。5G 标准可以支持 eMBB、mMTC、uRLLC 全业务场景，于 2020 年实现规模商用。5G 标准的演进如图 1-11 所示。

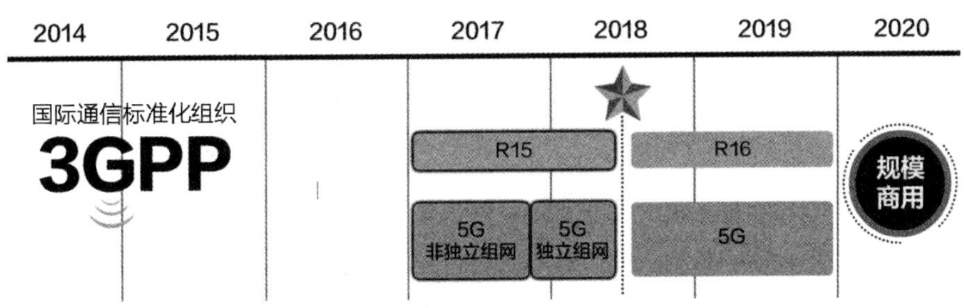

图 1-11 5G 标准的演进

面对巨大的通信市场，运营商 Verizon 携手日韩运营商成立了 OTSA 组织，完成了 5G 无线标准的制定。OTSA 的非国际标准存在着破坏全球统一 5G 标准和割裂产业链的风险。为了应对竞争，同时让 5G 快速应用于现有的移动通信网络，3GPP 于 2017 年 2 月的世界移动通信大会期间正式启动了 5G 标准，将 5G 阶段 1 细分为两部分，即阶段 1.1 和阶段 1.2，分别对应非独立（NSA）组网和独立（SA）组网场景。阶段 1.1 已于 2017 年 12 月冻结，该版本的 5G 不能独立组网，需要与 4G 配合使用。阶段 1.2 于 2018 年 6 月冻结，该版本的 5G 可以独立组网，不依赖 4G 网络。

关于 5G 的组网方案，3GPP 的 TSG-RAN 第 72 次会议共提出了 8 个选项，5G 组网方案如图 1-12 所示。这些选项是 5G 核心网、5G 基站、4G 核心网、4G 基站之间基于挂接和互连关系的排列组合。

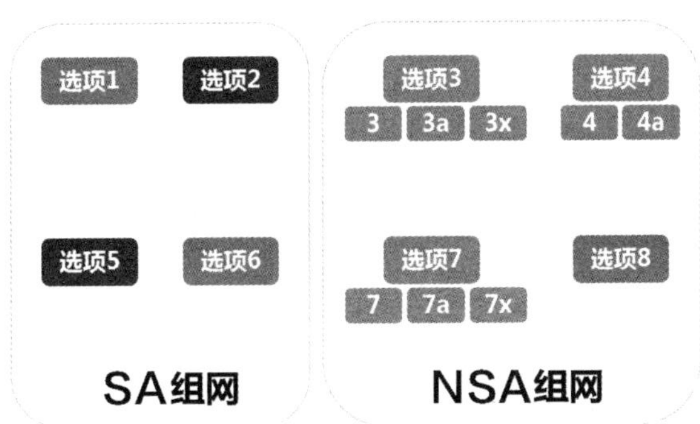

图 1-12 5G 组网方案

在这些选项中，SA 组网方案的投入成本较大，3GPP 充分考虑到运营商的建设成本和建设周期，采用逐步演进的建设方案，首先采用了 NSA 组网。

2. NSA 组网

NSA 组网必须依赖 4G 网络才能完成 5G 网络部署。NSA 组网充分利用了原有的 4G 基站资源，下面提及的选项 3 系列组网场景还利用了旧的 4G 核心网，能够快速实现 5G 业务部署。所以在 5G 建网初期，运营商考虑到投资成本及快速规模化商用的需求，将基于 NSA 组网进行 5G 建设。总体上，NSA 组网要比 SA 组网复杂得多，这也是缩短建设周期和节约投资成本必须付出的代价。

科普小讲堂

双连接：手机能同时使用 4G 和 5G 进行通信，即两个不同的基站分属于不同的网络制式，共同为用户终端传输数据。

控制面锚点：双连接中负责控制面的基站。

数据分流锚点：用户的数据需要分流到双连接的两条路径上独立传输，分流的位置称为数据分流锚点。

5G 的 NSA 组网的诸多选项由下面三个问题的答案排列组合而成。

（1）基站连接的是 4G 核心网还是 5G 核心网？

（2）控制信令走 4G 基站还是 5G 基站？

（3）用户面数据在哪里分流？4G 基站、5G 基站还是 4G 核心网？

1.2.2 选项 3 系列的组网方案

选项 3 系列的组网方案是早期热点区域的部署方案，不需要 5G 的连续覆盖，三大应用场景中只支持 eMBB。选项 3 系列的组网方案如图 1-13 所示。选项 3 系列是典型的 NSA 组网，选项 3 系列包括选项 3、选项 3a、选项 3x 三种组网架构。图 1-13 的虚线代表信令通道，即控制面信令的传输路径；实线代表数据传输通道，即用户面业务数据的传输路径。

（视频）
EN-DC 技

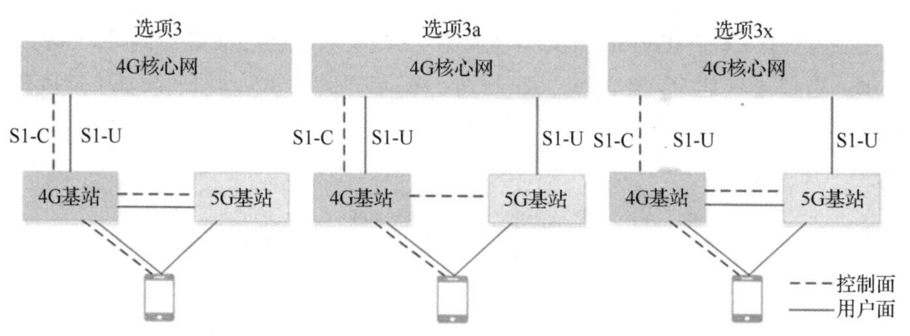

图 1-13　选项 3 系列的组网方案

1. 三种组网方案的相同点

（1）选项 3 系列全部采用 4G 核心网，无线侧都是采用“4G 基站+5G 基站”的架构。

（2）控制信令则都是由 4G 基站分发的，所以控制面锚点都在 4G 基站侧，5G 基站和 4G 核心网之间没有虚线连接，手机终端通过 4G 基站与 4G 核心网建立连接。

2. 三种组网方案的不同点

（1）在选项 3 的组网场景中，数据分流锚点在 4G 基站。这种分流方式属于动态分流，即根据 4G 基站和 5G 基站的信号质量，动态决定分流比例。但这种方式会导致 4G 基站传输压力过大，需要对 4G 基站进行扩容、升级改造，因此不建议使用这种方式。

（2）在选项 3a 的组网场景中，数据分流锚点在 4G 核心网侧，这种分流方式属于静态分流，即不论 4G 基站和 5G 基站信号的好坏，都按照固定比例给用户分配数据。不建议使用这种方式。

（3）在选项 3x 的组网场景中，根据控制面信令传输路径，4G 基站为主站，也为控制面锚点，用户通过 4G 基站与 4G 核心网建立控制面通信，5G 基站生成的信令可以通过 4G 基站转发给用户，4G 基站在转发信令时不修改 5G 基站提供的用户配置信息。在用户面业务数据传输路径中，5G 基站为辅站，也为数据分流锚点，5G 基站负责接收和发送用户的数据，还负责转发 4G 基站数据，实现与 4G 核心网的通信。

选项 3x 的数据分流锚点在 5G 基站侧，也采用动态分流方式。由于 5G 基站本身基带和传输端口的容量大，可以满足 5G 大带宽、高流量的需求，所以 5G 系统的大数据流量不会对现有的 4G 基站造成很大的传输压力，还可以基于无线空口质量情况提供业务动态分流，也无须对 4G 基站进行大规模升级改造，因此是 5G 的 NSA 组网的首选方案。

3. 选项 3x 的优劣势

选项 3x 组网方案能够实现 5G 的快速商用，其优势表现在以下方面。

（1）标准化完成的时间最早，有利于市场宣传。

（2）对 5G 的覆盖没有要求，支持双连接来进行分流，用户体验好。

（3）网络改动较小，建网速度较快，投资较少。

选项 3x 的劣势表现在以下方面。

（1）5G 基站必须与现有 4G 基站搭配工作，且需要来自同一个厂商，灵活性低。

（2）无法支持 5G 核心网引入的新功能和新业务。

1.2.3 选项 7 系列的组网方案

相较于选项 3 系列，选项 7 系列又向 5G 迈近了一步。选项 7 系列分为选项 7、选项 7a 和选项 7x 三种组网架构，选项 7 系列的组网方案如图 1-14 所示。它与选项 3 系列的关键区别也在于数据分流锚点的不同。三种组网架构的相同点和不同点与选项 3 系列组网方案类似。

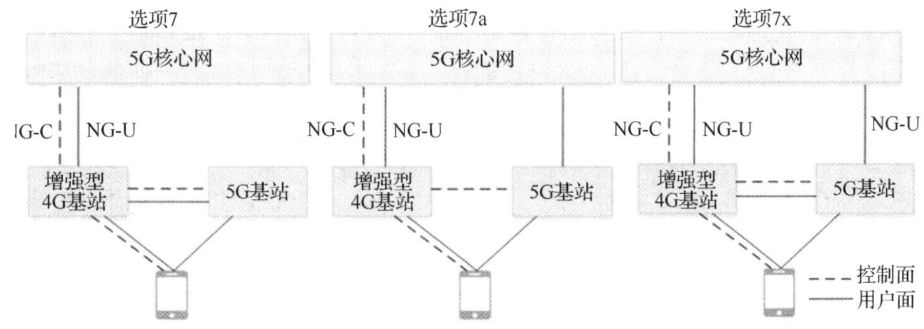

图 1-14 选项 7 系列的组网方案

相较于选项 3 组网，选项 7 组网存在以下两个方面的区别。

（1）选项 7 系列采用全新的 5G 核心网，能够支持 uRLLC、网络切片等新业务。

（2）为了与 5G 核心网连接，4G 基站也升级为增强型 4G 基站。

选项 7 系列的控制面锚点还是在 4G 基站侧，选项 7 依旧为 NSA 组网，选项 7 系列组网架构适用于 5G 部署的早、中期阶段，覆盖不连续。但由于选项 7 已经部署了 5G 核心网，除了最基本的移动宽带 eMBB 之外，也可以支持其他两个业务 mMTC 和 uRLLC。可以看出，对于选项 7，5G 自身的业务能力大大增强，只是还需要 4G 补充覆盖。

1.2.4 选项 4 系列的组网方案

在选项 4 系列中，5G 终于成为主角，不仅基站连接 5G 核心网，控制面锚点也在 5G 基站侧。选项 4 系列的组网方案如图 1-15 所示。

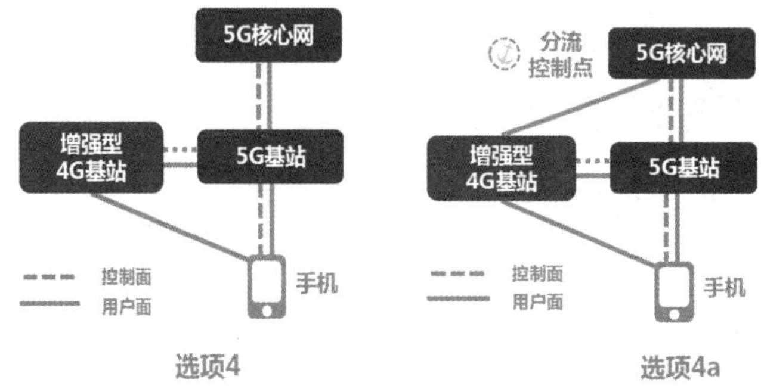

图 1-15 选项 4 系列的组网方案

选项 4 系列包括选项 4 和选项 4a 两种组网架构，它们的相同之处：

（1）选项 4 系列利用 5G 核心网，无线侧都采用“增强型 4G 基站+5G 基站”的双连接架构；

（2）控制面锚点（虚线部分）都在 5G 基站侧。

两种组网架构的不同之处：

（1）在选项 4 组网场景下，用户面锚点在 5G 基站侧，这一点与之前介绍的选项 3x 和选项 7x 类似，5G 基站可以基于无线空口质量情况，实现业务数据包动态分流；

（2）在选项 4a 组网场景下，用户面锚点在 5G 核心网。由于 5G 核心网对无线空口质量情况不可见，无法实现基于信号质量的动态分流，只能采取静态盲分流，因此不建议使用。

选项 4 系列的优势在于支持 5G 基站和 4G 基站的双连接，带来流量的增益。它还引入了 5G 核心网，支持 5G 新功能。选项 4 系列的劣势体现在需要对现网 4G 设备和网络版本进行升级改造，工作量较大，产业成熟时间可能会较晚。此外，5G 基站必须与增强型 4G 基站搭配工作，且两者需要来自同一个厂商，灵活性低。因此，选项 4 系列主要应用于 5G 部署的中、后期，5G 基站已经达到连续覆盖，成为主角，4G 基站仅在局部区域作为补充。

关于选项 8 系列，它将选项 4 系列中的 5G 核心网换为 4G 核心网。3GPP 并未考虑对其进行标准化，因此暂无研究意义。

【任务实施】

1．同学们查阅资料收集学习“华为土耳其科学家与 5G 的故事、华为主导的 Polar 码作为控制信道的编码方案是中国在信道编码领域的首次突破、任正非将 5G 技术的发展归功于‘数学的力量’”等故事，了解基础研究，培养探索精神，实现课程育人的目标。

2．课程平台上发布“5G 来了，4G 设备需要扔掉吗？”、“5G 的真假之争”等话题让学生线上展开讨论，组织学生以头脑风暴、辩论会的方式，了解 5G 组网方案制定的过程。

3．小组为单位总结 5G 建网初期 NSA 组网方案（Option3、Option7、Option4）的优缺点、拓扑结构、部署场景。

【任务评价】

任务点	考核点		
	初级	中级	高级
NSA 组网方案	（1）了解 NSA 组网的背景 （2）掌握 NSA 组网概念	（1）了解 NSA 组网的背景 （2）掌握 NSA 各项组网方案的异同	（1）了解 NSA 组网的背景 （2）掌握 NSA 各项组网方案的异同
选项 3 系列组网方案	（1）了解选项 3 系列组网方案的相同点和不同点 （2）了解选项 3x 的优劣势	（1）了解选项 3 系列组网方案的相同点和不同点 （2）根据现网功能选择选项 3 系列组网	（1）了解选项 3 系列组网方案的相同点和不同点 （2）根据现网功能选择选项 3 系列组网
选项 7 系列组网方案	了解选项 7 系列组网方案的不同点	（1）了解选项 7 系列组网方案的不同点 （2）根据现网功能选择选项 7 系列组网	（1）了解选项 7 系列组网方案的不同点 （2）根据现网功能选择选项 7 系列组网
选项 4 系列组网方案	了解选项 4 系列组网方案的不同点	（1）了解选项 4 系列组网方案的不同点 （2）掌握选项 4 系列组网在现网中的应用	（1）了解选项 4 系列组网方案的不同点 （2）掌握选项 4 系列组网在现网中的应用

【任务小结】

本任务介绍了 5G 无线网络中的 NSA 组网方案，根据核心网和接入网的排列组合，NSA 组网包括选项 3、选项 7、选项 4 和选项 8。选项 3x 的数据分流锚点在 5G 基站侧，控制面锚点在 4G 基站侧，可以满足 5G 大带宽、高流量的需求，还可以基于无线空口质量情况提供动态分流，无须对 4G 基站进行大规模升级和改造，因此是 5G NSA 组网的首选方案。

【自我评测】

（文档）
参考答案

1. NSA 的第一版标准完成于（　　）。

A. 2016 年 10 月 1 日

B. 2018 年 3 月 1 日

C. 2018 年 9 月 1 日

D. 2019 年 12 月 1 日

2. 双连接中负责控制面的基站叫作（　　）。

A. 控制面锚点　　B. 用户面锚点

C. 分流控制锚点　　D. 整流控制锚点

3. NSA 主要包括了以下哪些选项？（　　）

A. 选项 3　　B. 选项 2

C. 选项 4　　D. 选项 7

任务三：SA 组网架构

（PPT）SA 组网架构

【任务目标】

知识目标	（1）掌握 SA 组网方案 （2）了解 SA 组网方案在 5G 中的部署规划
技能目标	根据网络功能按需部署 SA 的各项组网方案
素质目标	（1）中国在推动 5G 标准形成过程中做出了重大贡献，培养学生重视职业标准，在实操过程中遵守职业规范 （2）在各种 SA 组网方案中，只有绿色、节能、环保的组网方案才能被广泛应用，培养学生养成勤俭节约的习惯
重难点	重点：各项 SA 组网方案的部署模式、相同点和不同点 难点：根据现网需求选择 SA 组网方案
学习方法	任务驱动法、自主学习法、合作学习法

【情境导入】

随处可见的广告标语及一批批 5G 手机仿佛都在告诉我们，5G 已经走进人们的生活，但网络上正在展开一场"真假 5G"的讨论。在这场 5G 讨论中，最常提及的词汇就是 NSA 和 SA。

NSA 和 SA 都属于真 5G，都是属于 3GPP 正式制定的 5G 标准组网形式。早在 2018 年 5 月 21 日，3GPP 工作组在韩国釜山召开了 5G 第一阶段标准制定的最后一场会议，会议确定了 3GPP R15 标准的全部内容。本次确定的 R15 标准是第一阶段全功能版本，包括 NSA 和 SA 两种。而第二阶段启动 R16 为 5G 标准，于 2019 年 12 月完成，该阶段完全满足国际电信联盟（ITU）要求的完整 5G 标准。

对于 5G 标准化，我国华为公司做出了突出贡献。3GPP 评估了对 5G 标准化做出贡献的公司，华为以 9.6 分（满分 10 分）排名第一，电信设备供应商爱立信和诺基亚分别位列第二和第三。

【任务资讯】

1.3.1 SA 的组网方案

1. SA 的概念

SA 组网采用 5G 核心网络架构，5G 终端先接入 5G 基站再接入 5G 核心网，组网模式更简单，拥有完整的使用和控制能力。

SA 组网必须满足两个条件：①必须部署 5G 核心网；②5G 基站为控制面的锚点。NSA 和 SA 这两种组网模式的最大区别是 NSA 没有 5G 核心网，而 SA 拥有 5G 核心网。

5G 核心网是一种颠覆性的设计，它基于云原生和服务化结构，能够更加高效地创建"网络切片"，以不同的切片来应对不同行业多样化的 5G 使用方式，从而帮助运营商开拓 2B 市场，寻求新的商业发展模式及利润增长点。

2. SA 的优缺点

1）SA 的优点

（1）5G 核心网支持端到端网络切片、MEC 等具备典型 5G 特性的网络服务，充分发挥 5G 架构灵活的优势可以使运营商为最终用户提供差异化的服务。

（2）SA 技术方案采用 5G 独立无线网和 5G 核心网，4G 与 5G 新增标准核心网接口，实现互操作。异厂商部署时仅需实现 5G 和 4G 间的互操作即可。

（3）在 NSA 组网方案下，3.5GHz 频段组合在终端侧存在干扰问题，解决该问题将导致终端成本较高。SA 组网终端由于不涉及双连接等技术，终端相对简单，成本较低。

（4）SA 组网终端仅需要支持 4G 或 5G 单待，所以其功耗低。而 NSA 组网支持双连接功能，终端需要在 4G 和 5G 网络同时驻留，因此复杂度较高，功耗较大。

2）SA 的缺点

因为需要新建所有基站和后端网络，所以 SA 组网的建设成本要比 NSA 组网高出不少。建设成本高昂，不利于快速形成 5G 的规模覆盖。

科普小讲堂

3GPP 标准规定：选项 1、选项 2、选项 5、选项 6 属于 SA 组网方案。

1.3.2　选项 1 系列的组网方案

选项 1 系列早已在 4G 结构中实现，选项 1 系列组网如图 1-16 所示，使用的是 4G 无线接入网和 4G 核心网。

1.3.3　选项 2 系列的组网方案

选项 2 系列的组网方案也比较清晰，使用的是 5G 基站和 5G 核心网，是相对最简单的 SA 组网方案，为 5G 组网的终极形态。选项 2 系列组网如图 1-17 所示，若要完全替代 4G 基站和 4G 核心网，则需要同时保证网络覆盖和移动性管理等，部署耗资巨大，很难一步完成。

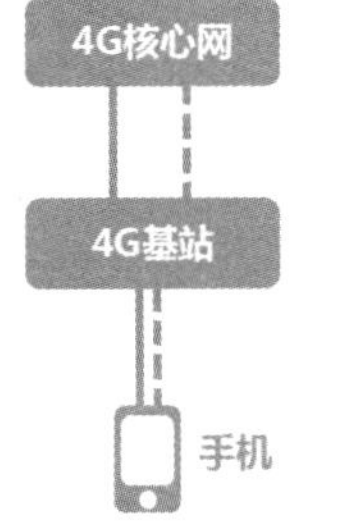

图 1-16　选项 1 系列组网

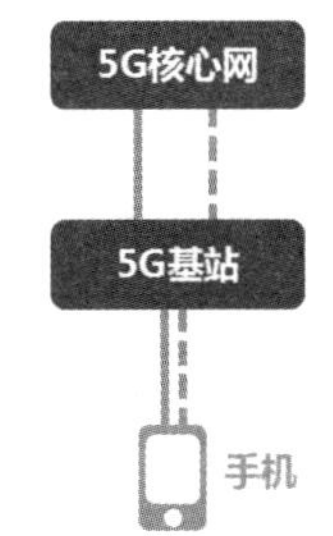

图 1-17　选项 2 系列组网

选项 2 系列组网的优点：

（1）选项 2 系列组网为独立建网，建网过程没有 2G、3G、4G 的参与，对其他网络的用户没有影响。

（2）选项 2 系列组网可快速部署，直接引入 5G 新网元，不需要对现网进行改造。

（3）选项 2 系列组网有 5G 核心网，可以提供 5G 新业务、新功能。因为核心网相当于移动通信系统的大脑，很多业务需要它的调度。

选项 2 系列组网的缺点：

（1）选项 2 系列组网需要重新部署 5G 核心网和 5G 无线接入网，成本高昂，周期较长。

（2）5G 建网初期，基站比较少。5G 无法覆盖时，还需要跨回到 4G 网络进行跨系统切换，5G 的体验感会大打折扣。

1.3.4 选项 5 系列的组网方案

选项 5 采用的是“5G 核心网+4G 基站”的混搭模式，即 4G 基站连接至 5G 核心网。可以理解为首先部署了 5G 核心网，并在其中实现了 4G 核心网的功能，然后逐步部署 5G 无线接入网。选项 5 系列组网如图 1-18 所示。

5G 核心网的设备投资要小很多，所以此组网方案投资小、见效快。无线侧是增强型 4G 基站，其速率、时延、容量等都不能与 5G 基站相提并论。而且增强型 4G 基站商用时，需要支持 5G 协议，开销较大，所以选项 5 这种投资大、性价比低的组网方案，前景并不乐观。

1.3.5 选项 6 系列的组网方案

选项 6 系列采用的是“4G 核心网+5G 基站”的混搭模式，即将 5G 基站连接至 4G 核心网，可以理解为先部署 5G 基站，但暂时采用 4G 核心网。选项 6 系列组网如图 1-19 所示，此场景会限制 5G 系统的部分功能，如网络切片等，所以选项 6 仅是理论上存在的部署场景，不具有实际价值，不予考虑。

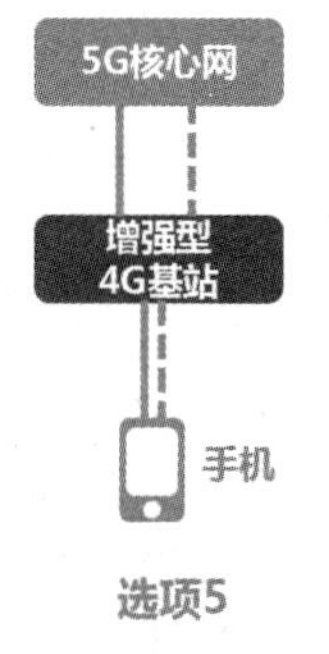

图 1-18 选项 5 系列组网

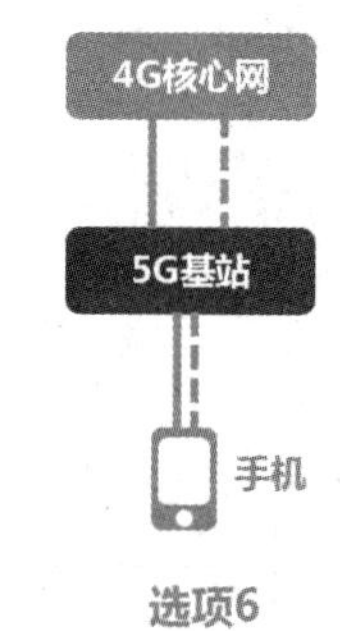

图 1-19 选项 6 系列组网

【任务实施】

1. 查阅资料，了解中国在推动 5G 标准形成过程中做出的重大贡献，分组展示资料收集成果。

2. 课程平台上发布“什么是真正的 5G？”话题让学生线上展开讨论，组织学生分组展示“SA 组网哪家强？”。引导学生掌握专业知识，正确甄别网络信息，不做网络舆论信息盲从者。

3. 小组为单位总结 SA 组网方案（Option1、Option2、Option5、Option6）的优缺点、拓扑结构、部署场景。

【任务评价】

任务点	考核点		
	初级	中级	高级
NSA 组网方案	（1）掌握 SA 组网的概念 （2）了解 SA 独立组网优缺点	（1）掌握 SA 组网的概念 （2）学会判断 NSA 组网	（1）掌握 SA 组网的概念 （2）学会判断 NSA 组网
选项 1 系列组网方案	了解选项 1 系列组网方案	掌握选项 1 系列组网在现网中的应用	掌握选项 1 系列组网在现网中的应用

续表

任务点	考核点		
	初级	中级	高级
选项 2 系列组网方案	（1）了解选项 2 系列组网方案 （2）了解选项 2 系列组网方案的优缺点	（1）掌握选项 2 系列组网方案 （2）根据现网功能选择选项 2 系列组网	（1）掌握选项 2 系列组网方案 （2）根据现网功能选择选项 2 系列组网
选项 5 系列组网方案	了解选项 5 系列组网方案	掌握选项 5 系列组网在现网中的应用	掌握选项 5 系列组网在现网中的应用
选项 6 系列组网方案	了解选项 6 系列组网方案	掌握选项 6 系列组网在现网中的应用	掌握选项 6 系列组网在现网中的应用

【任务小结】

本任务介绍了 5G 的 SA 组网方案，SA 组网必须同时满足 5G 核心网部署、5G 基站为控制面锚点这两个条件。3GPP 规定 SA 组网包括选项 1、选项 2、选项 5 和选项 6 四个系列的组网方案。其中，选项 2 组网架构清晰，采用全新的 5G 基站和 5G 核心网，是 5G 网络架构的终极形态。

【自我评测】

（文档）参考答案

1．选项 2 组网有哪些优势？（　　）

A．对现有 2G、3G、4G 网络无影响

B．不影响现网 2G、3G、4G 用户

C．可快速部署，直接引入 5G 新网元，无须改造现网

D．引入 5G 核心网，提供 5G 新功能、新业务

2．以下哪个选项属于 SA 组网？（　　）

A．选项 2　　B．选项 3x　　C．选项 4　　D．选项 7

3．SA 组网的 R15 标准完成于（　　）。

A．2018 年 3 月　　B．2018 年 9 月　　C．2018 年 10 月　　D．2018 年 12 月

任务四：5G 架构的演进路径

（PPT）5G 架构的演进路径

【任务目标】

知识目标	了解 5G 架构的演进路径
技能目标	根据网络部署特点，制订演进路径
素质目标	（1）秉承与时俱进和推陈出新的观念，培养学生专注的学习态度和精益求精的工匠精神 （2）通过学习 5G 架构的演进路径，培养学生的科学辩证思维
重点难点	重点：5G 架构的演进路径 难点：根据网络部署特点，制订演进路径
学习方法	任务驱动法、归纳学习法、循序渐进法

【情境导入】

与 3G 迈向 4G 的时代不同，4G 迈向 5G 不再是核心网与无线接入网的“整体式”演进，而是拆分为 NSA 和 SA 两种部署方式。目前而言，NSA 等于在 4G 的基础上融入部分 5G 技术，可理解为 5G 的过渡方案，而 SA 则属于按照 5G 标准完全重建的一个网络制式。

2019 世界移动通信大会在上海如期举行。大会期间，围绕 5G 的战略布局和未来发展前景，移动、联通、电信三大运营商先后发声。在组网方式方面，中国移动表示，2019 年 5G 更多的是基于 NSA 推进，要想 5G 真正发挥作用，SA 一定是目标架构、目标网络，从 2020 年 1 月开始，国内将不会再有只搭载 NSA 模式的新手机入网，中国联通表示会选择支持 SA 和 NSA 双网融合的设备，并在 2019 年的第二季度发布组建 5G 网络的 SA 方案，2020 年二季度开始大量部署；中国电信表示，将把握 5G 本质与核心，坚持以 SA 为目标网络，力争在 2020 年率先全面启动 5G 的 SA 组网升级。

了解三大运营商对 5G 的战略布局后，下面将开启 5G 架构的演进之路。

【任务资讯】

初期运营商的 4G 网络部署较为广泛，从 4G 系统升级至 5G 系统的同时，保证良好的覆盖和移动性切换实属难事。为了加快 5G 网络的部署，同时降低 5G 网络初期的部署成本，各运营商需要根据自身网络的部署特点，制定相应的演进路径。

5G 架构的两条演进路径（见图 1-20）：

路径 1：一步到位，直接部署选项 2 的终极形态。

路径 2：选项 1 → 选项 3x → 选项 7x → 选项 4 → 选项 2，中间的步骤都是可选的，非必经之路。

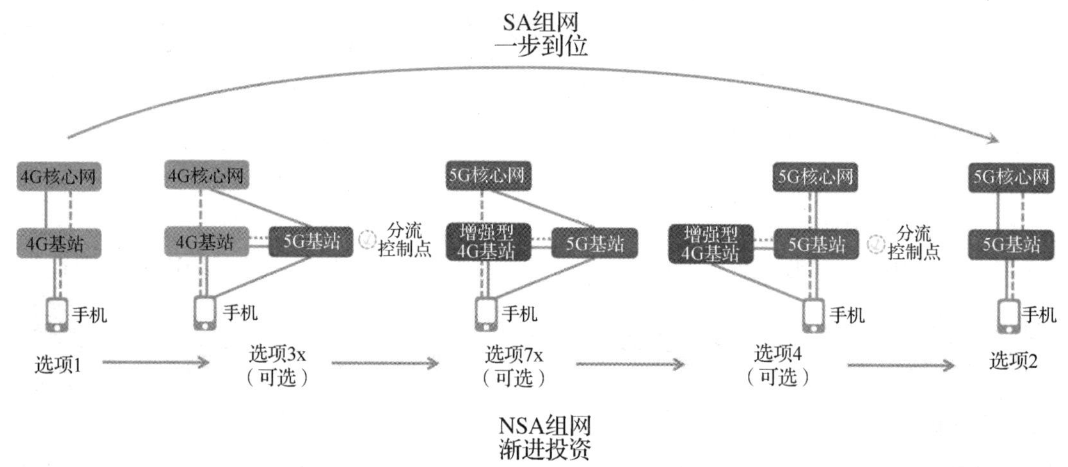

图 1-20　5G 架构的两条演进路径

各运营商的演进路径不尽相同，基本思路是以 4G 基站和 4G 核心网为基础，逐步引入 5G 基站和 5G 核心网。部署初期以双连接为主，4G 基站用于保证覆盖和切换，5G 系统部署在热点地区以提高系统的容量和吞吐率。逐步演进，实现 5G 全覆盖的终极目标，最后全面进入 5G 时代。

【任务实施】

1．查阅资料，了解三大运营商的 5G 战略布局及未来发展前景，分组展示资料收集成果。

2．学习“三大运营商组网路线图”，引导学生秉承与时俱进和推陈出新的观念，培养学生专注的学习态度和精益求精的工匠精神。

3．角色扮演开展教学活动，根据小组 A（运营商）需求，小组 B（设计单位）绘制出 5G 网络架构的演进路径图。

【任务评价】

任务点	考核点		
	初级	中级	高级
5G 架构的演进路径	了解 5G 架构的演进路径	根据网络部署特点，制定演进路径	根据网络部署特点，制定演进路径

【任务小结】

为了加快 5G 网络的部署，降低 5G 网络初期的部署成本，本任务介绍了两条演进路径：基本思路是以 4G 基站和 4G 核心网为基础的，逐步引入 5G 基站和 5G 核心网。

三大运营商的 5G 架构的演进路径各有不同，但是都严格按照自身网络的部署特点，遵守国际通信标准。5G 架构的演进路径是向精益求精转变，体现了与时俱进和推陈出新的观念。学习亦是如此，学生要秉承工匠精神，将学习中的任务当作工艺品去精雕细琢，也要根据掌握情况灵活调整。学生要爱岗敬业，以精益求精的态度完成学业，遵守职责，充实自我，胸怀祖国，用工匠精神托起国之希望。

【自我评测】

（文档）
参考答案

1．以下不属于 NSA 系列优势的是（　　）。

A．标准化完成时间最早，有利于市场宣传

B．对 5G 的覆盖没有要求，支持双连接进行分流，用户体验好

C．网络改动小，建网速度快，投资少

D．支持 5G 核心网引入的新功能和新业务

2．5G 网络的部署方式为（　　）。

A．独立组网　　B．非独立组网　　C．联合组网

3．5G 部署初期会面临的挑战有（　　）。

A．覆盖不足　　B．终端种类少

C．难以寻找业务　　D．难以协调新建基站

5G 新空口原理

项目简介

根据移动通信系统的功能模块划分，5G 新空中接口（简称新空口）技术框架包括帧结构、双工、波形、多址、调制编码、天线、协议等基础技术模块，可针对具体场景、性能需求、可用频段、设备能力和成本等情况，按需选取最优技术组合并优化参数配置，形成相应的空口技术方案，实现对场景及业务的“量体裁衣”，并能够有效应对未来可能出现的新场景和新业务需求，从而实现“前向兼容”。

任务一：5G 新空口的关键技术

【任务目标】

知识目标	（1）掌握各项关键技术的定义和特点 （2）了解各项关键技术的工作原理
技能目标	分析各项关键技术的增益
素质目标	（1）学习华为精神，坚定科技强国、技能强身的学习信念 （2）通过学习各项关键技术的演进过程，了解事物从低级到高级的发展过程，培养学生辩证唯物主义的思维能力，以及注重积累的学习习惯
重难点	重点：各项关键技术的定义和特点 难点：各项关键技术的工作原理和增益
学习方法	合作学习法、对比学习法、归纳学习法、循序渐进法

【情境导入】

（视频）与工程师面对

空口技术作为移动通信“王冠”上的“明珠”，是区别每一代移动通信的显著标志。

需求定义如同灯塔，指引着 5G 的研究目标和方向。国际电信联盟无线电通信组（ITU-R）已于 2015 年 6 月定义未来 5G 的三类应用场景，分别是增强型移动互联网业务（eMBB）、海量连接的物联网业务（mMTC）和超高可靠性与超低时延业务（uRLLC），并从吞吐率、时延、连接密度和频谱效率等八个维度定义了对 5G 网络的能力要求。

为了应对上述挑战，华为系统化地提出了 5G 新空口（New Radio，NR）的理念和关键技术，全面覆盖基础波形、多址方式、信道编码、接入协议和帧结构等领域。在 2015 年的世界移动通信大会上，华为发布了面向 5G 的新空口，灵活自适应的空口波形技术（F-OFDM）成为全球统一的 5G 的混合新波形技术标准；2016 年，华为提出的极化码（Polar Code）也已成为 5G 控制信道的编码方案，这是中国通信史上的一次重大突破；在 2019 世界移动通信大会上，华为的 5G 上下行解耦方案荣获最佳无线技术突破奖，该奖项是 GSMA 设立的，旨在表彰因突破与革新带来用户体验明显提升的无线技术，是通信界公认的最高荣誉之一。

（PPT）上下行解耦

【任务资讯】

2.1.1　Massive MIMO

大规模天线技术（Massive MIMO）是第五代移动通信中提升网络覆盖、用户体验、系统容量的核心技术。Massive MIMO 并非全新 5G 技术，4G 网络中也有应用，但 5G 网络中的 Massive MIMO 继承和改进了 4G 时代的 MIMO 技术，目前已经成为 5G 的标配技术。本节将从 MIMO 技术、Massive MIMO 的特点、工作原理、增益展开介绍。

1. MIMO 技术

1）特点

多输入多输出技术（Multiple-Input Multiple-Output，MIMO）是指在发射端和接收端分别使用多个发射天线和接收天线，通过多个天线发射和接收信号，从而改善通信质量，如图 2-1 所示。MIMO 技术能充分利用空间资源，通过多个天线实现多输入、多输出，在不增加频谱资源和天线发射功率的情况下，成倍地提高系统信道容量。

（PPT）MIMO 技术

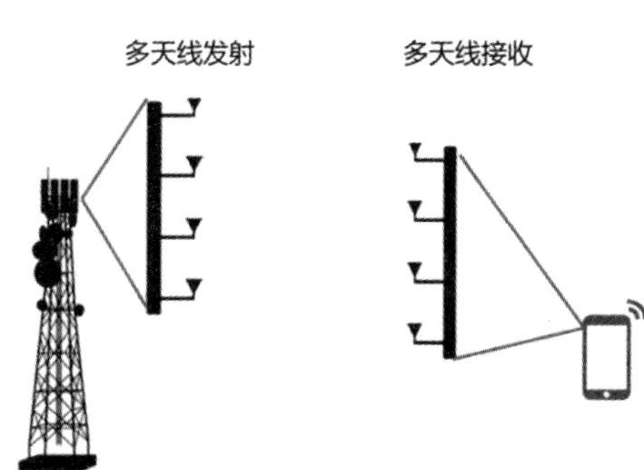

图 2-1　MIMO 技术

2）MIMO 技术的三种应用模式

MIMO 天线技术充分利用了多径效应，既可以获得空间分集增益和空间复用增益，还可以享用波束赋形效果。空间分集技术提高了系统的可靠性，空间复用技术扩大了系统的容量，波束赋形技术提高了信噪比和系统容量，扩大了覆盖范围。

（1）空间分集技术

空间分集技术（见图 2-2）是指利用两条或多条途径传输相同的信息，并选择或合成接收信号来减轻信号衰落的影响。显然，空间分集技术是信息在发射前的“分”技术和信息在接收后的“集”技术，充分运用了传输中多径信号的能量，改善了信息传输的可靠性。例如，多根天线将同样的信息“APPLE”发送给同一部手机，这时手机收到的应该是一组重复的信息，但是在手机信号不佳的场景中，在传输时可能会丢失数据，所以手机实际收到的信息会有缺损。空间分集技术可以通过整合这些缺损的信息，还原出完整信息，从而提高传输的可靠性。

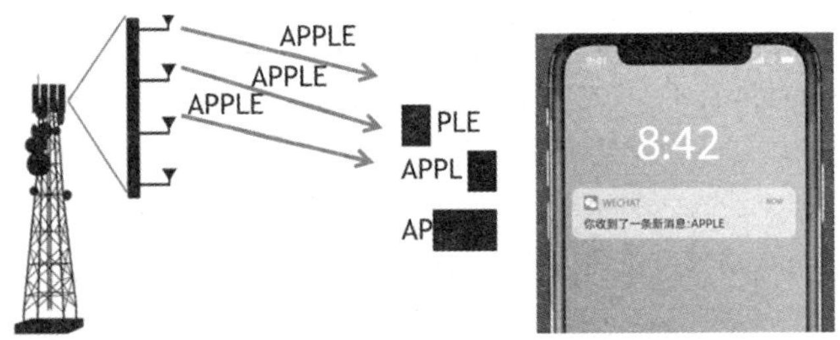

图 2-2　空间分集技术

（2）空间复用技术

空分复用技术主要利用空间信道的弱相关性，通过在多个相互独立的空间信道上传输不同的数据流，提高数据传输的峰值速率。空间复用技术如图 2-3 所示，它首先把一个高速的数据流分割为多个速率较低的数据流，然后分别在不同的天线进行编码、调制、发送。天线之间相互独立，一个天线相当于一个独立的信道，接收机分离接收信号，合并多个数据流，恢复原始信号。不同的数据流同时发射提高了信息传输的效率，提高了通信容量。

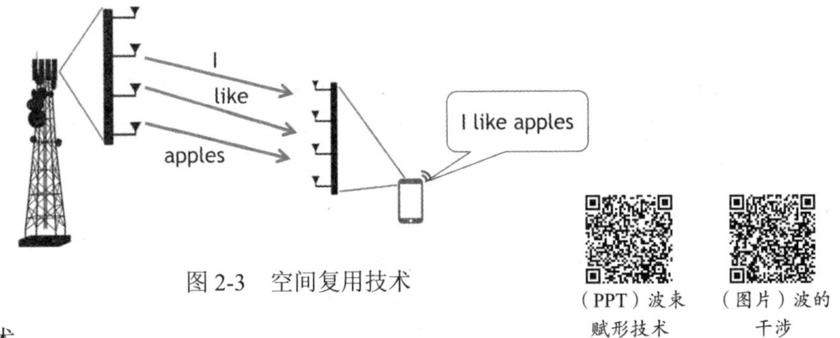

图 2-3　空间复用技术

（3）波束赋形技术

波束指电磁波能量的方向。波束的形态如图 2-4 所示，每个主平面内都有 2 个或多个瓣。辐射强度最大的瓣称为主瓣，其余的瓣称为副瓣或旁瓣。将主瓣最大辐射方向两侧，辐射强度降低 3dB、功率密度降低一半的两点间的夹角定义为波瓣宽度（又称波束宽度）。

波束越宽，其覆盖的方向角越大，能量越分散。波束越窄，天线的方向性越好，能量越集中。

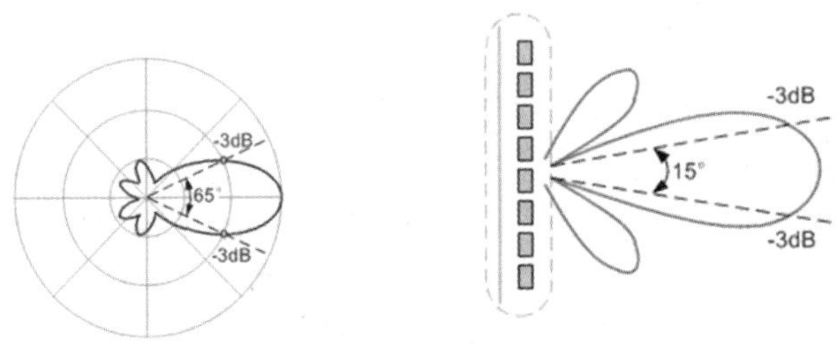

天线波束水平面方向图　　天线波束垂直面方向图

图 2-4　天线波束水平面方向图和垂直面方向图

MIMO 天线的波束赋形技术是基于天线阵列的信号预处理技术，通过对天线阵列中各阵元的加权系数进行调整，形成空间导向矢量来产生方向可控的定向波束，从而得到波束赋形增益，弥补链路损耗。波束赋形本质上利用的是波的干涉原理，两个保持一定间距的、相同极化方向的阵元发出的波之间会出现某些方向的振幅增强、某些方向的振幅减弱现象。若能根据信道条件适当控制每个阵元的加权系数，获得在增强期望方向信号强度的同时，尽可能地降低对非期望方向的干扰，产生强方向性的定向波束，使定向波束的主瓣自适应地指向用户来波方向，则可以提高信噪比和系统容量，扩大覆盖范围。

（图片）
窄波束

（视频）
Massive MIMO

2. Massive MIMO

1）特点

（1）窄波束赋形

在理想的传播模型中，当发射端的发射功率固定时，接收功率与波长成正比，波长越长，传播距离越远。波长越短，电磁波越接近直线传播，越容易被阻挡。2G、3G、4G 使用的频率越来越高，可行的解决方案是增加发射天线和接收天线的数量，即设计一个多天线阵列。经过实验验证，电磁波的能量越集中，形成的波束越窄。不同天线数量形成的波束对比如图 2-5 所示，实验表明，发射天线的数量越多，波束越窄，覆盖的距离越远。

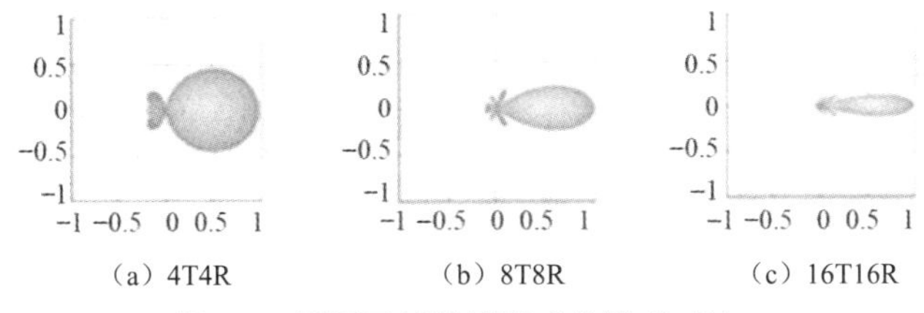

（a）4T4R （b）8T8R （c）16T16R

图 2-5 不同天线数量形成的波束对比

Massive MIMO 要求至少有 16 个收发天线，与传统设备的 2 天线、4 天线、8 天线相比，目前中国华为做到了业界领先的 64T64R（64 收 64 发），天线阵元数将来可达到 256、512 甚至更多。Massive MIMO 通过大量增加阵元数量，使得最终发出的波束比传统天线更窄，能量更集中，从而达到扩大覆盖范围的效果，波束与覆盖范围如图 2-6 所示。

图 2-6 波束与覆盖范围

科普小讲堂

2G 的频率和频段：825MHz～960MHz、1710MHz～1920MHz。

3G 的频率和频段：1880MHz～1955MHz、2010MHz～2025MHz、2110MHz～2145MHz。

4G 的频率和频段：1765MHz～1890MHz、2300MHz～2390MHz、2555MHz～2655MHz。

5G 的频率和频段：3400MHz～3600MHz、4800MHz～5000MHz。

（2）3D-MIMO

传统设备的覆盖规划主要关注水平方向覆盖，信号辐射形状是二维电磁波束，所以会出现高层居民楼等建筑物内信号覆盖不理想、甚至无覆盖的现象，所以 4G 的 MIMO 技术被称为 2D-MIMO［见图 2-7（a)］。而 Massive MIMO 在水平方向覆盖的基础上，增加垂直方向的覆盖，信号辐射形状是灵活的三维电磁波束 3D-MIMO 如图 2-7（b）所示，所以 Massive MIMO 能深度挖掘空间资源，使得基站覆盖范围内的多个用户在同一时频资源上利用大规模天线提供的空间自由度进行通信，提升多个用户之间频谱资源的复用能力，从而在不需要增加基站密度和带宽的条件下大幅提高网络容量。

（PPT）半波振子天线

（PPT）大规模天线阵列

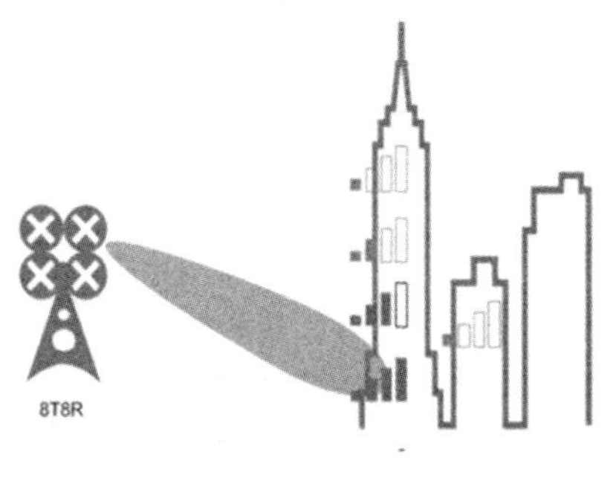

（a）2D-MIMO （b）3D-MIMO

图 2-7 电磁波束

（3）大规模天线阵列

在通信领域中，天线长度和电磁波波长成正比，即电磁波波长越短，天线尺寸越小。2G、3G、4G 使用的无线电波是分米波或厘米波；在 5G 的 C 频段（3GHz～6GHz）中，当频率是 3GHz 时，波长是 10cm；在 5G 的 FR2 频段（24.25GHz～52.6GHz）中，当频率是 30GHz 时，波长是 10mm。当使用半波振子天线时，天线的长度是电磁波波长的一半，一个 AAU 里面可以集成更多的天线，目前可以实现 64T64R 的天线阵列（见图 2-8）。在毫米波的应用场景中，天线长度达到毫米级，将来天线阵元数可达到 256、512 甚至更多。

（a）

（b）

图 2-8 64T64R 的天线阵列

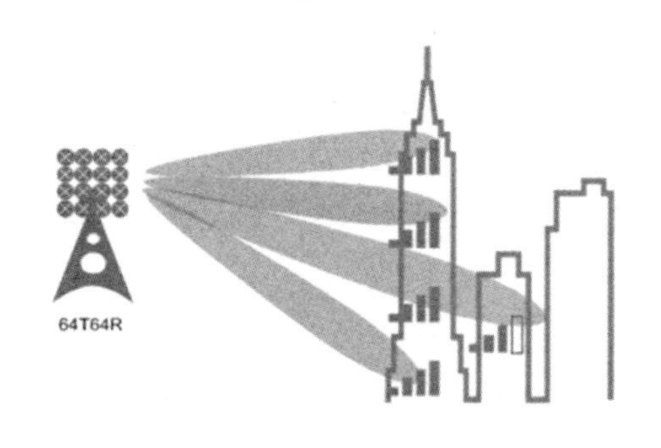

科普小讲堂

电磁波的传播速度与光速相等，在自由空间中为 $c=3\times10^8$m/s。

当电磁波的频率 f=3GHz 时，波长 $\lambda=c/f$=10cm。

当电磁波的频率 f=30GHz 时，波长 $\lambda=c/f$=10mm。

2）工作原理

Massive MIMO 利用波的干涉原理，波峰与波峰叠加，信号增强；波峰与波谷叠加，信号减弱，发射模式比较如图 2-9 所示。基站通过终端发射的上行信号估算下行的矢量权，或者直接通过终端上报的方式获得矢量权，最终用矢量权对下行待发射信号进行加权处理，控制每个天线单元发射信号的相位和幅度，从而形成定向波束。

图 2-9（a）所示为没有添加矢量权的发射模式，图 2-9（b）所示为添加矢量权之后的发射模式。从图中可以清晰地看到，信号最强的主瓣从原先的虚线位置，向左转动一定角度，最终形成一个指向终端的最优波束。基站根据获得的矢量权的变化，改变波束方向，使主瓣对准用户，最终实现波束跟踪。

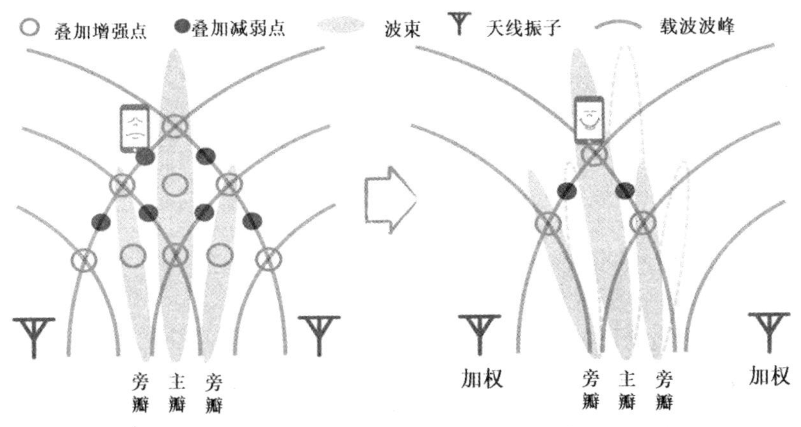

（a）没有添加矢量权的发射模式　　（b）添加矢量权之后的发射模式

图 2-9　发射模式比较

（PPT）MIMO 技术增益

3）增益

（1）扩大网络覆盖

Massive MIMO 综合了空间分集、空间复用和波束赋形等技术。采用了 Massive MIMO 的 5G 基站不仅可以通过复用更多的无线信号流扩大网络容量，还可通过波束赋形技术大幅提升网络覆盖能力。波束赋形技术通过调整天线增益空间的分布，使发射时的信号能量更集中指向目标终端，以弥补信号发射后在空间传输中的损耗，大幅提升网络覆盖能力。

（2）扩大系统容量

4G 室外宏基站通常采用 8T8R，多同时下行发送 2 个数据流。而 64T64R 的 Massive MIMO 由于波束更窄，可以通过空间复用技术同时下行发送多达 16 个数据流，这就意味着在同一时间内，基站可以把相同的时频资源分配给 16 个不同的用户使用，从而大幅扩大小区的整体容量。同时，更窄的波束还能降低小区内用户间的干扰。

（动画）下行波束扫描

（图片）MIMO 演进

（图片）基站下行同时发送 16 流

实现下行多流数据发送的前提是不同终端需要提前完成配对，而目前只有位于天线的不同方位、接收信号质量相近的终端才有可能完成配对。对于完成配对的终端，基站会调度相同的时频资源给终端用户使用，从而大幅提高频谱资源利用率。现阶段的华为 5G 基站理论上最多可以实现下行 16 个用户配对，而上行由于没有波束赋形效果，理论上最多可以实现 8 个用户配对。由于实现了下行 16 流、上行 8 流的同时收发，因此达到了扩大小区上、下行容量的效果。

思考

引入 Massive MIMO 技术后，单用户的速率是否会提升呢？

单用户的速率取决于用户终端的天线配置。4G 终端默认为 2 天线配置，实现 1T2R，基站侧即使采用 Massive MIMO，也不会提高单用户的峰值速率。因为，此时终端的峰值速率受限于下行接收的天线数量，即使基站侧同时发送 16 个数据流，终端同一时刻最多也只能接收两个数据流，所以峰值速率不会增加。现阶段，5G 终端默认为 4 天线配置，实现 2T4R，将来用户终端的天线至少有 4 根，结合 Massive MIMO 的下行多流特征，用户下行可以同时接收 4 个甚至更多的数据流，单用户下行的峰值速率会成倍提升。

Massive MIMO 技术令单用户的信号质量相比于传统方式有大幅提升，可以采用更高效的编码方案和更高阶的调制方式，所以单用户的平均速率会随之提升。

2.1.2　帧结构

手机与基站进行通信时，需要发送一系列数据，这一系列数据“排队”后，依次向基站发送。在时间域中，无线传输被组织为无线帧（Radio Frame）、子帧（Subframe）、时隙（Slot）和符号（Symbol）。

1．4G 帧结构

无线帧是基本的数据发送周期，时长为 10ms，系统帧号（SFN）的范围为 0～1023。4G 帧结构如图 2-10 所示，1 个无线帧的时长为 10ms，它包含 10 个子帧，子帧时长为 1ms，子帧号的范围为 0～9，是数据调度和数据同步的最小单位。1 个子帧包含 2 个时隙，每个时隙长度为 0.5ms。4G 只支持一种子载波间隔（SCS），即 15 kHz。

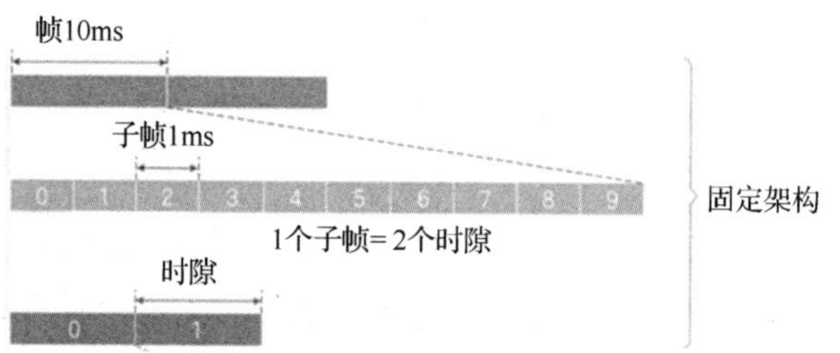

图 2-10　4G 帧结构

2．5G 帧结构

5G 无线帧的时长为 10ms，SFN 的范围为 0～1023。5G 帧结构如图 2-11 所示，1 个无线帧包含 10 个子帧，子帧时长为 1ms，子帧范围为 0～9。5G 无线帧和子帧的长度固定，从而可以确保 4G 与 5G 共存，有利于 4G 和 5G 共同部署模式下的时隙与帧结构同步，进而简化小区搜索和频率测量。

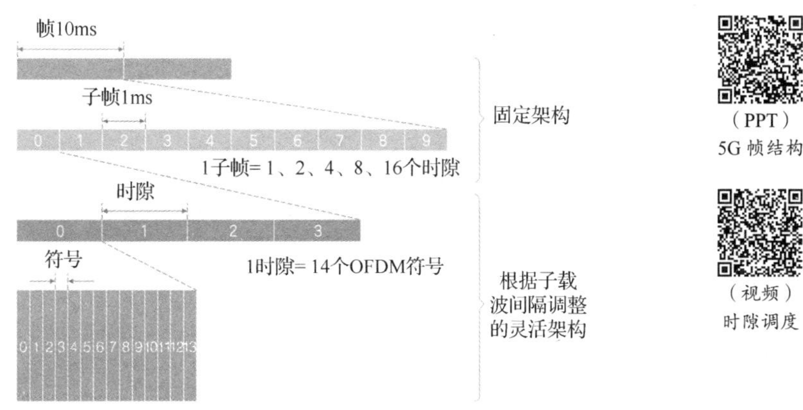

图 2-11 5G 帧结构

（PPT）5G 帧结构

（视频）时隙调度

5G 定义了灵活的子载波间隔、时隙个数、时隙长度。符号的长度可根据子载波间隔灵活定义。时隙是数据调度和数据同步的最小单位，1 个子帧包含 2^{μ} 个时隙，每个时隙长度为 $1/2^{\mu}$（μ 的取值为 0、1、2、3、4）。符号是调制的基本单位，在正常循环前缀（Cycle Prefix，CP）情况下，每个时隙内的 OFDM 符号数量固定为 14，符号范围为 0~13；扩展 CP 时，每个时隙包含 12 个 OFDM 符号。

5G 定义的最基本的子载波间隔也是 15 kHz，但可灵活扩展，即 5G 的子载波间隔可为 $2^{\mu}\times15$ kHz。当 μ 取值为 0、1、2、3、4 时，子载波间隔可以分别设为 15 kHz、30 kHz、60 kHz、120 kHz、240 kHz，其上限和下限分别是 240 kHz 和 15 kHz。时隙长度可根据子载波间隔灵活定义为 $1/2^{\mu}$。正常 CP 情况下的时隙长度如图 2-12 所示，子载波间隔和时隙长度的乘积是固定值，因此子载波间隔越大，时隙长度越小。

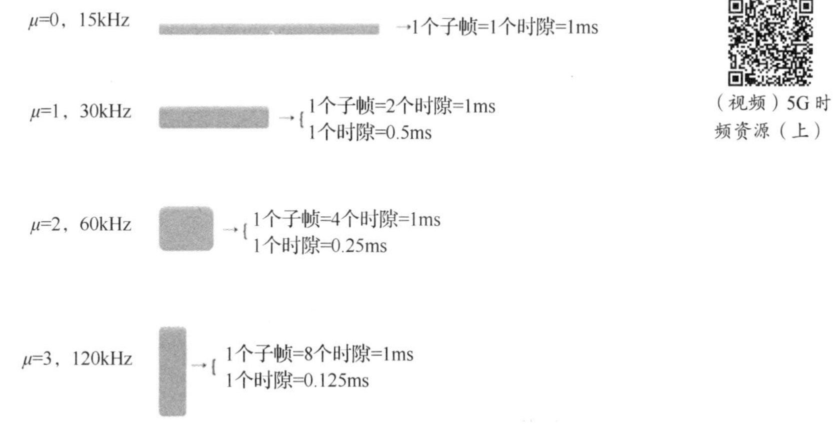

图 2-12 正常 CP 情况下的时隙长度

（视频）5G 时频资源（上）

3. 典型帧格式

eMBB 场景的子载波间隔为 30kHz，每个时隙长度为 0.5ms。在 TDD 模式下，当前典型的帧格式包括 2.5ms 单周期、2.5ms 双周期、5ms 单周期等，系统可支持其中的一种或多种。

1）2.5ms 单周期

2.5ms 单周期包含 5 个时隙，4∶1-2.5ms 单周期帧格式如图 2-13 所示，即 3 个全下行（DownLink，DL）时隙 D、1 个全上行（UpLink，UL）时隙 U、1 个特殊时隙 S。上、下行时隙配比为 4∶1（DDDSU），特殊时隙 S 视作下行。特殊时隙符号配比（DL∶GP∶UL）为 10∶2∶

2。灵活符号既可用于下行传输，又可用于上行传输，或者用作保护间隔（Guard Period，GP），但不能同时用于上、下行传输。

（PPT）帧格式

（视频）5G 时频资源（下）

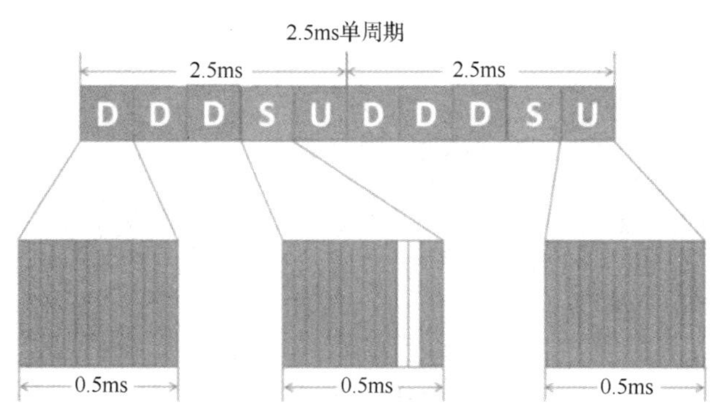

图 2-13　4∶1-2.5ms 单周期帧格式

2）2.5 ms 双周期

2.5 ms 双周期是指两个周期的配置不同，一起合成一个大的循环，7∶3-2.5ms 双周期帧格式如图 2-14 所示，包含 5 个全下行时隙 D、3 个全上行时隙 U、2 个特殊时隙 S。上、下行时隙配比为 7∶3（DDDSU+DDSUU），特殊时隙符号配比 10∶2∶2。5ms 内有 3×14+2×2=46 个上行符号，5×14+2×10=90 个下行符号。

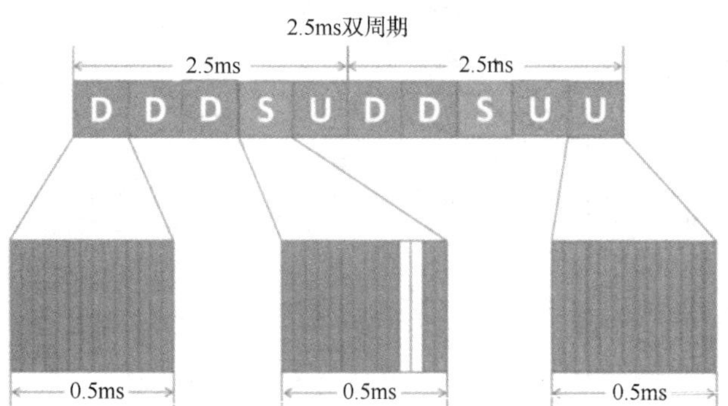

图 2-14　7∶3-2.5ms 双周期帧格式

3）5 ms 单周期

8∶2-5ms 单周期帧格式如图 2-15 所示，5 ms 单周期包含 7 个全下行时隙 D、2 个全上行时隙 U、1 个特殊时隙 S。上、下行时隙配比为 8∶2（DDDDDDDSUU），特殊时隙符号配比为 6∶4∶4。5ms 内有 2×14+1×4=32 个上行符号，7×14+1×6=104 个下行符号。

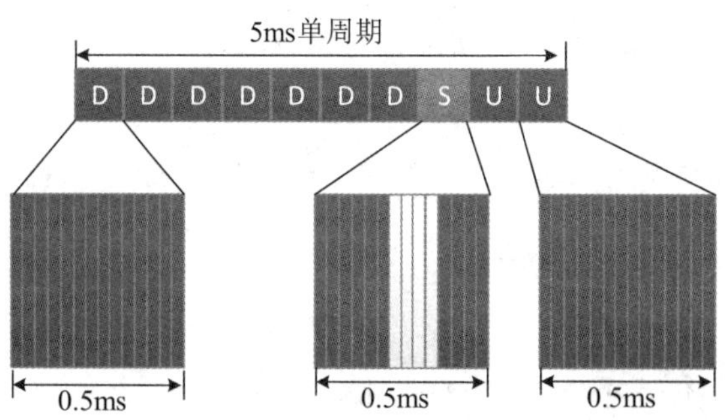

图 2-15　8∶2-5ms 单周期帧格式

5G 在不同 TDD 帧格式下 5ms 内可传输的上、下行符号数如表 2-1 所示，4∶1-2.5ms 单周期和 8∶2-5ms 单周期的下行容量最大，7∶3-2.5 ms 双周期的上行容量最大，下行容量小。

表 2-1　5G 在不同 TDD 帧格式下 5ms 内可传输的上、下行符号数

TDD 帧格式	灵活时隙配置（DL∶GP∶UL）	下行符号数	上行符号数	GP 符号数
4∶1-2.5ms 单周期	10∶2∶2	104	32	4
7∶3-2.5 ms 双周期	10∶2∶2	90	46	4
8∶2-5ms 单周期	6∶4∶4	104	32	4

5G 支持符号级的上、下行变化，而 4G 只支持子帧级的上、下行变化。5G 引入了微时隙和自包含时隙的概念。3GPP Rel-15 标准已经支持 1 个时隙，包含 2、4、7 个符号，应用于短时延和毫米波场景。自包含时隙在 1 个时隙内完成下行混合式自动重传请求（Hybrid Automatic Repeat Request）反馈和上行数据调度，降低往返时延。此外，自包含特性也使信道探测参考信号（Sounding Reference Signal，SRS）能够在更短的周期内发送，而无须像 4G 等待下一个子帧的最后一个符号。更短的 SRS 发送周期有助于快速跟踪信道变化，提升 MIMO 的性能。

科普小讲堂

5G 载波峰值速率的计算公式：

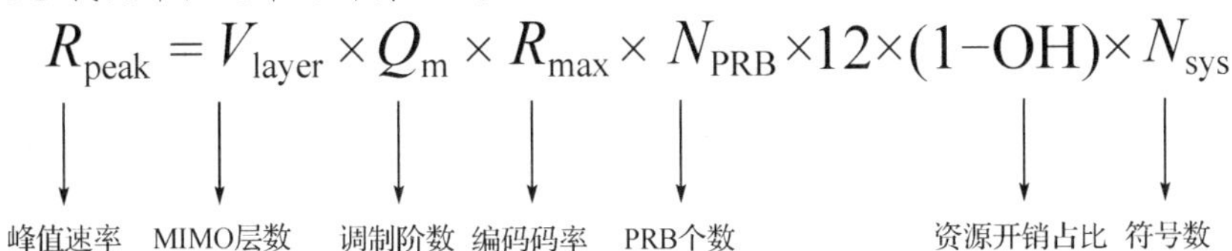

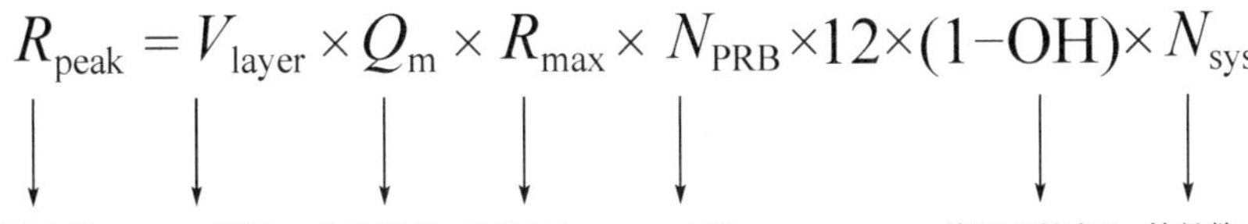

$$R_{peak}=V_{layer}\times Q_m\times R_{max}\times N_{PRB}\times 12\times(1-OH)\times N_{sys}$$

（PPT）256QAM

- MIMO 层数：下行 4 层，上行 2 层。

- 调制阶数：下行 8 阶（256QAM），上行 8 阶（256QAM）。

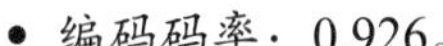

- 编码码率：0.926。
- PRB 个数：273，公式里面的 12 代表每个 PRB 包含 12 个子载波。
- 资源开销占比表示无线资源中用于控制、不能用于发送数据的比例，FR1 频段的资源开销比为下行 14%、上行 8%。
- 符号数表示每秒可实际传送数据的符号数，因 TDD 帧格式而异。此处选取 5ms 单周期帧格式的值，1s 内的下行符号数为 20800，上行符号数为 6400。5G 载波的下行峰值速率为 $4\times8\times0.926\times273\times12\times(1-0.14)\times20800\approx1736467439.6$bps≈1.74Gbps，5G 载波的上行峰值速率=$2\times8\times0.926\times273\times12\times(1-0.08)\times6400\approx285787127.8\approx285.79$Mbps。

2.1.3　F-OFDM

1．OFDM 技术

1）特点

正交频分复用（Orthogonal Frequency Division Multiplexing，OFDM）技术是一种能够充分利用频谱资源的多载波调制技术。

OFDM 最核心的就是各子载波之间正交，接收端解调时，各子载波调制的数据不会互相影响，所以频谱之间可以重叠，因此频谱利用率很高。信道分配情况如图 2-16 所示，可以看出 OFDM

技术至少能够节约二分之一的频谱资源。

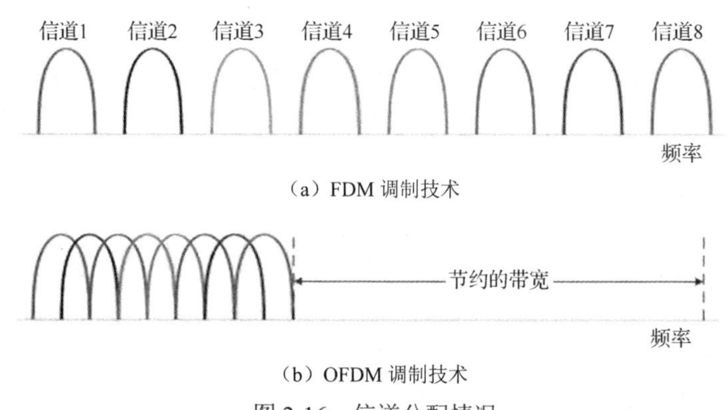

（PPT）OFDM

图 2-16 信道分配情况

2）循环前缀

由于无线信道的多径效应会引起符号间干扰（Inter-Symbol Interference，ISI），为了避免相邻符号间的干扰，可以在每个符号中间插入保护间隔（见图 2-17）。

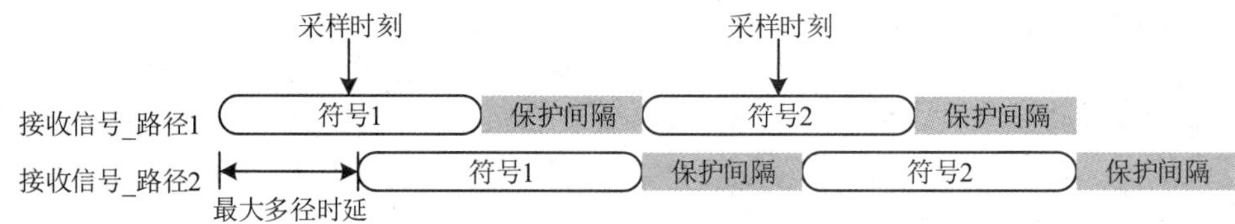

图 2-17 符号中间插入保护间隔

插入保护间隔的方法一般是符号间置零，即先发送第一个符号并停留一段时间，不发送任何信息，再发送第二个符号。当保护间隔的长度超过信道最大时延时，一个符号的多径分量不会干扰到下一个符号。这样虽然减弱了 OFDM 系统中的符号间干扰，但是破坏了子载波间的正交特性，会产生子载波间干扰（Inter-Carrier Interference，ICI），因此这种方法在 OFDM 系统中并不适用。

因此，循环前缀（Cycle Prefix，CP）应运而生，循环前缀的工作原理如图 2-18 所示，使用循环前缀，将 OFDM 符号尾部的信号复制到头部，相当于插入保护间隔，起到消除 OFDM 符号间干扰的作用。同时，加上循环前缀后，接收端收到的时延扩展部分是信号的尾部，在傅里叶变换（FFT）窗口内还是一个完整的信号，从而保证了子载波间的正交特性。

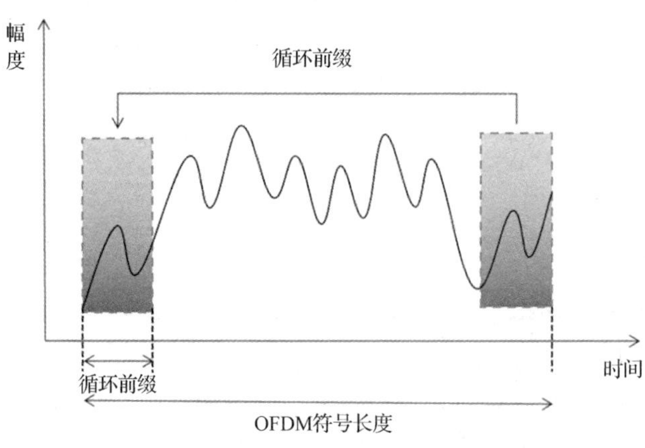

图 2-18 循环前缀的工作原理

在符号间加入保护间隔可以保证符号间无干扰。保护间隔内添加循环前缀可以保证子载波的正交特性，有效抗击多径效应，但这样会牺牲一部分时间资源，降低了各子载波的符号速率和信道容量，在实际应用中需要考虑多径延迟和 OFDM 符号长度，合理选择循环前缀参数。多径延迟和循环前缀长度成正比，多径延迟越长，需要的循环前缀越长。给定相同的 OFDM 符号长度，越长的循环前缀可能会带来越大的系统开销，因此为了控制开销，应按需选择循环前缀长度，尽可能提升系统性能。

科普小讲堂

5G 中循环前缀的特点：

- 3GPP 定义了两种循环前缀，即正常循环前缀（NCP）和扩展循环前缀（ECP）。
- 所有子载波间隔都指定了正常循环前缀。
- 目前规定扩展循环前缀仅应用于 60 kHz 的子载波间隔。
- 如果使用正常循环前缀，那么每 0.5 ms 出现首个符号的循环前缀比其他符号的循环前缀长。

不同子载波间隔下正常循环前缀长度可支持的距离如表 2-2 所示，循环前缀长度随着子载波间隔的增加而缩短。子载波间隔为 15 kHz 时，其他符号的循环前缀长度是 4.7μs；子载波间隔为 240 kHz 时，其他符号的循环前缀长度是 4.7 /16 ≈0.29μs。

表 2-2　不同子载波间隔下正常循环前缀长度可支持的距离

系统参数	子载波间隔/kHz	长符号的循环前缀长度/μs	距离/m	其他符号的循环前缀长度/μs	距离/m
0	15	5.2	1560	4.69	1407
1	30	2.86	858	2.34	703
2	60	1.69	507	1.17	351
4	120	1.11	333	0.59	175
5	240	0.81	243	0.29	87

2）工作原理

OFDM 技术的原理是在频域内将信道分为若干个正交的子信道，将高速数据流转换为并行的低速子数据流，并分别调制到每个子信道上进行传输。

OFDM 系统的收发流程图如图 2-19 所示。首先，所有 4G 的 OFDM 系统中用户的数据经过串并转换后，高速数据流转换为并行的低速子数据流，选用 15kHz 作为子载波间隔进行子载波映射；其次，利用快速傅里叶逆变换把信号调制到相互正交的子载波上；然后，在信号中插入循环前缀。接收机的信号处理过程是发射机的逆过程，即先串并转换，并进行去循环前缀的操作，再进行快速傅里叶变换，最后进行数据检测（即解调和译码）。

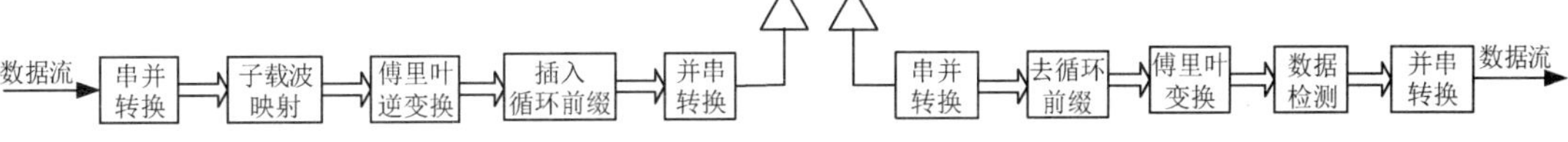

图 2-19　OFDM 系统的收发流程图

科普小讲堂

多径效应：无线信号经过多条传输路径到达接收端，这些路径具有不同的距离、环境、地形和杂波，因此在时域上产生不同的延迟，按各自相位相互叠加而造成干扰，使得原来的信号失真。多径效应如图 2-20 所示，它是信号衰落的重要成因。

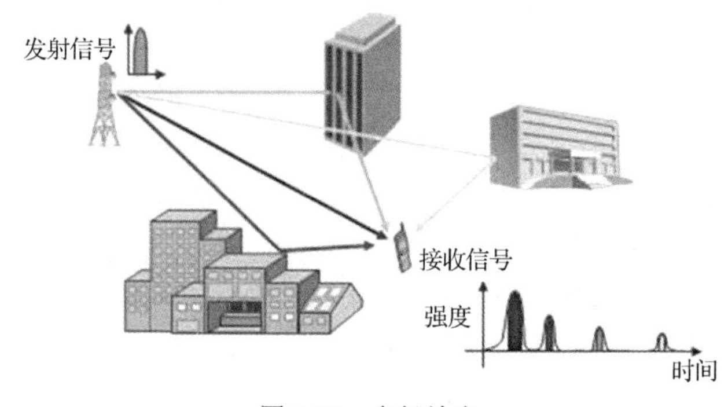

图 2-20 多径效应

2．F-OFDM 技术

OFDM 技术将高速数据通过串并转换调制到相互正交的子载波上，并引入循环前缀，较好地解决了码间干扰问题，在 4G 时代大放异彩。但 OFDM 技术最主要的问题是不够灵活，整个系统带宽上只支持一种固定的参数配置。

4G 中采用的 OFDM 技术的时频资源分配方式如图 2-21 所示，频域子载波带宽固定为 15kHz，其时域符号长度、循环前缀长度等也是固定的。

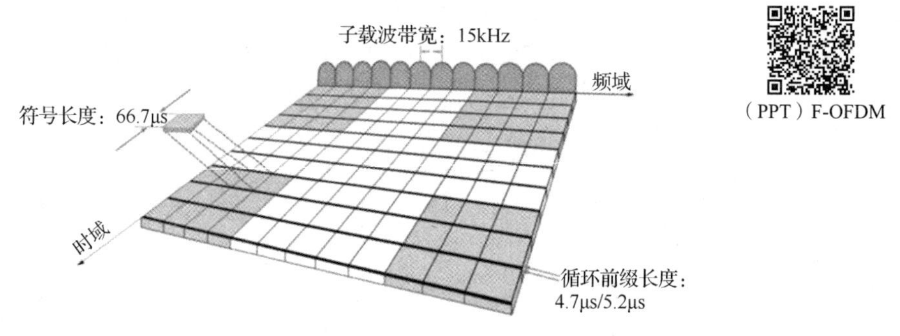

图 2-21 4G 中采用的 OFDM 技术的时频资源分配方式

未来的 5G 应用对于网络的需求可能有很大的差异，如端到端 1ms 时延的车联网业务，要求极短的时域符号长度和发送时间间隔（Transmission Time Interval，TTI），这就需要频域较宽的子载波带宽。在物联网的多连接场景中，单传感器传送的数据量极少，但对系统整体连接数要求很高，这就需要在频域上配置较窄的子载波带宽，而在时域上，符号长度及发送时间间隔可以足够长，几乎不需要考虑符号间的干扰问题，也就不需要引入循环前缀。

1）特点

F-OFDM（Filtered-Orthogonal Frequency Division Multiplexing）技术是基于子带滤波的正交频分复用技术，是一种可变子载波带宽的自适应空口波形调制技术，是基于 OFDM 技术的改进方案。

F-OFDM 技术的核心是根据承载的具体应用类型来配置所需的子载波带宽、符号长度、循环前缀长度等关键技术参数，采用全新设计的子带滤波技术，在相同子帧中携带不同类型的数据。

图 2-22 中可见 F-OFDM 技术能为不同业务提供不同的子载波带宽和循环前缀配置，以满足不同业务的时频资源需求。

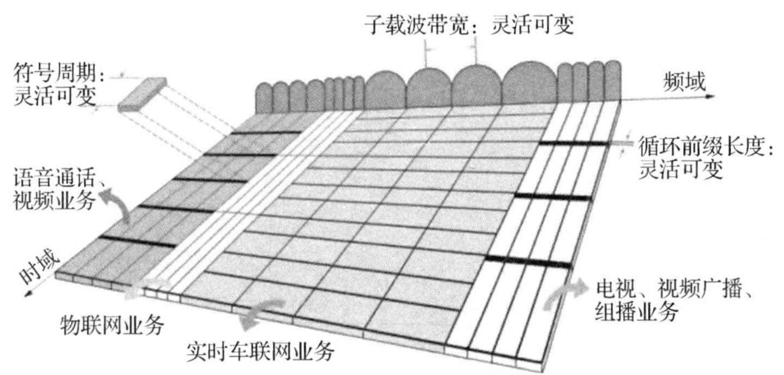

图 2-22　F-OFDM 技术的时频资源分配方式

2）工作原理

从图 2-23 中可以看出，F-OFDM 调制系统与传统 OFDM 系统最大的不同是在发送端和接收端增加了对子带进行滤波的子带滤波器。F-OFDM 调制系统通过优化滤波器的设计，可以把不同带宽的子载波之间的保护频带降到最低，这样只需要很少的频谱资源用作各子带间的保护频带。它将系统带宽划分为多个子带，各子带根据实际业务需求动态配置参数。例如，为了实现低功耗、大覆盖的物联网业务，可在选定的子带中采用单载波波形；为了实现较低的空口时延，可以采用更短的传输时隙；为了对抗多径信道，可以采用更小的子载波间隔和更长的循环前缀。

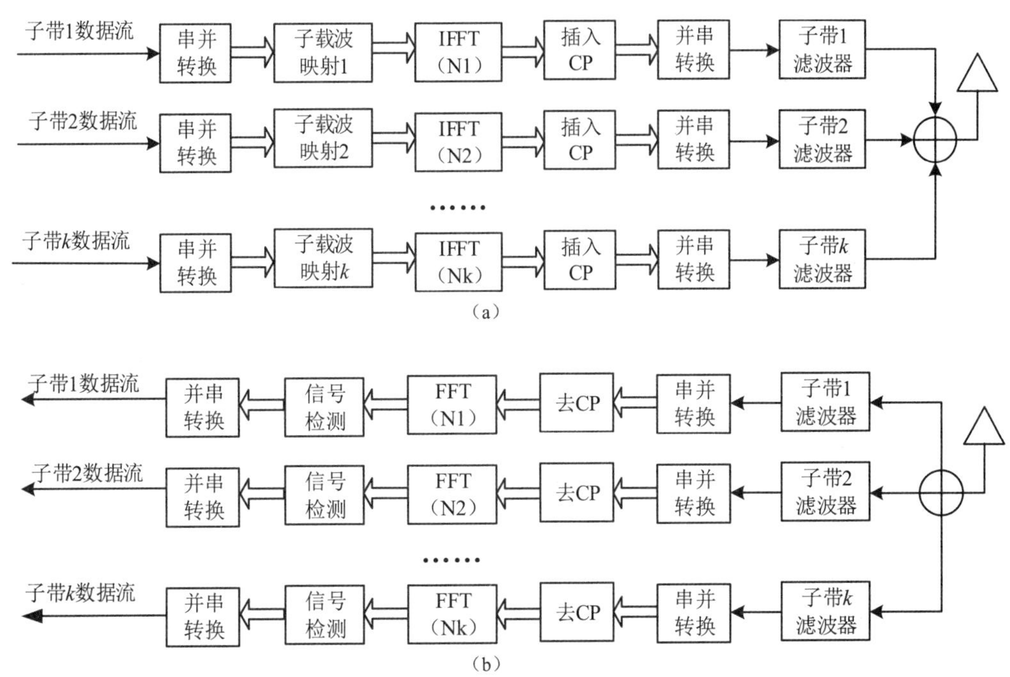

图 2-23　F-OFDM 系统收发框图

3）增益

（1）提高频谱利用率

OFDM和F-OFDM的对比如图2-24所示，F-OFDM技术由于增加了子带滤波器，可以大幅缩短载波的保护带宽，实现提高频谱利用率的效果。4G的频谱利用率是90%，即子载波带宽为15kHz，在20MHz的载波带宽内，有效利用（承载数据）的资源块（Resource Block，RB）数量为100，每个RB有12个子载波，计算出实际可用的载波资源为100×12×15000=18MHz，此时的频谱利用率为90%，载波之间的保护带宽占10%。相比于4G 的频谱利用率为90%，F-OFDM技术可将5G的频谱利用率提高至95%以上，以容纳更多的RB数量。当子载波带宽为30kHz时，100MHz的载波带宽对应的RB数量为273，每个RB有12个子载波，计算出实际可用载波资源为273×12×30000=98.28MHz，此时的频谱利用率为98.28MHz /100MHz =98.28%，载波之间的保护带宽占1.72%。

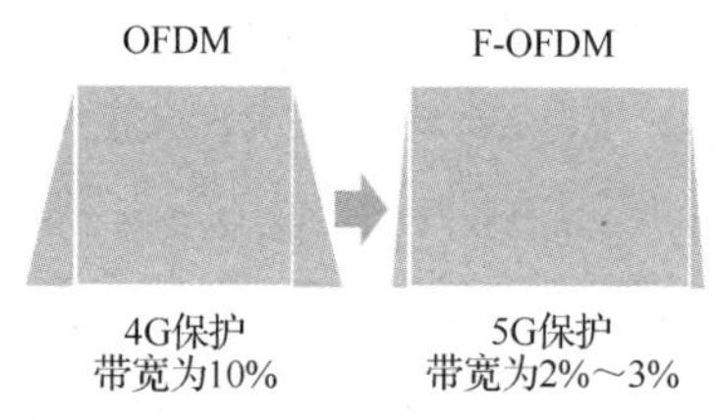

图2-24　OFDM和F-OFDM的对比

（2）满足不同的业务需求

F-OFDM技术可以解决灵活配置业务波形技术参数（子载波带宽、符号长度、保护间隔等）的问题，可以提高无线频谱资源利用效率，容纳更多用户，在提高未来5G系统的吞吐率的同时，还能灵活适配不同应用场景。

时延场景：不同时延需求可以采用不同的子载波间隔。子载波间隔越大，对应的时隙越短，可以缩短系统的时延。

移动场景：不同的移动速度会产生不同的多普勒频偏，更高的移动速度会产生更大的多普勒频偏。通过增大子载波间隔，可以提升系统对频偏的鲁棒性。

覆盖场景：子载波间隔越小，对应的符号前面用于保护的循环前缀长度就越大，可以对抗多径信道，支持的小区覆盖半径也就越大。

2.1.4 网络切片

（视频）网络切片

（PPT）网络切片特点

基于5G时代业务需求的多样性，网络切片技术应运而生。运营商通过网络切片，能够在一个通用的物理平台上构建多个专用的、虚拟化的、互相隔离的逻辑网络，以满足不同用户对网络能力的不同要求。

1. 特点

如果把网络比喻为交通系统，那么车辆是用户，道路是网络。随着车辆的增多，城市道路变得拥堵，为了缓解交通拥堵，交通部门不得不根据车辆类型、运营方式进行分流管理。网络亦是如此，要实现人到人连接及万物连接，连接数量成倍增长，网络必将越来越拥堵，越来越复杂，因此需要对网络实行分流管理，即网络切片。

网络切片本质上就是将运营商的物理网络划分为多个虚拟网络，根据不同的业务需求（如时延、带宽、安全性和可靠性等）划分每个虚拟网络，以灵活地应对不同的网络应用场景。

网络切片有下面四个特性。

（1）隔离性：不同的网络切片之间互相隔离，一个切片的异常不会影响到其他切片。

（2）虚拟化：网络切片是在物理网络上划分出来的虚拟网络。

（3）按需定制：可以根据不同的业务需求自定义网络切片的业务、功能、容量、服务质量与连接关系，还可以按需进行切片的生命周期管理。

（4）端到端：网络切片是针对整个网络而言的，包括核心网、接入网、传输网、管理网络等。

目前主流的切片类型是基于业务场景进行切片的，切片类型如图 2-25 所示，网络切片可分为 eMBB 切片、mMTC 切片、uRLLC 切片，即 5G 网络切片的三大应用场景。

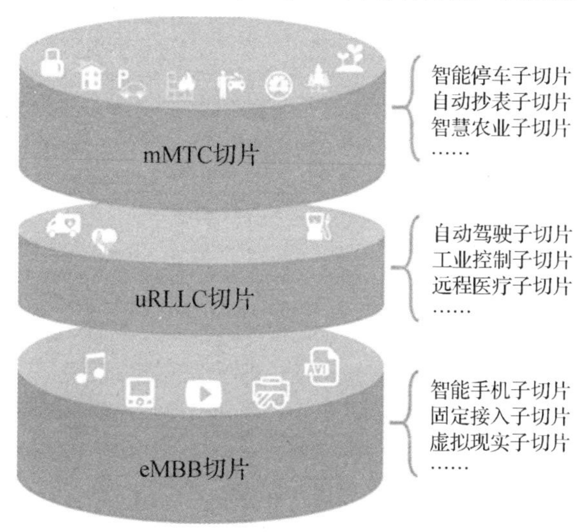

图 2-25　切片类型

5G 网络切片的三大应用场景：

（1）增强型移动宽带（eMBB）针对大流量移动宽带业务，该类业务要求蜂窝网络提供大带宽，包括 AR、VR、4K 和 8K 超高清视频等业务。

（2）海量机器类通信（mMTC）：针对大规模物联网业务，对带宽和移动无要求，但是要求蜂窝网络支持海量接入。

（3）高可靠低时延通信（uRLLC）：该类业务要求蜂窝网络提供超高可靠性、超低时延的通信，如无人驾驶等业务（3G 的响应时间为 500ms，4G 的响应时间为 50ms，5G 要求响应时间为 0.5ms）

2．网络切片实现

5G 端到端网络切片是指灵活分配网络资源，按需组网，基于 5G 网络虚拟划分出多个具有不同特点、互相隔离的逻辑子网，每个端到端网络切片均由无线网、传输网、核心网的子切片组合而成，并通过端到端切片管理系统进行统一管理。

1）无线侧切片

业务需求和应用场景逐渐多样化，无线接入网需要具有灵活部署的特性，根据服务等级协议（SLA）需求的不同，灵活定制无线网子切片。无线网主要是针对协议栈功能和时频资源进行切片。

（PPT）无线网络切片

（1）协议栈功能的模块化分离

根据不同的业务需求，可以灵活地定制、切分无线网侧协议栈功能。无线侧基站分为集中单元（CU）和分布单元（DU）两个单元，这两个单元是 BBU 拆分而来的。解耦后的 CU 用于集中承载非实时业务，DU 则主要负责处理实时业务，因此可以把与时延弱相关的功能上移到 CU，与时延强相关的功能下放到 DU。例如，单向多播类业务就可以让切片功能最简化，而低时延类业务可以把 CU 里的一些功能下放到 DU。协议栈功能的模块化分离如图 2-26 所示，分组数据汇聚协议（Packet Data Convergence Protocol，PDCP）层负责 IP 报头的压缩和解压缩，以及数据的加密、解密和完整性保护。在低时延场景下，PDCP 层下放到 DU，业务数据经过 PDCP 层的处理后可以绕开 CU 直接访问核心网，进一步降低业务面的时延。

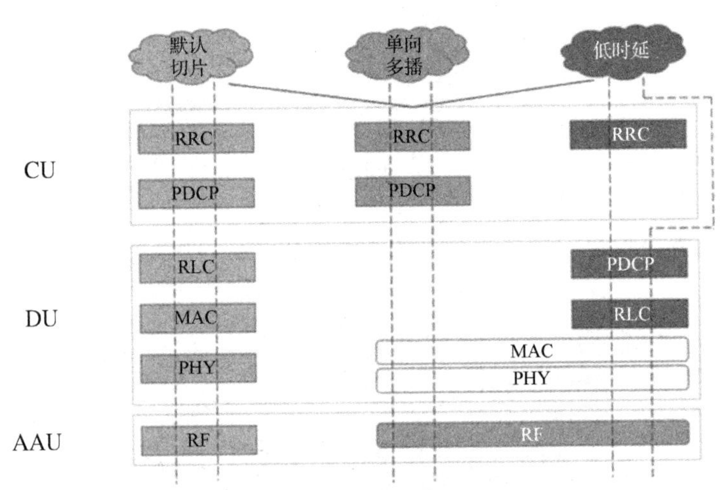

图 2-26　协议栈功能的模块化分离

CU 和 DU 的架构可以为网络切片提供良好的灵活性，即根据实际需求进行灵活部署。

（2）时频资源的切分

无线时频资源硬切（见图 2-27）采用静态预留方式，频谱、时间资源以固定的方式分配给特定切片，用户可利用这些静态的无线资源接入切片网络，不同场景的业务只能使用对应的资源。在这种方式下，特定切片预留的资源在任何时刻都不能分配给其他切片的用户使用，网络的资源利用率较低。

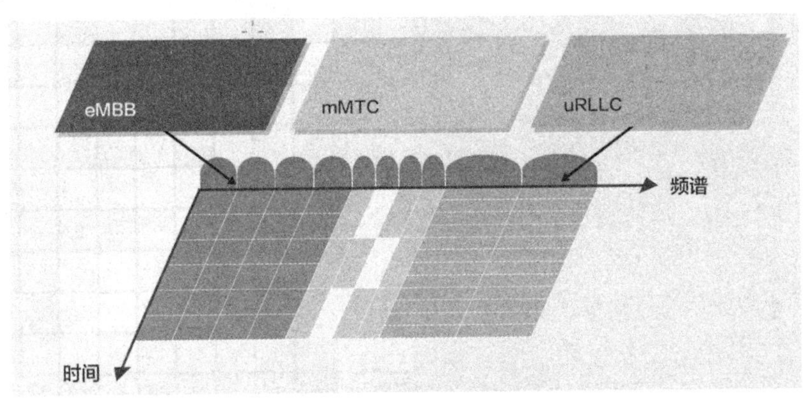

图 2-27　无线时频资源硬切

无线时频资源软切（见图 2-28）采用独立预留和动态共享相结合的方式，可以独立预留出一些频谱资源供 URLLC 这种紧急性业务使用，配合免调度技术，进一步降低时延。网络切片的调度管理服务根据切片业务请求的实时到达情况按需分配时频资源，并确保各切片间的资源平衡分配，这种切分方式让整体频谱资源的利用率大幅提升，不会造成资源的浪费。

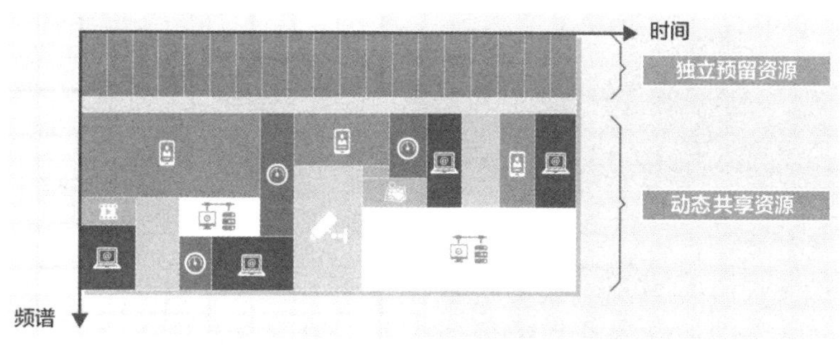

图 2-28　无线时频资源软切

2）传输网切片

5G 时代追求万物互联，要满足各种不同垂直行业的差异化需求，因此传输网切片网络的不同业务之间需要互相隔离且能够独立运维，需要给不同需求的业务分配不同的传输网切片，每个传输网切片就像一个独立的物理网络。

传输网的切片架构如图 2-29 所示，图中的大管道可以理解为一条高带宽光纤的链路，其中包含切片 A、切片 B、切片 C，它们分别承载 eMBB、uRLLC、mMTC 三种业务。不同的切片之间是硬隔离的，不会相互抢占，但是在切片内部，如切片 B 内部，奔驰、宝马、丰田开通了自动驾驶业务，业务需要的带宽在整个切片内部完全是统计复用的，可以提高资源利用率。传输网切片更多的是业务面的隔离，不同切片的内部需要考虑不同的业务质量要求，需要保证某些特定切片内部的高带宽及某些特定业务的低时延。但是前提是切片之间要相互隔离。传输网的带宽隔离技术包括以下两种。

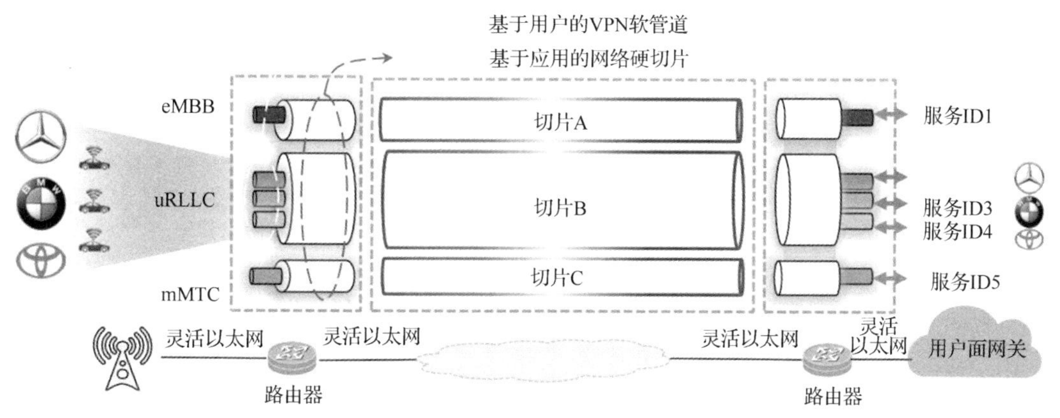

图 2-29　传输网的切片架构

（1）基于 ETH 的切面技术

（PPT）传输网切片

灵活以太网（FlexE）在传统以太网架构的基础上，在媒体访问控制层（MAC 层）和物理层（PHY 层）之间引入了中间层 FlexE Shim。基于 ETH 的切面技术如图 2-30 所示，它可以将 ETH 端口划分为多个独立子信道，每个子信道具有独立的时隙和 MAC，提供 ETH 层物理隔离。简单的原理是高速数据流经过 FlexE 处理后会转换为多条低速数据流，这个过程是基于时分复用的方式。多条低速数据流在不同的时间点发送，FlexE 依据时分复用将高带宽转换为低带宽。

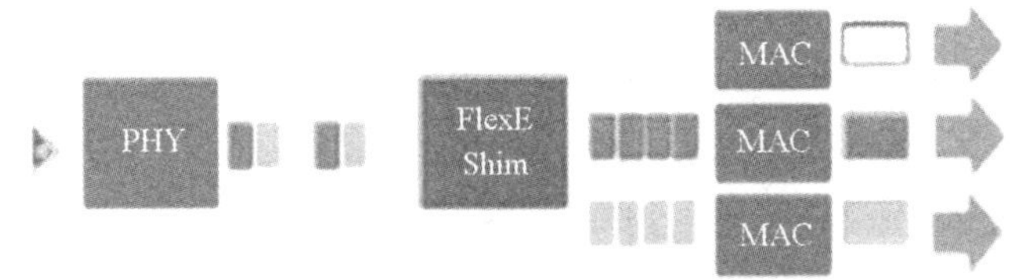

图 2-30　基于 ETH 的切面技术

（2）基于光传输层的切面技术

光通路数据单元（ODUk）是针对波分网络下的光信号、电信号的切分，是物理层的光电信号的切分。可以把 100G 的光纤切成 10 条 10Gbps 的光纤或者 80 条 1.25Gbps 的光纤。根据不同配置，切分的粒度和细度也不同。

以上两个技术能够把高带宽的传输链路切分为低带宽的传输通路，这样在设计切片时就可以先考虑切片所需的带宽，再匹配所需的链路带宽。例如，切片需要的带宽很大，在设计切片时，把多条传输链路整合为一个切片，这是切片的隔离技术。

3）核心网切片

相比于现有核心网架构，5G 核心网利用虚拟化方式实现了控制面与用户面的分离，基于全新的服务化（SBA）架构将网络功能解耦为服务化组件，组件之间使用轻量级开放接口通信。不同的组件承担不同的功能，这样就可以灵活地定制网络切片功能，根据不同需求进行功能裁剪，对于某些业务就可以删减不需要的网元功能。

基于切片需求的功能裁剪，需要判断终端是否能够移动、是否能够独立部署 Qos 策略、是否需要独立开户、是否有不同的计费策略、这样可以删减一些不必要的功能，提高网络效率。图 2-31 所示为水表业务的网络切片功能裁剪。

（图片）核心网切片网络功能库

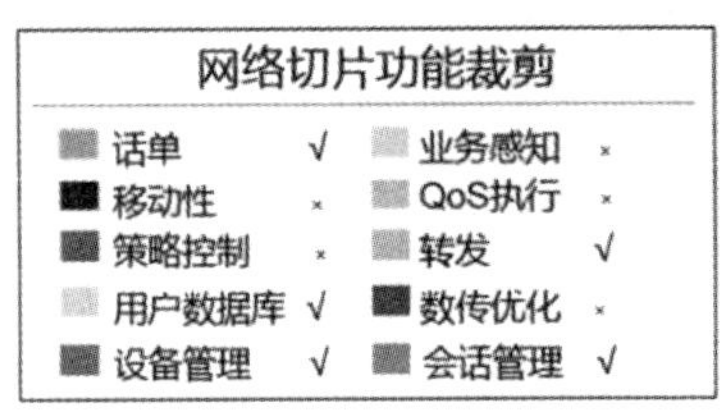

图 2-31　水表业务的网络切片功能裁剪

4）终端切片

无线网、传输网和核心网都需要切片，那么终端是否需要切片呢？

终端分为单用途终端和多用途终端，需要匹配切片的资源调度、资源预留、资源隔离。单用途终端是感知不到切片的存在的，只需要由网络控制切片选择，而多用途终端则需要支撑应用数据到切片的映射。

在实际生活中，一个终端往往需要支持多样化的业务服务，一个终端有时需要接入多个不同的切片。当终端向网络侧发送初次连接请求时，网络侧识别请求信息后会建立业务交付连接。

2.1.5 MEC

2020年4月29日，中国联通首张MEC规模商用网络暨生态合作发布会成功在云端举办。本次大会以“5G新基建，智胜在边缘”为主题，中国联通携手华为、英特尔、腾讯、中兴、浪潮、碧桂园、格力等重要战略合作伙伴，正式发布全球首张MEC规模商用网络和《5G MEC边缘云平台架构及商用实践白皮书》。

1. MEC的概念

欧洲电信标准协会（ETSI）于2014年成立移动边缘计算（Mobile Edge Computing，MEC）规范工作组，正式宣布推动MEC标准化，其基本思想是将云计算平台从移动核心网络内部迁移到移动接入网边缘，实现计算机存储资源的弹性利用。这一概念将传统蜂窝电信网络与互联网业务进行了深度融合，旨在减少移动业务交付的端到端时延，发掘无线网络的内在能力，从而提升用户体验，为运营商的运作模式带来全新变革，并建立了新型的产业链及网络生态圈。2016年，ETSI把MEC的概念扩展为多接入边缘计算（Multi-Access Edge Computing），将边缘计算从蜂窝电信网络进一步延伸至其他无线接入网络（如WiFi）。MEC可以看作运行在移动网络边缘的、运行特定任务的云服务器。

5G的多接入边缘计算是指在靠近用户业务数据源头的一侧，提供近端边缘计算服务，满足行业在时延、带宽、安全与隐私保护等方面的基本需求，如交通运输系统、智能驾驶、实时触觉控制、增强现实等。5G PPP发布的白皮书《5G Empowering Vertical Industries》指出，5G通过边缘计算技术将应用部署到数据侧，而不是将所有数据发送到集中的数据中心，满足了应用的实时性。

2. MEC的应用场景

MEC有着非常大的应用前景，ETSI于2016年4月18日发布了与MEC相关的重量级标准，对MEC的七大业务场景（见表2-3）进行了规范和详细描述。

表2-3 MEC的七大业务场景

应用场景	描述	对MEC的需求	MEC的独特性
视频加速	在无线接入网的MEC服务器端部署无线分析应用（Radio Analytics Application），为视频服务器提供无线下行接口的实时吞吐量指标，以助力视频服务器制订更为科学的传输控制协议（TCP）拥塞控制决策	无线网络信息、计算能力、数据分流	具备无线网络的感知能力
视频分析	视频内容分析，如车牌提取	计算能力、数据分流	部分业务就近处理，减少上传流量
增强现实	在实景摄像的基础上，叠加基于用户位置等信息生成的其他影像	计算能力、位置能力、数据分流	低时延、高带宽、具备位置感知能力
辅助密集计算	帮助简易终端实现复杂的计算能力，如简易机器人	计算能力	低时延
企业专网	企业的无线局域网	数据分流、接入控制	业务本地化、具备用户识别能力
车联网	具体业务包括自动驾驶、危险提醒等	计算能力	低时延
物联网网关	多种物联网终端的信息聚合	计算能力	低时延、部分业务就近处理

综上，MEC 的常见应用场景包括高带宽应用场景（如本地业务本地解决、本地分流），低时延、高可靠性场景（如就近服务、降低时延），大规模终端连接场景（如将终端计算能力迁移到边缘，以降低终端的功耗），以及其他场景（如网络感知能力开放、边缘计算能力开放）。

3．MEC 服务器的部署场景

5G 网络包含终端、无线接入网及核心网，如 AMF，SMF，PCF 等一系列控制面网元，以及用户面网元（UPF）。

UPF 是连接 5G 核心网和 MEC 的纽带，可提供数据分流及流量统计等功能。所有的数据必须经过 UPF 转发才能流向外部网络，负责边缘计算的 MEC 设备必须连接在 5G 核心网的 UPF 之后。

5G 核心网的设计是十分灵活的，为了减少数据传输的迂回，相较于控制面网元，UPF 的部署位置也一般靠下，即 UPF 下沉。举例来说，中国移动的核心网在全国分为 8 个大区，每个大区管理多个省份，但在这些大区的机房中只部署了控制面网元，UPF 则下沉到省中心，乃至地级市、区县，方便实现本地数据的本地消化，这样的架构便于 MEC 靠近网络边缘部署。

根据服务区域的大小和个性化需求，MEC 可以与核心网位于同一数据中心（见图 2-32（d）)，还可以与下沉的 UPF 一起位于汇聚节点（见图 2-32（c）)，也可以和 UPF 一起集成在某个传输节点（见图 2-32（b）)，甚至还能与基站融合在一起（见图 2-32（a）)，因此用户近在咫尺。

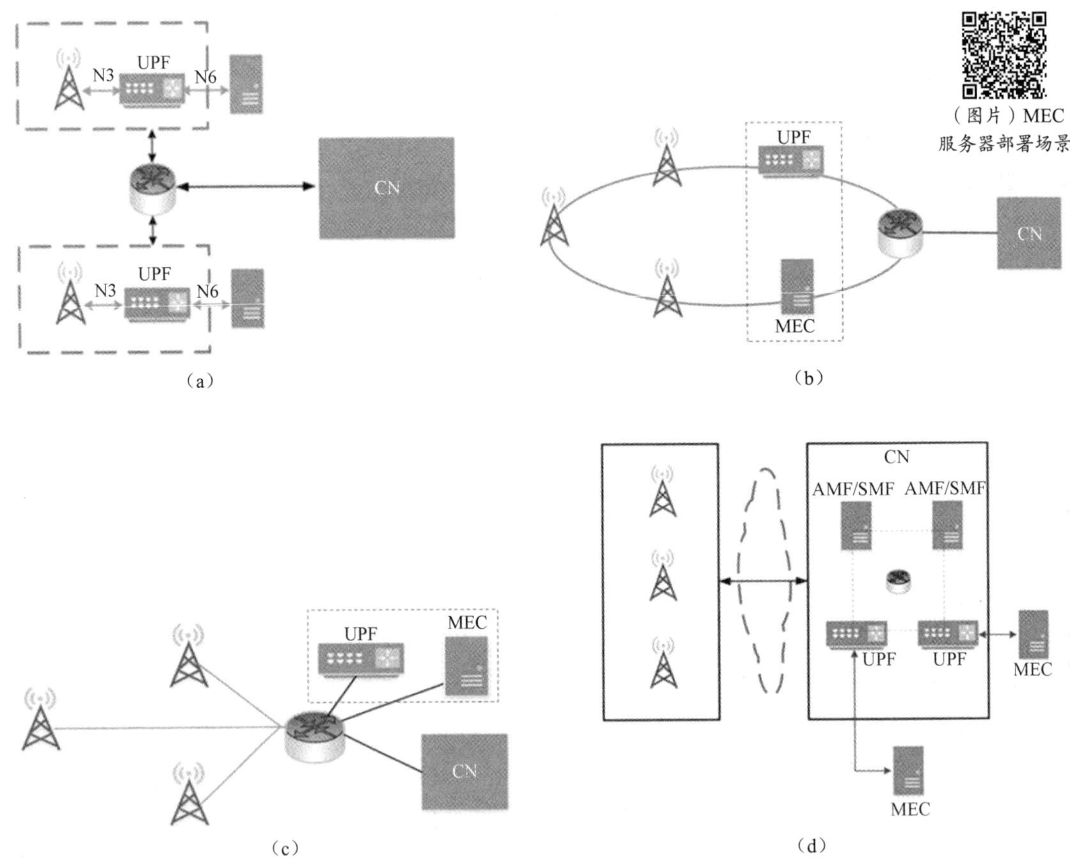

图 2-32　MEC 服务器部署场景

【任务实施】

1．登录“华为技术有限公司”网站，以小组为单位搜集资料，制作PPT分组展示华为在5G领域的成就，了解华为在未来通信新技术的创新探索。学习华为攻坚克难、敢为人先的创新精神。在学习过程中，遇到问题要积极寻求解决办法，要有坚韧不拔的意志力、百炼成钢的攻关精神和百折不挠的勇气。

2．通过教师引导，小组讨论Massive MIMO技术、F-OFDM技术的优势突破难点，深入理解各项关键技术的工作原理。

3．任何技术都存在从低级到高级的发展过程，用脑图呈现Massive MIMO技术、F-OFDM技术的演进过程。

【任务评价】

任务点	考核点		
	初级	中级	高级
Massive MIMO	（1）掌握MIMO技术的特点 （2）掌握Massive MIMO技术的特点	（1）掌握Massive MIMO技术的特点 （2）了解Massive MIMO的工作原理	（1）掌握Massive MIMO技术的特点 （2）了解Massive MIMO的工作原理 （3）分析Massive MIMO的增益
5G帧结构	（1）掌握4G帧结构和5G帧结构的特点和区别 （2）了解当前主流的帧结构TDD	（1）掌握4G帧结构和5G帧结构的特点和区别 （2）掌握当前主流的帧结构之间的区别	（1）掌握4G帧结构和5G帧结构的特点和区别 （2）画出当前主流的帧结构 （3）给定帧结构的情况下，计算5G载波的峰值速率
F-OFDM	（1）理解OFDM和F-OFDM的特点和区别 （2）了解CP的作用 （3）了解F-OFDM的增益	（1）掌握OFDM和F-OFDM的特点和区别 （2）理解CP的作用 （3）了解F-OFDM的工作原理 （4）理解F-OFDM的增益	（1）掌握OFDM和F-OFDM的特点和区别 （2）掌握CP长度对系统性能的影响 （3）理解F-OFDM的工作原理 （4）理解F-OFDM的增益
网络切片	（1）理解网络切片的特点 （2）了解网络切片实现的方法	（1）掌握网络切片的特点 （2）了解网络切片实现的方法 （3）理解无线侧切片的实现原理	（1）掌握网络切片的特点 （2）理解无线侧切片的实现原理 （3）了解传输网切片和核心网切片的实现原理
MEC	（1）理解MEC的概念 （2）了解MEC的应用场景 （3）了解MEC服务器的部署场景	（1）掌握MEC的概念 （2）理解MEC的应用场景 （3）理解MEC服务器的部署场景	（1）掌握MEC的概念 （2）理解MEC的应用场景 （3）掌握MEC服务器的部署场景之间的区别

【任务小结】

本任务主要介绍了 5G 新空口的关键技术，包括 Massive MIMO、5G 帧结构、F-OFDM，先介绍 4G 时代的同类技术，体现了技术的演进过程，对比突出 5G 新技术的优势，再简单介绍了网络切片的特点和技术实现、MEC 的概念、MEC 的应用场景和 MEC 服务器的部署场景。5G 与传统网络最大的区分有两点：一是网络切片，二是 MEC，它们代表 5G 能支持未来的各种垂直业务应用。网络切片和 MEC 将成为 5G 技术层面需要突破和创新的技术领域。

【自我评测】

（文档）参考答案

一、选择题

1. 电磁波的频率越高，传播距离（　　）。

A. 越短　　B. 越远

C. 不变　　D. 无法判断

2. 天线阵列中天线数目增加，天线增益（　　）。

A. 不变　　B. 变小

C. 变大　　D. 无法判断

3. 载波的波长与天线的长度（　　）。

A. 成反比　　B. 成正比　　C. 无关

4. 5GNR 中，1 个时隙下包含（　　）个符号（正常循环前缀）。

A. 1　　B. 4

C. 12　　D. 14

5. 子载波间隔=120kHz，对应的子载波配置 μ=（　　）。

A. 1　　B. 2

C. 3　　D. 4

6. 5G NR 中，当 μ=2 时，1 个时隙长度为（　　）。

A. 1ms　　B. 0.5ms

C. 0.25ms　　D. 0.125ms

二、填空题

1. 8:2-5ms（DDDDDDDXUU）5ms 单周期，每 5 ms 里面含有_____个下行时隙 D，___个上行时隙 U，____个特殊时隙 S，特殊时隙可配置为 6:4:4。5ms 内有______个上行符号，____个下行符号。

2. F-OFDM 技术由于增加了_____________，可以大幅降低载波的保护带宽，实现提高载波利用率的效果。例如，当子载波带宽为 30kHz 时，100MHz 载波带宽对应的 RB 数量为_____，每个 RB 有_____个子载波，由此可以计算出实际可用载波资源为__________，最终可以计算得到此时的载波利用率为__________。

3. 网络切片有下面四个特性：_____________、_____________、__________、____________。

4. 移动边缘计算是基于 5G 演进的架构，是将_______与_______深度融合的技术。

任务二：5G新空口协议

（视频）5G网络接口协议

【任务目标】

知识目标	（1）掌握5G NR相关接口协议结构 （2）了解5G NR相关接口协议功能
技能目标	分析5G NR各项接口协议的应用
素质目标	（1）协议栈各层之间只有相互协作才能完成数据的正确传输，由此融入“团结协作、互帮互助”的教育元素，培养学生的大局意识、合作精神和服务精神 （2）通过自主查阅资料，了解5G NR的开发过程，培养学生辩证唯物主义的思维能力
重难点	重点：了解5G NR相关接口协议功能 难点：分析5G NR各项接口协议的应用
学习方法	问题学习法、探究学习法、自主学习法、对比学习法

【情境导入】

谁参与了5G新空口（New Radio，NR）的开发进程？

与4G时代一样，5G NR早期阶段的很多工作均由高通公司牵头，高通公司优化了基于OFDM的波长，在频率和时域上都有所扩展，同时还优化了不同用例的多路存取，采用了全新的5G NR框架，对5G的服务和特性加以高效的复用。到2017年初，高通与爱立信和中兴合作开展了5G NR的试运行。高通公司还在5G NR领域与其他伙伴开展了合作。2017年11月17日，高通、中兴通讯、中国移动成功实现了全球首个基于3GPP R15标准的端到端5G NR系统互通（IoDT）。互通演示能够高效实现单用户每秒数G比特级传输速率。

我国华为公司紧随其后，于2018年2月发布了第一种商用5G终端，融入了其自行开发的巴龙5G01商用芯片组，提供了sub-6GHz型号和毫米波型号，两者都包含室内单元和室外单元。2018年7月，华为与英特尔和中国移动共同完成了5G NR互操作性和研发测试，成功互联了不同厂商提供的NR兼容终端和网络。2017年9月华为和英特尔已同意在基于3GPP的互操作性试验方面建立伙伴关系。英特尔公司一直在开展多项5G NR试验，为其XMM 8000系列5G多模芯片组在2019年投放商用设备市场做好准备。

在5G网络建设初期，语音业务将由4G承载，4G与5G间的互操作必不可少，4G和5G系统间的接口链路非常重要。接口作为网络单元的连接线，保证其正常工作是维护人员的日常工作之一，下面将介绍5G NR及其相关协议。

（PPT）5G网络接口

【任务资讯】

5G NR是基于正交频分复用（OFDM）的全新空口设计的全球性5G标准，也是下一代蜂窝移动技术的基础，5G技术将实现超低时延、高可靠性。NR涉及OFDM的新无线标准，OFDM是一种数字多载波调制方法。3GPP采用这一标准后，NR这一术语也被沿用，成为5G的另一代称，正如通常用长期演进描述4G无线标准。

根据3GPP Ts 38.300 v15.5.0，5G网络架构（见图2-33）宏观上分为无线接入网和核心网两部分，5G无线接入网称为NG-RAN，无线接入网只有一个网元，即为5G基站（gNB）。5G核心网（5GC）由控制面（AMF）、用户面（UPF）分离组成。

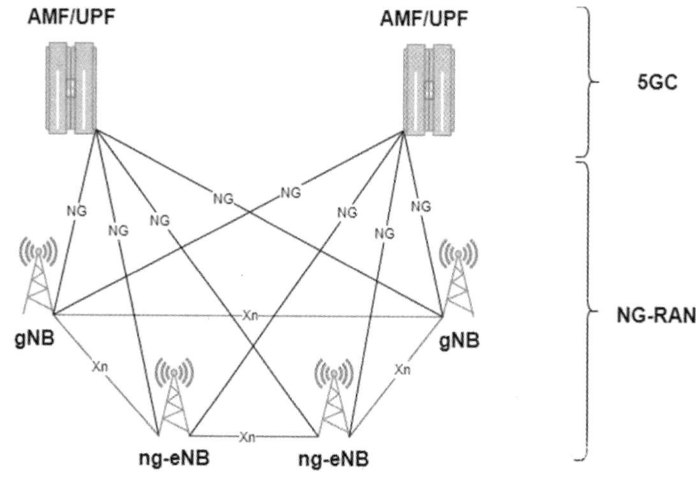

图 2-33 5G 网络架构

5G 网络接口可分为 Xn 和 NG 两种接口，如图 2-34 所示。

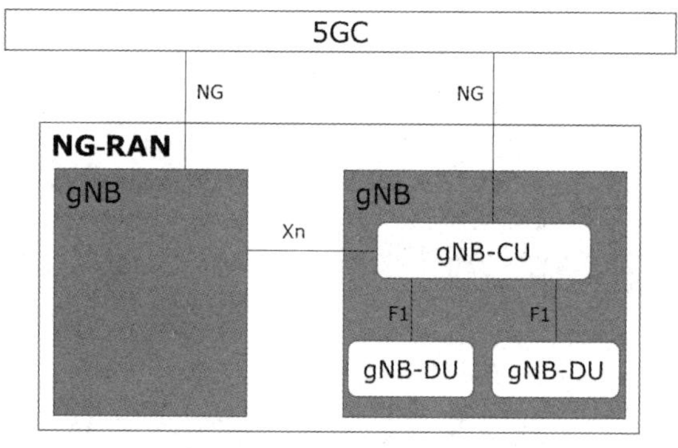

图 2-34 5G 网络接口

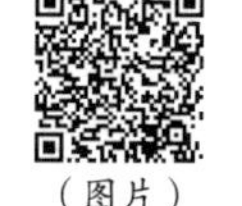

（图片）
NG 接口协议栈

2.2.1 NG 接口

NG 接口是 NG-RAN 和 5GC 之间的逻辑接口，支持控制面和用户面分离，支持模式化设计。无线节点与核心网接口在独立组网和非独立组网中的不同：在非独立组网中，S1 接口应用在无线节点与 EPC 之间；在独立组网中，无线节点与核心网之间为新接口，即 NG。

NG 接口分为用户面接口（NG-U）和控制面接口（NG-C）。NG 接口协议栈如图 2-35 所示，NG-C（又名 N2 口）协议栈从底层开始，分别为物理层、数据链路层、网络层，与计算机网络 7 层模型协议对应。网络层采用的协议是在 IP 传输协议的基础上采用 SCTP，因为 SCTP 可靠、准确。NG-C 传输的是信令，信令需要可靠，如果没有接收到信令，那么会一直发送信令，所以信令之间的传输模式一般都是有来有回的。

NG-U（又名 N3 口）协议栈同样从底层开始，分别为物理层、数据链路层、网络层。网络层采用的协议是基于 IP 协议的 UDP 和 GTPU，UDP 和 GTPU 是处理用户面数据的协议。

NG-C 的功能：NG 接口管理、UE 移动性管理（上下文转移和 RAN 寻呼）、NAS 消息传输、PDU 会话管理、配置转换、告警信息传输。

NG-U 的功能：提供 NG-RAN 和 UPF 之间的用户面协议数据单元（Protocal Data Unit，PDU）的非保证传递。

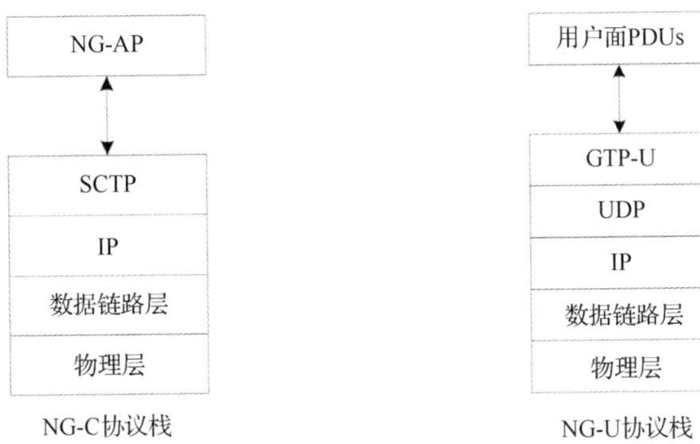

图 2-35　NG 接口协议栈

2.2.2　Xn 接口

Xn 接口（见图 2-36）是基站与基站之间的接口，即为 gNB 和 gNB 之间的接口或 gNB 与 ng-eNB 之间的接口。

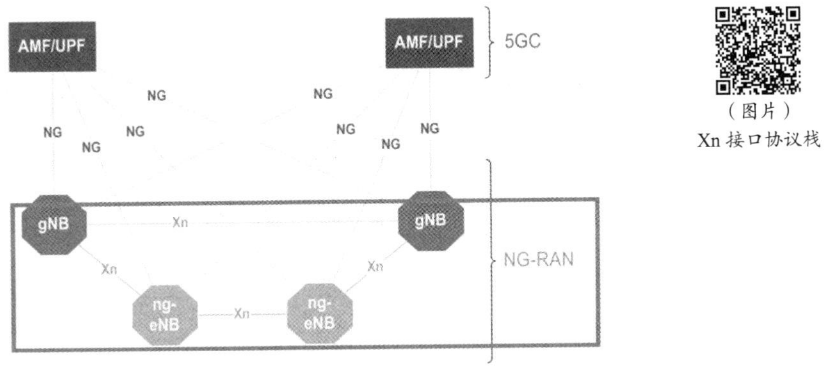

图 2-36　Xn 接口

（图片）
Xn 接口协议栈

思考

如何区分 Xn 和 X2 接口呢？

在非独立组网架构下，若核心网是 EPC，则 5G 基站和 4G 基站之间的接口为 X2 接口，如选项 3、选项 3x、选项 3a；

若核心网是 5GC，则 5G 基站和 4G 基站之间的接口为 Xn 接口，如选项 7、选项 7a、选项 7x。

Xn 接口协议栈如图 2-37 所示，Xn 接口分为控制面接口（Xn-C）和用户面接口（Xn-U）。Xn 是 gNB 与 gNB 间的接口，支持数据和信令传输。

Xn-C 的功能：Xn 接口管理、UE 移动性管理（跨栈切换、上下文转移和 RAN 寻呼）、双连接（DC）。

Xn-U 的功能：提供用户面 PDU、非保证传递、数据转发、流控制。Xn-C 控制信令的协议全部采用 SCTP，Xn-U 传输数据的协议采用 GTP-U 和 UDP 协议。

Xn-C 接口协议栈由物理层、数据链路层、网络层、传输层和应用层构成，传输层的控制信令连接都基于 SCTP 协议，应用层信令协议为 Xn-AP。

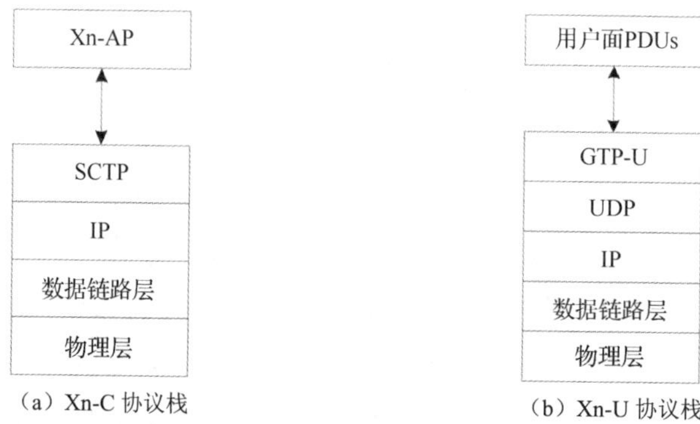

（a）Xn-C 协议栈　　（b）Xn-U 协议栈

图 2-37　Xn 接口协议栈

SCTP 层提供可靠的应用层消息传递。在传输层中，点对点传输用于传递信令 PDU。Xn-C 的主要功能是对 Xn 接口的管理、基站间业务协同信令的交互、移动性管理等。

Xn 接口协议栈的传输层建立在 IP 的传输之上，GTP-U 用于在 UDP 和 IP 之上承载用户面 PDU。Xn-U 提供用户面 PDU 的无保障交付，并支持数据转发、流量控制等功能。

2.2.3　F1 接口

（图片）
F1 接口协议栈

F1 接口是 5G 的全新接口，是 5G 提出的 CU 和 DU 之间的接口，可分为用户面接口（F1-U）和控制面接口（F1-C）。

F1 接口协议栈如图 2-38 所示。5G 系统无线接入网的常用接口中，F1 接口与 NG、Xn 这两个接口有共同点，即控制面传输信令都使用 SCTP 协议，用户面传输数据都使用 GTP-U 和 UDP 协议。F1-C 的功能主要为 F1 接口管理和 gNB-DU 管理，一个 CU 可以接多个 DU，F1-C 接口可以对不同 DU 进行快速切换，F1-C 的功能还有测量报告、负载管理、寻呼、上下文管理等。F1-U 接口主要负责用户数据转发和流控制等功能。

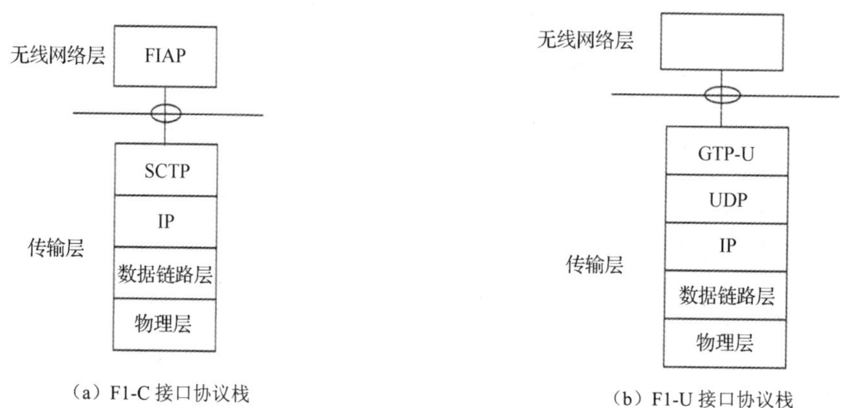

（a）F1-C 接口协议栈　　（b）F1-U 接口协议栈

图 2-38　F1 接口协议栈

2.2.4　E1 接口

（图片）
E1 接口协议栈

除了 gNB-CU 和 gNB-DU 之间的功能分离以外，为了能够根据不同场景和性能需求优化不同无线接入网的功能，gNB-CU 可进一步分为控制面部分（CU-CP）和用户面部分（CU-UP）。CU-CP 和 CU-UP 以 E1 接口进行连接，E1 接口为单纯的控制面接口，其功能包括 E1 接口管理功能和上下文管理。CU-CP 和 CU-UP 分离下的无线接入网架构如图 2-39 所示。

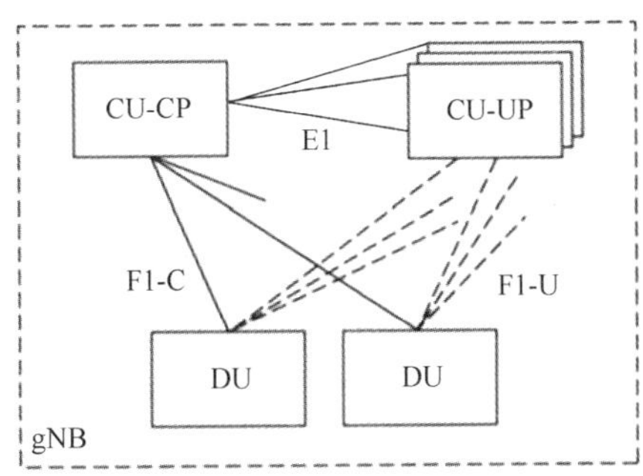

图 2-39　CU-CP 和 CU-UP 分离下的无线接入网架构

CU-CP 负责无线资源控制（Radio Resource Control，RRC）和分组数据汇聚协议（Packet Data Convergence Protocol，PDCP）的控制面部分，它是与 CU-UP 连接的 E1 接口的终点、与 DU 连接的 F1-C 接口的终点。CU-UP 负责服务数据适配协议（Service Data Adapation Protocol，SDAP）和 PDCP 的用户面部分，CU-UP 是 E1 接口（与 CU-CP）的终点，也是 F1-U（与 DU）接口的终点。

2.2.5　Uu 接口

5G 空口（见图 2-40）用于终端 UE 与 gNB 之间的通信，这个接口名为 Uu 接口，U 表示用户网络接口（User to Network Interface，UNI），u 则表示通用（Universal）。

（图片）
5G 空口

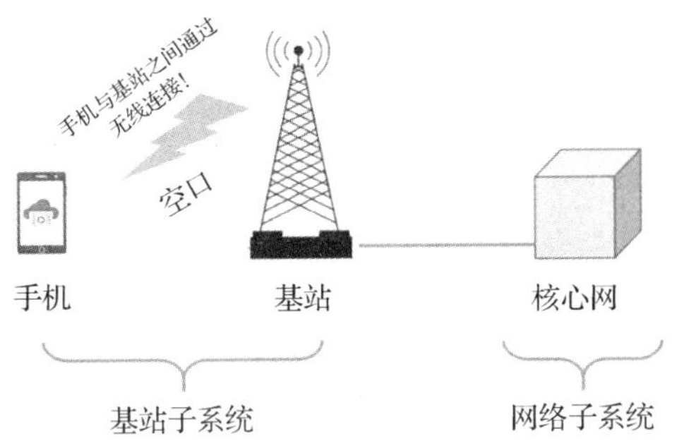

图 2-40　5G 空口

在逻辑上，Uu 接口可以分为用户面接口和控制面接口。

1．5G 空口用户面协议栈

用户面主要用于在 UE 和 5GC 之间传送 IP 数据包。5G 空口用户面协议栈如图 2-41 所示。

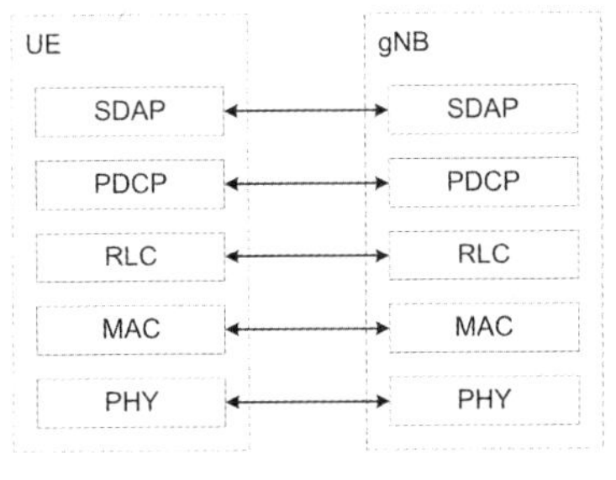

图 2-41　5G 空口用户面协议栈

（PPT）
5G 空口协议栈

SDAP 层是 5G 空口用户面协议栈的新增功能层（对应于 4G 空口用户面新增的功能层）。SDAP 层位于 PDCP 层之上，直接承载 IP 数据包，只用于用户面，主要负责服务质量（Quality of Service，QoS）数据流与数据无线承载（Data Radio Bearer，DRB）之间的映射，也用于为数据包添加 QoS 流标识（QoS Flow Identifier，QFI）。

PDCP 层位于 RLC 层之上，SDAP 层或 RRC 层之下。5G 在用户面和控制面均使用 PDCP 层，主要因为 PDCP 层在 5G 系统中承担了安全功能，即进行加密、解密和完整性校验。用户面的 IP 数据包还采用了 IP 头压缩技术以提高系统性能和效率。同时，PDCP 层支持排序和复制检测功能。另外，在双连接的非独立组网中，PDCP 层还具有路由功能。

RLC 层是 UE 与 gNB 间的协议层，主要提供无线链路控制功能。RLC 最基本的功能是向高层提供以下三种模式。

（1）透明模式（Transparent Mode，TM）：发送实体在高层数据上不添加任何额外控制协议开销，仅仅根据业务类型决定是否进行分段操作。若接收实体接收到的 PDU 出现错误，则根据配置将接收到的错误数据标记为错误后递交或者直接丢弃，并向高层报告。实时语音业务通常采用 RLC 的 TM 模式。

（2）非确认模式（Unacknowledged Mode，UM）：发送实体首先在高层 PDU 上添加必要的控制协议开销，然后进行传送但并不保证传送到对等实体，且没有使用重传协议。接收实体将接收到的错误数据标记为错误后递交或者直接丢弃，并向高层报告。由于 RLC 的 PDU 包含顺序号，因此能够检测高层 PDU 的完整性。UM 模式的业务有小区广播和 IP 电话。

（3）确认模式（Acknowledged Mode，AM）：发送实体在高层数据上添加必要的控制协议开销后进行传送，并保证传递到对等实体。因为具有自动重传请求能力（ARQ），若 RLC 接收到错误的 PDU，则通知发送方的 RLC 重传该 PDU。由于 RLC 的 PDU 中包含有顺序号的信息，支持数据向高层的顺序或乱序递交。AM 模式是分组数据传输的标准模式，如 www 和电子邮件下载。

MAC 层的主要功能：

（1）映射：MAC 层负责将从 5G 逻辑信道接收到的信息映射到 5G 传输信道上。

（2）复用、解复用：将来自不同逻辑信道的数据复用到同一个 MAC 层的 PDU 中，或者将来自同一个 MAC 层的数据解复用到多个不同的逻辑信道上。

（3）混合自动重传请求（HARQ）：MAC 利用 HARQ 技术为空口提供纠错服务。HARQ 的实现需要 MAC 层与 PHY 层的紧密配合。

（4）无线资源分配：MAC 层提供了基于 QoS 的业务数据和用户信令的调度。

（5）级联：在 NR 中，RLC 层移除了 RLC 的业务数据单元（Service Data Unit，SDU）串联功能，由 MAC 层负责对 RLC 进行串联。

MAC 层和 PHY 层需要互相传递无线链路质量的各种指示信息及 HARQ 运行情况的反馈信息。

2．5G 空口控制面协议栈

5G 空口控制面协议栈如图 2-42 所示。

NAS 是接入层（Access Stratum，AS）的上层。AS 层定义了与射频接入网（Radio Access Network，RAN）相关的信令流程和协议。NAS 主要包含上层信令和用户数据。NAS 信令指的是在 UE 和 AMF 之间传送的控制面消息，包括移动性管理（Mobility Management，MM）消息和会话管理（Session Management，SM）消息。

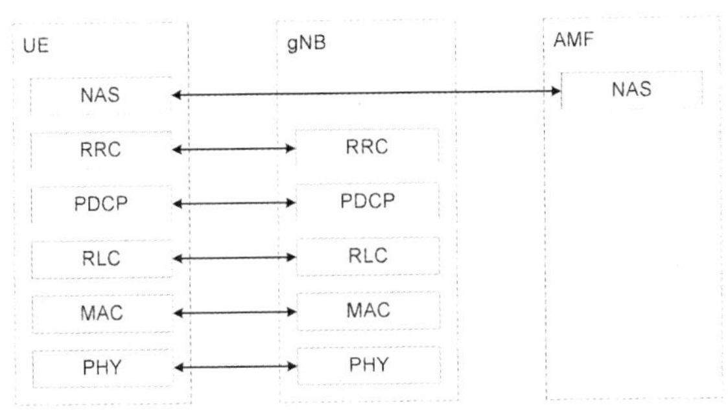

图 2-42 5G 空口控制面协议栈

RRC 是 5G 空口控制面的主要功能层。UE 与 gNB 之间传送的 RRC 消息依赖于 PDCP 层、RLC 层、MAC 层和 PHY 层的服务。RRC 处理 UE 与 NG-RAN 之间的所有信令，包括 UE 与 5GC 之间的信令，即由专用 RRC 消息携带的 NAS 信令。携带 NAS 信令的 RRC 消息不改变信令内容，只提供转发机制。

在 NR 协议栈中，控制面 RRC 协议数据的加解密、完整性保护、重排序、重复检测等功能交由数据链路层的 PDCP 子层完成。

数据链路层和 PHY 层提供对 RRC 协议消息的数据传输功能。NAS 消息可以串接在 RRC 消息内，也可以单独在 RRC 消息中携带。在切换等情况下，可能发送 NAS 消息的丢失和重复，AS 层将提供在小区内有序传输 NAS 信令的功能。

【任务实施】

1. 查阅资料，了解参与 5G NR 的开发进程的公司或组织，分组展示资料收集成果。

2. 学习协议栈每层的特定功能，各层之间只有相互协作才能完成数据的正确传输。在实际教学过程中，引导学生团结协作、互帮互助，倡导同心团结的班级团队精神，培养学生的大局意识、合作精神和服务精神，提高学生的集体凝聚力，实现课程育人目标。

3. 组织学生自主绘制 5G 网络架构图，以提问、对比的形式，引导学生识别各接口的功能。

【任务评价】

任务点	考核点		
	初级	中级	高级
NG 接口	掌握 NG 接口的概念	（1）掌握 NG 接口的概念 （2）掌握 NG 接口协议栈的结构和功能	（1）掌握 NG 接口的概念 （2）掌握 NG 接口协议栈的结构和功能 （3）了解 NG 接口协议栈的应用
Xn 接口	掌握 Xn 接口的概念	（1）掌握 Xn 接口的概念 （2）掌握 Xn 接口协议栈的结构和功能	（1）掌握 Xn 接口的概念 （2）掌握 Xn 接口协议栈的结构和功能 （3）了解 Xn 接口协议栈的应用
F1 接口	掌握 F1 接口的概念	（1）掌握 F1 接口的概念 （2）掌握 F1 接口协议栈的结构和功能	（1）掌握 F1 接口的概念 （2）掌握 F1 接口协议栈的结构和功能 （3）了解 F1 接口协议栈的应用
E1 接口	了解 E1 接口的概念	（1）掌握 E1 接口的概念 （2）了解 E1 接口协议栈的功能	（1）掌握 E1 接口的概念 （2）了解 E1 接口协议栈的功能
Uu 接口	掌握 Uu 接口的概念	（1）掌握 Uu 接口的概念 （2）掌握 Uu 接口协议栈的结构和功能	（1）掌握 Uu 接口的概念 （2）掌握 Uu 接口协议栈的结构和功能 （3）了解 Uu 接口协议栈的应用

【任务小结】

本任务介绍了5G NR的各项接口及其协议栈。5G网络包括NG-RAN和5GC，5G网络接口可以归纳为5种接口。NG接口是NG-RAN和5GC之间的接口；Xn接口是gNB与gNB之间的接口；F1接口是CU和DU之间的接口；CU可进一步分为CU-CP和CU-UP，以E1接口进行连接；Uu接口是UE与gNB之间的接口。

【自我评测】

（文档）
参考答案

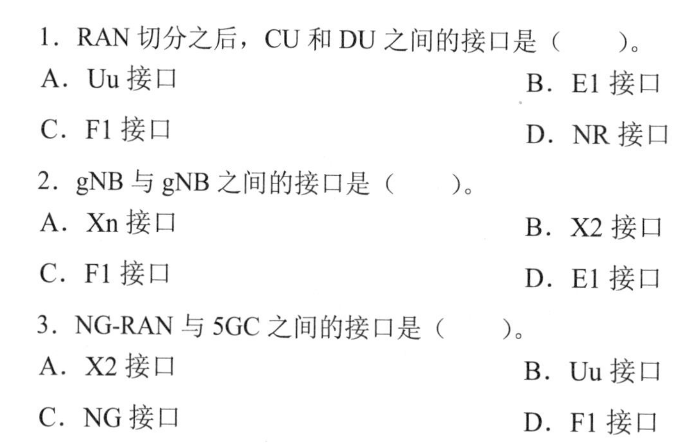

1. RAN切分之后，CU和DU之间的接口是（　　）。

A. Uu接口　　B. E1接口
C. F1接口　　D. NR接口

2. gNB与gNB之间的接口是（　　）。

A. Xn接口　　B. X2接口
C. F1接口　　D. E1接口

3. NG-RAN与5GC之间的接口是（　　）。

A. X2接口　　B. Uu接口
C. NG接口　　D. F1接口

项目三

5G 基站的硬件部署

项目简介

gNB 是面向 5G 演进的新一代基站，作为 5G 时代无线侧的唯一主设备，涵盖了 2G、3G 阶段的基站和绝大部分基站控制器的功能。从网络架构上来看，gNB 实现了扁平化，降低了端到端的时延，提升了用户的业务感知能力。5G 基站硬件部署包括室外站（如 BBU、RRU/AAU），室内站（如传统无源室分 DAS，新型数字化室分 LampSit，地铁、隧道等特殊场景）。可针对 BBU 功能、AAU 型号、RHUB 型号、pRRU 型号，以及每个设备支持的频段、载波、功耗、性能和设备成本等情况，按需部署。本项目将介绍 5G 基站主设备、基站其他相关辅材和工具，以及 5G 室外站和室内站的安装。

任务一：基站设备

【任务目标】

知识目标	（1）掌握 5G 基站系统结构和各硬件设备的功能 （2）了解硬件设备的工作原理及特点 （3）了解现网最新的硬件设备的型号及相关参数规格
技能目标	（1）识别 5G 基站上的常见硬件设备 （2）绘制 BBU 与 AAU 连接的拓扑图及逻辑结构图
素质目标	（1）中国 5G 基站建设全球领先，通信工程师们的爱岗敬业精神护航了 5G 的大规模部署 （2）5G 基站中的硬件设备缺一不可，整体与部分紧密相关，培养学生团队协作的精神
重难点	重点：掌握 BBU 和射频模块的构成、定义和特点 难点：识别 5G 设备并绘制设备之间的连线图和逻辑结构图
学习方法	合作学习法、任务驱动法、探究学习法

【情境导入】

我国在 5G 网络基站建设、5G 手机销量、5G 用户数量等方面一直处于全球领先地位，这得益于华为、中兴这两大通信巨头。因为华为、中兴在 5G 技术领域取得了全球领先优势，尤其是华为掌握了全球数量最多的 5G 标准必要专利，所以中国移动、中国电信、中国联通、中国广电这四大运营商的大部分 5G 设备联合招标订单都给了华为、中兴这两大企业。截至 2021 年 10 月，我国 5G 设备承建数量、市场份额的数据表明，华为、中兴、爱立信位列前三名，其中，华为承建 5G 基站的数量高达 566024，市场份额高达 59%；中兴承建 5G 基站的数量为 290585，市场份额为 30%；爱立信承建 5G 基站的数量为 58710，市场份额为 6%；大唐移动承建 5G 基站的数量为 28006，市场份额为 3%；诺基亚承建 5G 基站的数量为 19215，市场份额为 2%。由此可见，华为、中兴这两大通信企业几乎占到了国内市场份额的 89%，中国的电信企业更是占到了国内市场份额的 92%。

【任务资讯】

5G 基站简称 gNB，gNB 作为 5G 网元产品，为 5G 网络提供 UE 和网络之间的无线链路，5G 基站主要由机柜、基带处理单元和射频单元组成，5G 基站组成如图 3-1 所示。机柜提供设备配电功能及传输空间，基带处理单元集中控制、管理整个基站系统，射频单元包含 RRU 和 AAU，RRU 的主要功能是调制、解调、数据压缩、射频信号和基带信号的放大、驻波比的检测，AAU 是一体化有源天线，AAU 的功能主要通过各功能模块来实现。

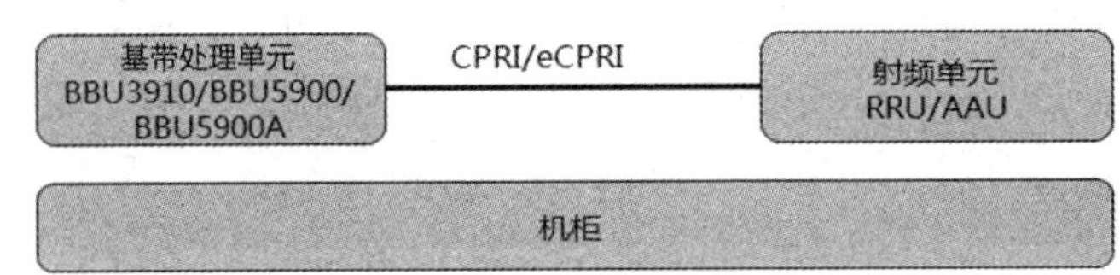

（PPT）5G 基站组成

图 3-1 5G 基站组成

5G 基站硬件一般由 BBU、RRU、AAU、pRRU、RHUB 等组成。5G BBU 的主要型号为 BBU5900 和 BBU3910 系列；RRU 一般为 4T4R 设备和 8T8R 设备；AAU 一般为 32T32R 和 64T64R 等设备，5G 基站的硬件组成如表 3-1 所示。

表 3-1 5G 基站的硬件组成

硬件类型	型号
BBU	BBU 框：BBU5900A、BBU5900、BBU3910
	基带板：UBBPfw、UBBPg
	主控板：UMPTe、UMPTg
RRU	8T8R（如 RRU5258）
AAU	64T64R（如 AAU5613）、32T32R（如 AAU5313）
pRRU	4T4R（如 pRRU5935）
RHUB	RHUB5921、RHUB5923

5G 室外站场景主要有两类：BBU+RRU+天线（移动 700MHz 的基站和电信、联通 2.1GHz 频段的基站）和 BBU+AAU（移动 2.6GHz 频段的和电信、联通 3.5GHz 频段的基站），宏站场景的实物连线如图 3-2 所示。在 5G 室外站 BBU+RRU+天线的场景中，BBU 主要负责信号调制，RRU 主要负责射频处理，BBU 和 RRU 之间采用光纤连接，RRU 和天线之间采用馈线连接，RRU 和天线组成天馈系统。

在 5G 室外站 BBU+AAU 场景中，采用 DCDU 供电，天馈和射频集中部署为 AAU，宏站场景的逻辑图如图 3-3 所示。

室分场景分为传统无源室分和新型数字化室分，传统无源室分的基站一般由多个无源器件

（如功分器、耦合器、合路器等）组成，新型数字化室分基站一般由BBU、RHUB、pRRU 等设备组成，以新型数字化室分 LampSite 举例，LampSite 拓扑图如图 3-4 所示。

（PPT）宏基站

（PPT）基站设备-天馈系统

（PPT）基站辅材-馈线和 GPS

（PPT）基站辅材-光纤、光缆

（PPT）基站设备-供电模块

（PPT）基站辅材-光模块

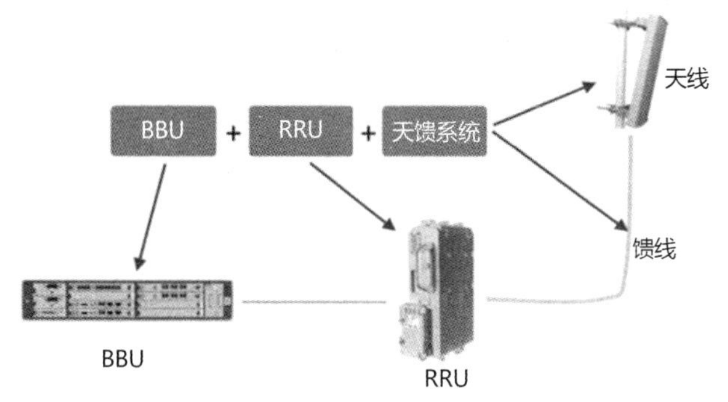

图 3-2　宏站场景的实物连线

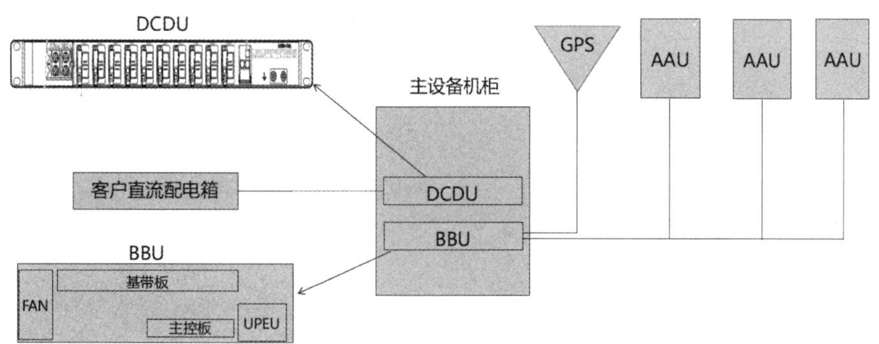

图 3-3　宏站场景的逻辑图

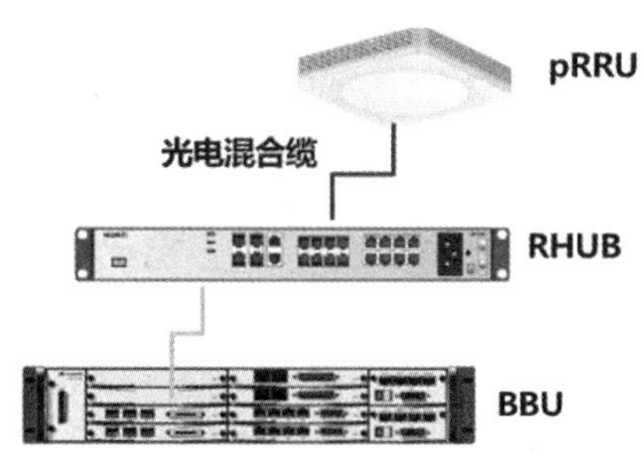

图 3-4　LampSite 拓扑图

（图片）数字化室内分布

3.1.1　BBU

1．概述

基带处理单元（BBU）集中控制管理整个基站系统。

BBU 型号主要为 BBU3910 和 BBU5900，BBU5900 盒体外观如图 3-5 所示。

2．BBU 功能和模块组成

1）传统 BBU 的功能

（1）集中管理整个基站系统，包括操作维护、信令处理和系统时钟功能。

（2）完成上、下行数据的基带处理功能，并提供与射频单元通信的 CPRI 接口。

（3）提供基站与传输网络的物理接口，完成信息交互。

（4）提供与 OMC 连接的维护通道。

（5）提供与环境监控设备的通信接口，接收和转发来自环境监控设备的信号。

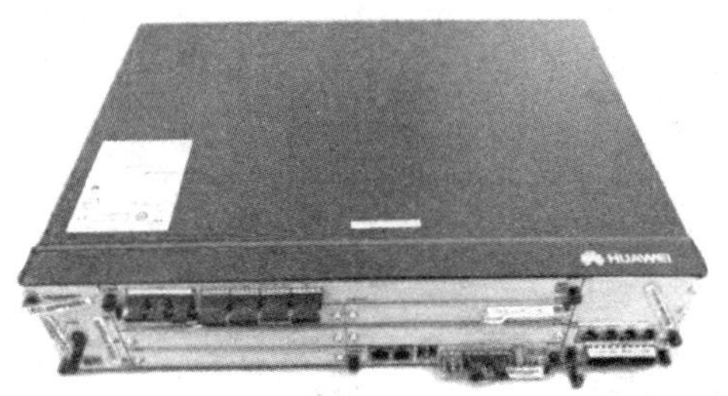

（PPT）BBU5900

- 尺寸：86mm x 442mm x 310mm（高 x 宽 x 深）
- 重量：18kg（满配置）
- 输入电源：-48V DC
- 工作温度：-20 ~ +55℃

图 3-5　BBU5900 盒体外观

2）BBU5900 的模块组成

BBU5900 采用模块化设计，由基带子系统、整机子系统、传输子系统、互联子系统、主控子系统、监控子系统和时钟子系统组成，BBU5900 的模块组成如图 3-6 所示。

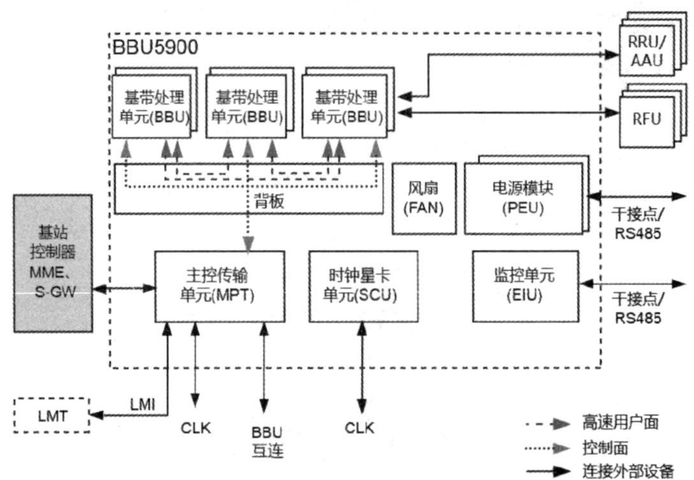

图 3-6　BBU5900 的模块组成

3）BBU5900 的功能

（1）提供与传输设备、射频单元、USB 设备、外部时钟源、LMT 或 U2000 连接的外部接口，实现信号传输、基站软件自动升级、时钟接收，以及 BBU 在 LMT 或 U2000 上的维护功能。

（2）集中管理整个基站系统，完成上、下行的数据处理、信令处理、资源管理和操作维护的功能。

3. BBU5900 的槽位和单板

1）BBU5900 的单板类型和安装槽位

BBU5900 上有 11 个槽位，分别安装具有不同功能的单板，BBU 的单板类型和安装槽位如

图 3-7 所示。

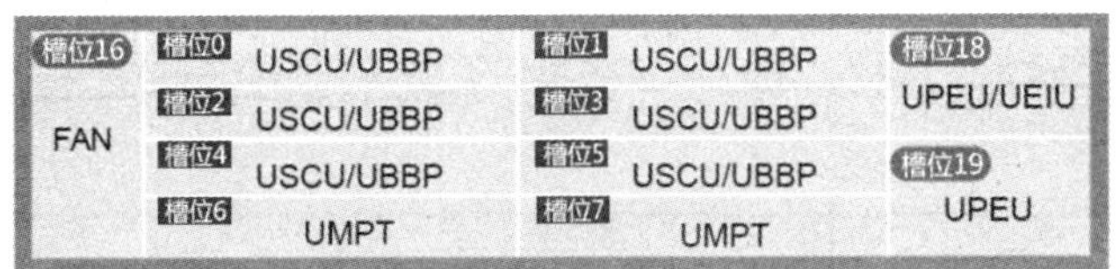

图 3-7　BBU 的单板类型和安装槽位

在槽位 0～槽位 5 中，任意左右相邻的半宽槽位可以合并为一个全宽槽位，如图 3-8 所示。全宽槽位号等同于原左侧半宽槽位号。

<table>
<tr><td rowspan="4">风扇</td><td>槽位0</td><td>槽位1</td><td rowspan="2">电源模块</td></tr>
<tr><td>槽位2</td><td>槽位3</td></tr>
<tr><td>槽位4</td><td>槽位5</td><td rowspan="2">电源模块</td></tr>
<tr><td>槽位6（主控）</td><td>槽位7（主控）</td></tr>
</table>

<table>
<tr><td rowspan="4">风扇</td><td colspan="2">槽位0</td><td rowspan="2">电源模块</td></tr>
<tr><td colspan="2">槽位2</td></tr>
<tr><td colspan="2">槽位4</td><td rowspan="2">电源模块</td></tr>
<tr><td>槽位6（主控）</td><td>槽位7（主控）</td></tr>
</table>

图 3-8　BBU5900 支持半宽槽位和全宽槽位

2）BBU5900 的单板整体配置原则

UMPT、UBBP、FAN、UPEU 为必配单板，USCU、UEIU 为非必配单板，BBU5900 的单板配置数量和优先级如表 3-2 所示。

表 3-2　BBU5900 的单板配置数量和优先级

单板种类	单板名称	是否必配	最大配置数	槽位配置优先级（自左向右优先级降低）
主控板	UMPT	是	2	槽位 7>槽位 6
星卡板	USCU	否	1	槽位 4>槽位 2>槽位 0>槽位 1>槽位 3>槽位 5
全宽基带板	UBBPfw1	是	3	槽位 0>槽位 2>槽位 4
风扇板	FANf	是	1	槽位 16
电源板	UPEUe	是	2	槽位 19>槽位 18
环境监控板	UEIUb	否	1	槽位 18

4．UMPT 单板

关于通用主控传输（Universal Main Processing and Transmission，UMPT）单板，5G 主要使用的主控板型号为 UMPTe 和 UMPTg，UMPT 单板的外观图和常用型号如图 3-9 所示。

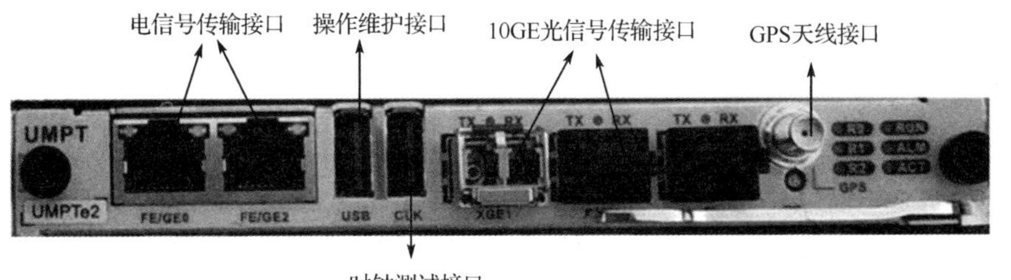

（PPT）UMPT 单板

（a）

图 3-9　UMPT 单板的外观图和常用型号

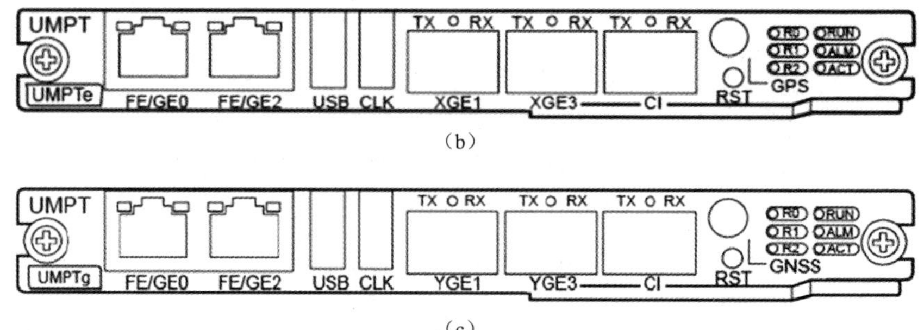

（b）

（c）

图 3-9　UMPT 单板的外观图和常用型号（续）

1）UMPT 单板的功能

（1）完成基站的配置管理、设备管理、性能监视、信令处理等功能。

（2）为 BBU 内其他单板提供信令处理和资源管理功能。

（3）提供 USB 接口、传输接口、维护接口，完成信号传输、软件自动升级、在 LMT 或 U2000 上维护 BBU 的功能。

说明：

（1）UMPT 单板上的 USB 接口通过 U 盘进行软件升级、本地维护、操作维护，LMT 通过 USB 转 FE 的适配线连接到 UMPT 单板上的 USB 接口进行本地操作维护。

（2）USB 接口具有 USB 加密特性，可以保证其安全性，且用户可以通过命令关闭 USB 接口。

（3）USB 接口与调试网口复用时，必须开放 OM 接口才能访问，且通过 OM 接口访问基站时有登录权限控制。

2）UMPT 单板的接口规格

UMPT 单板的接口规格如表 3-3 所示。

表 3-3　UMPT 单板的接口规格

面板标识	连接器类型	说明
UMPTe: XGE1, XGE3	SFP 母型连接器	10GE 光信号传输接口，最大传输速率为 10000Mbps
UMPTg: YGE1、YGE3	SFP 母型连接器	25GE 光信号传输接口，最大传输速率为 25000Mbps
UMPTe/g: FE/GEO, FE/GE2	RJ45 连接器	10M/100M/1000M 模式自适应以太网传输电信号接口

5. UBBP 单板

通用基带处理的英文全称为 Universal BaseBand Processing（UBBP）。

（PPT）UBBP 单板

1）UBBP 单板的主要功能

（1）提供与射频单元通信的 CPRI/eCPRI 接口。

（2）完成上、下行数据的基带处理功能。

（3）支持制式间基带资源复用，实现多制式并发。

UBBP 单板占用槽位 0～槽位 5，灵活支持全宽板和半宽板，可以包含 3 块全宽板，也可以包含 6 块半宽板，也可以全宽板占用 2 个槽位，半宽板占用 1 个槽位，5G 常用的型号为 UBBPg2d、UBBPg2f、UBBPg3e，UBBP 单板的外观图和常用型号如图 3-10 所示。

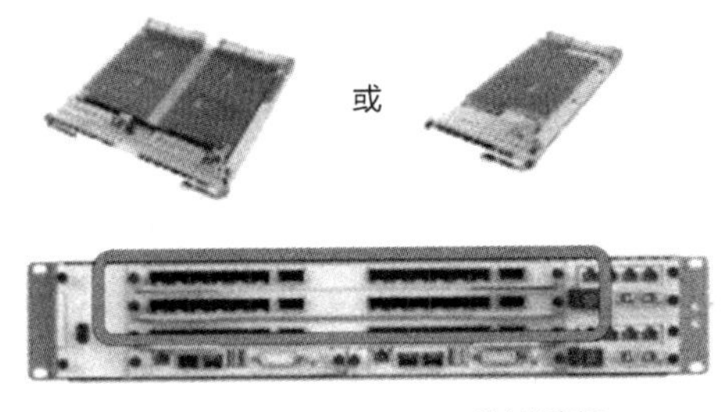

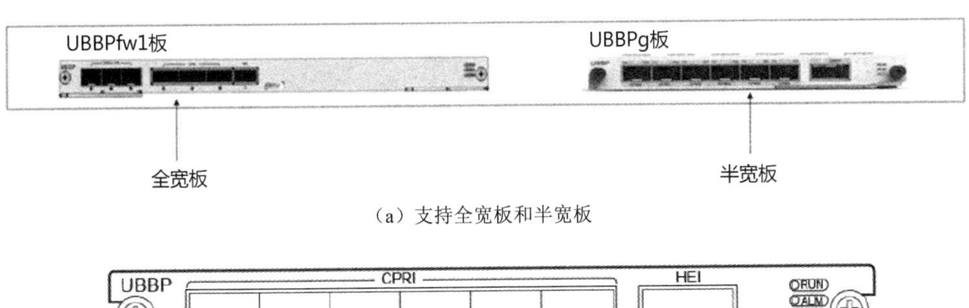

（a）支持全宽板和半宽板

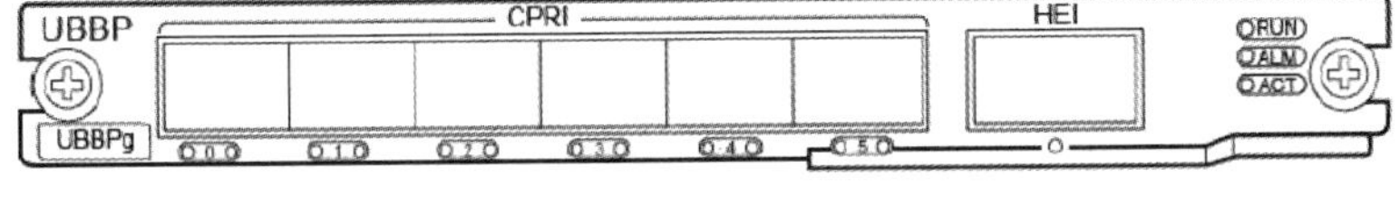

（b）半宽板外观图

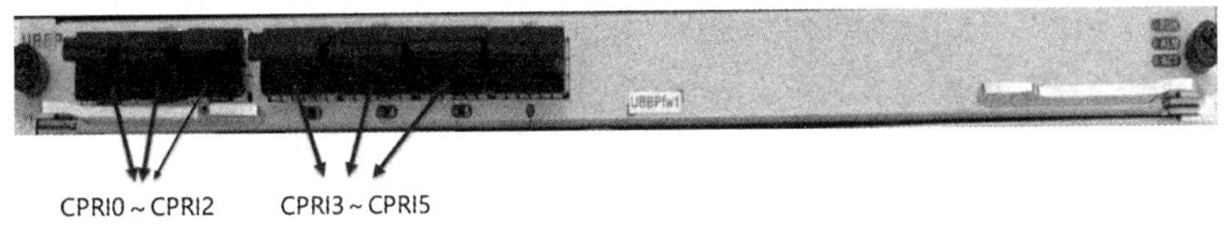

（c）全宽板外观图

图 3-10 UBBP 单板的外观图和常用型号

说明：

CPRI 是 BBU 与射频设备互联的数据传输接口，支持光传输信号的输入、输出。

2）CPRI 接口速率

CPRI 接口速率规格如表 3-4 所示。

表 3-4 CPRI 接口速率规格

单板类型	面板标识	面板接口类型	数量	面板光口速率（Gbps）	连接器类型
UBBPg2d、UBBPg2f、UBBPg3e	CPRI	1 通道：CPRI 2 通道：CPRI	6	2.457、4.915、6.144、9.830、10.1376	DSFP 连接器
		1 通道：eCPRI 2 通道：CPRI	6	eCRPl：10.3125 CPRI：2.457、4.915、6.144、9.830、10.1376	DSFP 连接器
	CPRI	CPRI	6	1.2288、2.457、4.915、6.144、9.830、10.1376、24.33024	SFP 连接器
	CPRI	eCPRI	6	10.3125、25.78125	SFP 连接器

3）CPRI 和 eCPRI 的区别

CPRI 为通用公共无线电接口（Common Public Radio Interface）。4G 中 BBU 和 RRU 之间的接口就是 CPRI 接口，接口带宽为 10Gbps。

eCPRI 为增强型通用公共无线电接口（enhanced CPRI）。在 5G 时代，AAU 和 DU 之间的带宽显著提升，CPRI 已经无法满足要求，因此升级为 eCPRI 接口，CPRI 和 eCPRI 的区别如表 3-5 所示。

表 3-5 CPRI 和 eCPRI 的区别

接口标准	主要应用	距离场景	接口带宽
CPRI	4G	1.4km，10km	10 Gbps
eCPRI	5G	100m、300m、10km、15km、20km	25 Gbps

6. FAN 单板

FAN 为 BBU5900 的风扇模块，5G 基站仅包含一款风扇模块，型号为 FANf，风扇单板外观图如图 3-11 所示。

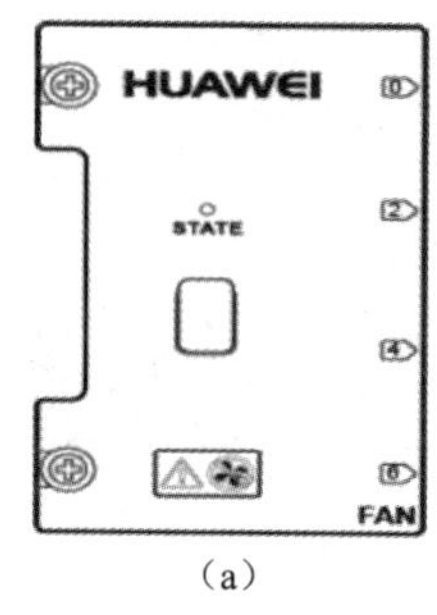

（a）

（b）

图 3-11 风扇单板外观图

FAN 单板的主要功能：

（1）为 BBU 内其他单板提供散热功能，FANf 的散热能力为 2100W。

（2）控制风扇转速和监控风扇温度，并向主控板上报风扇状态、风扇温度值和风扇在位信号。

（3）支持电子标签的读写功能。

7. UPEU 单板

UPEU 为通用电源环境接口（Universal Power and Environment Interface）单板，是 BBU 的电源模块，把输入电源转换为 BBU5900 各单板模块所需的电压。5G 目前使用的 UPEU 型号为 UEPUe，UPEU 单板的外观图和接口功能如图 3-12 所示。

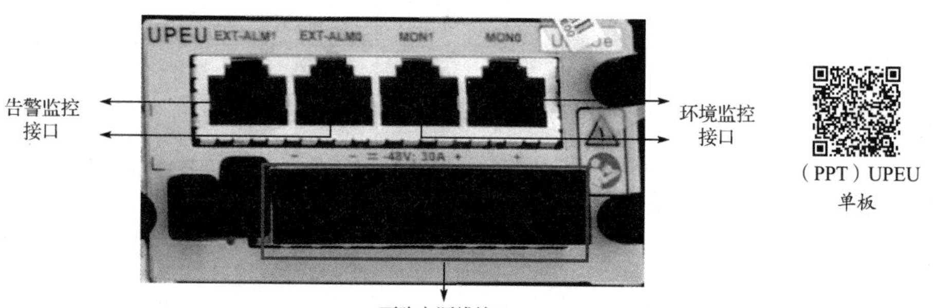

（PPT）UPEU 单板

图 3-12 UPEU 单板的外观图和接口功能

UPEUe 的主要功能如下。

（1）将-48V DC 输入电源转换为+12V DC 电源。

（2）提供 2 路 RS485 信号接口和 8 路开关量信号接口，开关量输入只支持干接点和开集极电路输入，UPEUe 单板的供电方式如图 3-13 所示。

图 3-13　UPEUe 单板的供电方式

UPEUe 的参数规格如表 3-6 所示。

表 3-6　UPEUe 的参数规格

参数	规格
电源输入	25A 双路输入、-48V DC 输入电源
电源输出	1pcs 1100w 2pcs 2100w
电源线	4 方
连接方式	HDEPC 连接器
干接点告警	0～7 路
RS485	0～1 路

UPEU 的接口描述如表 3-7 所示。

表 3-7　UPEU 的接口描述

配置槽位	面板标识	连接器类型	说明
槽位 18、槽位 19	+24V 或-48V	3V3/7W2 连接器	+24V/-48V DC 输入电源
	EXT-ALMO	RJ45 连接器	0~3 号开关量信号输入接口
	EXT-ALM1	RJ45 连接器	4~7 号开关量信号输入接口
	MON0	RJ45 连接器	0 号 RS485 信号输入接口
	MON1	RJ45 连接器	1 号 RS485 信号输入接口

8．BBU 单板指示灯

BBU 的每个板子上都有指示灯，不同颜色代表不同状态信息，一般区分为状态指示灯、接口指示灯、其他指示灯，根据这些指示灯的颜色和闪烁快慢能大致判断告警信息。

状态指示灯用于指示 BBU 单板的运行状态，BBU5900 的状态指示灯及其含义如表 3-8 所示。

表 3-8　BBU5900 的状态指示灯及其含义

面板标识	颜色	状态	说明
RUN	绿色	常亮	正常工作
		常灭	无电源输入或单板故障

续表

面板标识	颜色	状态	说明
STATE	红绿双色	绿灯闪烁（0.125s 亮，0.125s 灭）	模块尚未注册，无告警
		绿灯闪烁（1s 亮，1s 灭）	模块正常运行
		红灯闪烁（1s 亮，1s 灭）	模块有告警
		常灭	无电源输入

接口指示灯用于指示单板链路口状态，CPRI 接口指示灯及其含义如表 3-9 所示。CPRI 接口指示灯位于 CPRI 接口上方，用于指示 CPRI 接口的连接状态。

表 3-9　CPRI 接口指示灯及其含义

面板标识	颜色	状态	含义
CPRIx	红绿双色	绿灯常亮	CPRI 链路正常
		红灯常亮	光模块收发异常的可能原因： （1）光模块故障 （2）光纤折断
		红灯闪烁（0.125s 亮，0.125s 灭）	CPRI 链路上的射频模块存在硬件故障
		红灯闪烁（1s 亮，1s 灭）	CPRI 失锁的可能原因： （1）双模时钟互锁失败 （2）CPRI 接口速率不匹配
		常灭	（1）光模块不在位 （2）CPRI 电缆未连接

FE/GE 接口指示灯位于主控板和传输板上，这些指示灯在单板上没有丝印显示，它们分布在 FE/GE 电口或 FE/GE 光口的两侧，有 LINK 和 ACT 两种，FE/GE 接口指示灯及其含义如表 3-10 所示。

表 3-10　FE/GE 接口指示灯及其含义

面板标识	颜色	状态	描述
FE/GE0~FE/GE1	绿色（LINK）	常亮	连接成功
		常灭	没有连接
	橙色（ACT）	闪烁	有数据收发
		常灭	没有数据收发

其他指示灯用于指示单板的其他工作状态，其他指示灯及其含义如表 3-11 所示。

表 3-11　其他指示灯及其含义

面板标识	颜色	状态	含义
HEI	红绿双色	绿灯常亮	连接成功
		红灯常亮	光模块收发异常的可能原因： （1）光模块故障 （2）光纤折断
		红灯闪烁（1s 亮，1s 灭）	互连链路失锁的可能原因： （1）互连的两个 BBU 之间的时钟互锁失败 （2）QSFP 接口速率不匹配
		常灭	光模块不在位
CI	红绿双色	绿灯常亮	互连链路正常

3.1.2　pRRU

(PPT) 基站设备-射频模块 RRU

1. 概述

pRRU 为射频拉远单元，可以实现射频信号处理功能，它的主要功能如下。

(1) 发射通道从 BBU 接收数字信号，对数字信号进行数模转换，采用零中频技术将数字信号调制到发射频段，经滤波放大后，通过天线发射。

(2) 接收通道从天线接收射频信号，经滤波放大后，采用零中频技术将射频信号下变频，经模数转换为数字信号后发送给 BBU 进行处理。

(3) 通过光纤或网线传输 CPRI 数据。

(4) 支持内置天线。

(5) 支持通过 PoE 或 DC 供电。

(6) 支持多频、多模灵活配置。

2. 物理接口

pRRU5936 接口如图 3-14 所示。

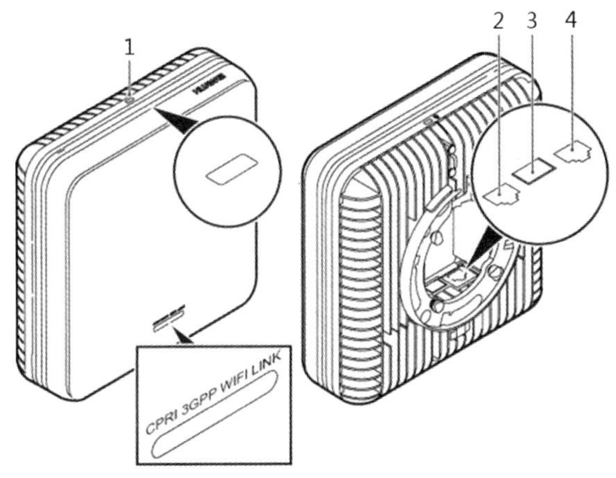

图 3-14　pRRU5936 接口

注：(1) 设备锁；(2) ETH CPRI_E1；(3) CPRI RX/TX；(4) PoE/DC CPRI_E0。

物理接口说明如表 3-12 所示。

表 3-12　物理接口说明

接口标识	说明
PoE/DC CPRI_E0	(1) 该接口上方有 PoE/DC 受电丝印，表示 CPRI_E0 接口支持 PoE/DC 受电 (2) 该接口为与电 RHUB 连接的接口，传输电 RHUB 与 pRRU 间的 CPRI 数据，支持 PoE 受电，也支持用特殊 RJ45 型电源连接器的 DC 供电
ETH CPRI_E1	(1) POE 供电模式下，此接口预留 (2) DC 供电模式下，在 pRRU 对接光 RHUB 时，该接口可以级联一个 pRRU，级联后的两个 pRRU 总功耗不超过 130W
CPRI RX/TX	该接口为与光 RHUB 连接的接口，传输光 RHUB 与 pRRU 间的 CPRI 数据
▭	该接口为设备锁接口，用于保障 pRRU 的安全。设备锁不配发，有需求的用户自备
R	该接口为设备防拆开关，用于设备防拆

📖说明

在 POE 供电模式下，pRRU5936 只能连接电 RHUB，且 CPRI RX/TX 接口不能连接光模块；在 DC 供电模式下，pRRU5936 只能连接光 RHUB，且 ETH CPRI_E1 和 DC CPRI_E0 接口不能连接电 RHUB。

4. 中国移动 5G 二期采购的 pRRU 功能对比

中国移动 5G 二期采购的 pRRU 功能对比如表 3-13 所示。

表 3-13 中国移动 5G 二期采购的 pRRU 功能对比

	数字化室分4T			数字化室分2T	
设备型号	pRRU5961G/pRRU5961H	pRRU5962G/pRRU5962H	pRRU5963/pRRU5963H	pRRU5930/pRRU5930L	pRRU5933/pRRU5933L
形态	4T4R	4T4R	4T4R	2T2R	2T2R
发射功率	LTE： 1.8G：2×250mW 2.3G: 2×250mW 2.6G：2×250mW NR： 2.6G：4×400mW	LTE： 1.8G：2×250mW 2.6G：2×250mW NR： 2.6G：4×400mW	LTE： 2.6G：2×250mW NR： 2.6G：4×400mW	LTE： 1.8G：2×250mW 2.6G：2×250mW NR： 2.6G：2×250mW	LTE： 2.6G：2×250mW NR： 2.6G：2×400mW
滤波器带宽/工作带宽	1.8G：25MHz/25MHz 2.3G: 50MHz/50MHz 2.6G：160MHz/160MHz	1.8G：25MHz/25MHz 2.6G：160MHz/160MHz	2.6G：160MHz/160MHz	1.8G：25MHz/25MHz 2.6G： 160MHz/100MHz	2.6G： 160MHz/160MHz
接口	DC	DC	DC/POE	POE	POE
RHUB	RHUB5963	RHUB5963	RHUB5963/RHUB5961	RHUB5930	RHUB5930

3.1.3 AAU

（PPT）基站设备-射频模块 AAU

1. 概述

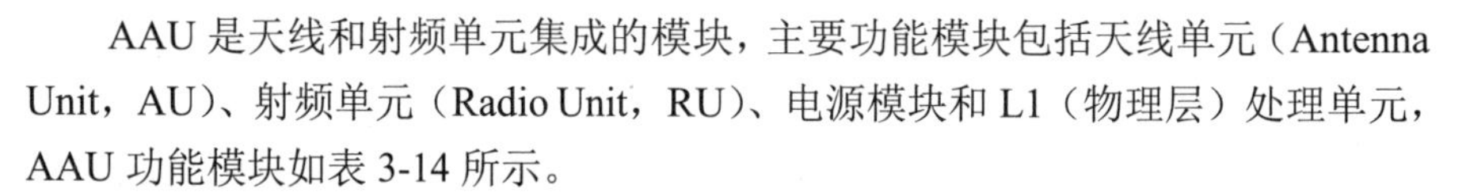

AAU 是天线和射频单元集成的模块，主要功能模块包括天线单元（Antenna Unit，AU）、射频单元（Radio Unit，RU）、电源模块和 L1（物理层）处理单元，AAU 功能模块如表 3-14 所示。

表 3-14 AAU 功能模块

功能模块	功能描述
AU	天线采用 8×12 阵列，支持 96 个双极化振子，完成无线电波的发射与接收
RU	（1）接收通道对射频信号进行下变频、放大处理、模数转换及数字中频处理 （2）发射通道完成下行信号滤波、数模转换、上变频处理、模拟信号放大处理 （3）完成上、下行射频通道相位校正 （4）提供-48V DC 电源接口 （5）提供防护及滤波功能
电源模块	电源模块用于向 AU 和 RU 提供工作电压
L1 处理单元	（1）完成 5G NR 协议物理层上、下行处理 （2）完成通道加权 （3）提供 eCPRI 接口，实现 eCPRI 信号的汇聚与分发

2．AAU5613 面板规格

AAU5613 面板图和外观图如图 3-15 所示。

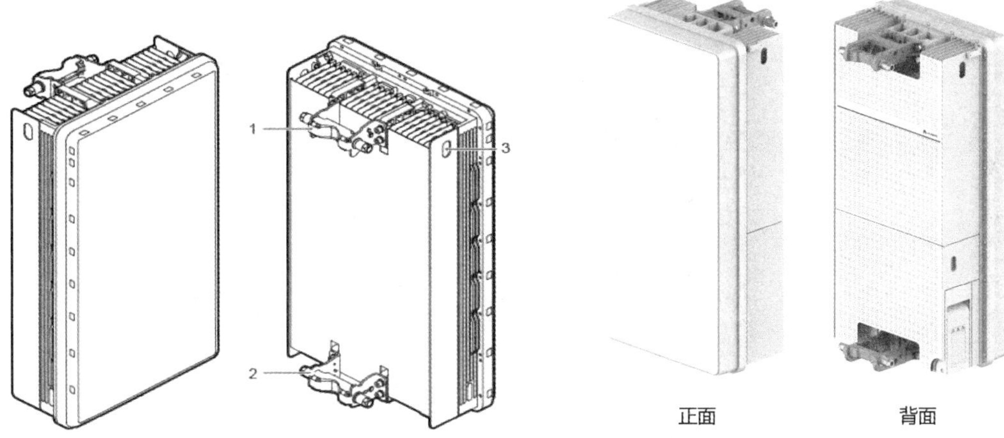

（a） AAU5613 面板图　　　　（b）AAU5613 外观图

1—安装件，上把手；2—安装件，下把手；3—防掉落安全加固孔。

图 3-15　AAU5613 面板图和外观图

3．AAU5613 整机规格

AAU5613 整机规格如表 3-15 所示。

表 3-15　AAU5613 整机规格

尺寸（长×宽×高）	795mm × 395mm × 220mm
重量	40kg
频段	模块 1：3400～3600MHz 模块 2：3600～3800MHz
输出功率	200W
散热	天然冷却
防护等级	IP65
工作温度	-40～+55℃（无太阳辐射）
相对湿度	5%～100% RH
150km/h 时的风载	正面：500N 侧面：210N 后侧风载最大值：515N
最大工作风速	150km/h
生存风速	200km/h
载波配置	单载波：100MHz、80MHz、60MHz、40MHz 双载波：2×100MHz、2×40MHz
典型功耗	1080W（最大功耗为 1300W）
工作电源	-36～-57 V DC
BBU 接口	eCPRI，速率为 2×24.3302Gbps
安装方式	支持抱杆、挂墙安装（抱杆转接）场景 支持±20° 连续机械倾角调整

4. AAU5613 接口

AAU5613 接口位置如图 3-16 所示。

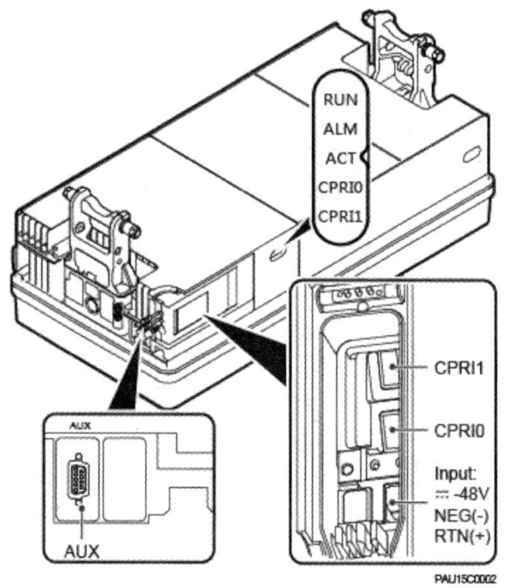

图 3-16　AAU5613 接口位置

AAU5613 接口功能如表 3-16 所示。

表 3-16　AAU5613 接口功能

项目	接口标识	说明
1	CPRI1	该接口为光接口 1，速率为 10.3125Gbps 或 25.78125Gbps，安装光纤时需要在光接口上插入光模块
2	CPRI0	该接口为光接口 0，速率为 10.3125Gbps 或 25.78125Gbps，安装光纤时需要在光接口上插入光模块
3	Input	该接口为-48V DC 电源接口
4	AUX	该接口为外接天线信息传感器单元（Antenna Information Sensor Unit，AISU）接口，传输 AISG 信号

5. AAU5613 指示灯

AAU5613 指示灯及其含义如表 3-17 所示。

表 3-17　AAU5613 指示灯及其含义

标识	颜色	状态	含义
RUN	绿色	常亮	有电源输入或者单板故障
		常灭	无电源输入或者单板故障
		慢闪（1s 亮，1s 灭）	单板正常运行
		快闪（0.125s 亮，0.125s 灭）	单板正在加载软件或者单板未运行
ALM	红色	常亮	告警状态，需要更换模块
		慢闪（1s 亮，1s 灭）	告警状态，不能确定是否需要更换模块，可能是相关单板或接口等故障引起的告警
		常灭	无告警

续表

标识	颜色	状态	含义
ACT	绿色	常亮	工作正常（发射通道打开或软件在未开工状态下进行加载）
		慢闪（1s 亮，1s 灭）	单板运行（发射通道关闭）
CPRI0	红绿双色	绿灯常亮	CPRI 链路正常
		红灯常亮	光模块收发异常，可能原因是光模块故障、光纤折断等
		红灯慢闪（1s 亮，1s 灭）	CPRI 链路失锁，可能原因是双模时钟互锁问题、CPRI 接口速率不匹配等 处理建议：检查系统配置
		常灭	QSFP 模块不在位或光模块电源下电
CPRI1	红绿双色	绿灯常亮	CPRI 链路正常
		红灯常亮	光模块收发异常，可能原因是光模块故障、光纤折断等
		红灯慢闪（1s 亮，1s 灭）	CPRI 链路失锁，可能原因是双模时钟互锁问题、CPRI 接口速率不匹配等 处理建议：检查系统配置
		常灭	QSFP 模块不在位或光模块电源下电

【任务实施】

1．以小组为单位调研移动通信基站实训室、校园及周边环境，观察、拍照和记录基站设备名称，形成《我身边的基站设备》调研报告，提交至课程平台。

2．分组展示调研成果，教师针对学生疑惑和任务内容进行补充讲解。

3．结合课前调研、课堂讲授和二维码资源，完善《我身边的基站设备》调研报告。

【任务评价】

任务点	考核点		
	初级	中级	高级
BBU5900	（1）掌握 BBU5900 的组成和架构 （2）掌握 BBU5900 每个单板的名称和含义	（1）掌握 BBU590 典型配置及必配的单板和功能 （2）了解 BBU5900 的工作原理	（1）掌握 BBU5900 每个单板的槽位号及配置优先级 （2）熟悉 BBU5900 的工作原理 （3）了解现网常用的单板型号及相关指示灯含义
pRRU5936	（1）掌握 pRRU 的功能和特点 （2）了解 pRRU5936 的功能和特点	（1）掌握 pRRU5936 的功能和特点 （2）了解 pRRU5936 支持的参数规格和工作原理	（1）掌握 pRRU5936 的功能和特点 （2）熟悉 pRRU5936 支持的参数规格和工作原理 （3）了解 pRRU5936 状态灯和指示灯代表的含义
AAU5613	（1）掌握 AAU 的组成及发展历程 （2）了解 AAU5613 的功能和特点	（1）掌握 AAU5613 的功能和特点 （2）了解 AAU5613 支持的参数规格和工作原理	（1）掌握 AAU5613 的功能和特点 （2）熟悉 AAU5613 支持的参数规格和工作原理 （3）了解 AAU5613 状态灯和指示灯代表的含义

【任务小结】

本任务介绍了5G基站的系统结构和各硬件设备的功能，5G硬件设备BBU每个单板的名称、型号、功能和特点，每个单板配置的优先级及数量，RRU、AAU、pRRU的发展历程及主要功能和作用，最新5G设备的产品型号，每个硬件设备状态灯和指示灯及其含义。

【自我评测】

（文档）参考答案

1．在BBU的单板中，以下哪些为非必配单板？（　　）（多选）

A．UMPT　　B．UBBP

C．USCU　　D．UEIE

E．UPEU

2．pRRU5936支持5G的最大收发通道数为（　　）。

A．1T1R　　B．2T2R

C．4T4R　　D．64T64R

3．AAU5613支持5G的最大收发通道数为（　　）。

A．4T4R　　B．8T8R

C．32T32R　　D．64T64R

4．绘制BBU5900的拓扑图及BBU5900与AAU之间的连线，标明槽位变化和5G的全宽板、半宽板配置。

任务二：5G基站部署

【任务目标】

知识目标	（1）掌握5G室外宏站和室内覆盖的主要部署方案及其优、缺点 （2）熟悉室分部署方案中DAS和LampSite的区别及常用器件的相关功能 （3）了解5G基站部署过程中遇到的问题（如基站改造、光纤资源不足等）及相应的解决方案
技能目标	（1）分析室外、室内方案的特点 （2）绘制室外宏站拓扑图、室内DAS拓扑图、室内LampSite拓扑图
素质目标	（1）科学家面对技术挑战，攻坚克难，在“极简”上不断突破自我，推进了5G的大规模部署 （2）通过调研身边的基站部署方案，理解科技进步带来室内覆盖部署方案的改进
重难点	重点：掌握室内、外的基站部署方案，DAS、LampSite组成和区别 难点：掌握DAS、LampSite部署方案涉及的器件及相关功能，以及5G基站的改造方案
学习方法	任务驱动法、合作学习法、探究学习法

【情境导入】

全球5G部署正在加速，根据近些年的5G部署经验，向5G演进的过程中会面临诸多的挑战，具体表现：天面受限，全球约70%的基站中每个扇区仅有2根或者1根抱杆，且抱杆上现网设备数量众多，无法部署新的5G模块；供电不足，全球约30%的基站的现有电源系统不足以支撑5G功率需求，且无法做到简单、平滑扩容；安装复杂，5G Massive MIMO的安装场景多样化，包括楼顶、街边、隧道等，但各种抱杆直径大小不一，使得 Massive MIMO 的安装变得尤其复杂。

为应对上述挑战，华为 5G 极简基站通过创新的基带、射频、天面、能源安装件及场景化杆站，实现了设备极简、能源极简、部署极简，以最小化基站改造的方式，实现 5G 的低成本快速部署。5G 部署的加速及 5G 业务的发展，未来还会需要更多的基站资源。华为在原有的 CRAN、DRAN、大集中、小集中、传统 DAS、LampSite、泄露电缆及融合组网等方案下，又推出全新的场景化杆站方案，采用新一代杆站模块，频段数和通道数全面升级，可根据需要灵活、快速地部署在街道、居民区、产业园区等场景，实现 5G 的极致体验。同时，华为秉持开放合作的态度，提出 Open Site 理念，通过推动政策开放、智慧灯杆标准化及生态开放，为 5G 的规模建站预留海量站址资源。目前，灯杆标准化已被业界广泛认可，如上海政府牵头制定"多功能综合杆"标准，计划对 400 多千米的道路进行改造，建设 3 万多根智慧灯杆，均具备 5G 基站的安装集成能力。5G 部署正当时，华为将永远以用户需求为中心，持续研发，在"极简"上不断突破，用最少的基站改造、最低的成本帮助运营商实现 5G 的大规模部署。

【任务资讯】

3.2.1　室外宏站部署及解决方案

（视频）室外宏站部署及解决方案

1．宏站概述

4G 基站由 BBU 和 RRU 组成，BBU 一般集中放置在综合接入点和 BBU 集中机房，主要负责基带处理功能；RRU 拉远上塔，与天线部署在一起，负责射频处理功能。4G 基站架构如图 3-17（a）所示。

（PPT）4G 基站和 5G 基站对比

5G 时代考虑到业务的多样性，对网络的灵活部署提出了更高的要求，5G RAN 架构从 4G 的 BBU 和 RRU 两级结构演进到 CU、DU 和 AAU 三级结构。天线侧采用 Massive MIMO 技术，射频模块与天线进行一体化集成，5G 基站架构如图 3-17（b）所示。

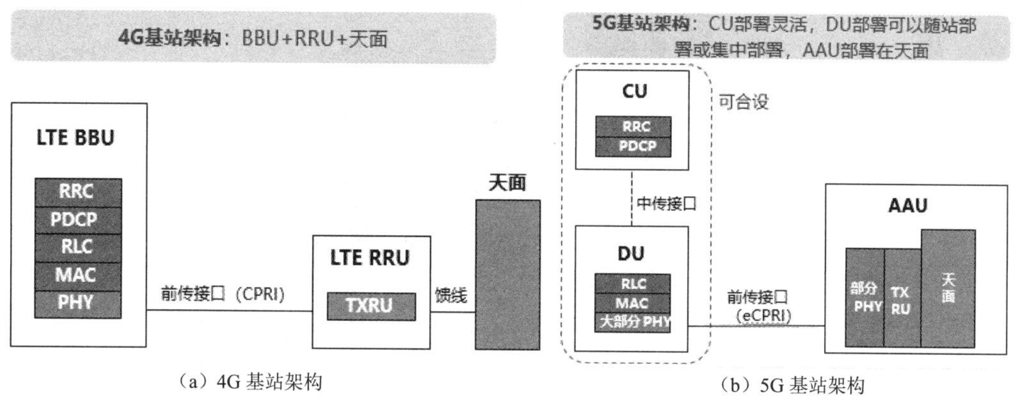

（a）4G 基站架构　　（b）5G 基站架构

图 3-17　4G 基站和 5G 基站的架构

集中单元（Centralized Unit，CU）是原 BBU 的非实时部分分割出来的部分，主要处理低实时的无线协议栈功能，同时也支持部分核心网功能下沉和边缘应用业务的部署。

分布单元（Distributed Unit，DU）具有物理层功能和高实时的无线协议栈功能，满足 uRLLC 业务需求，与 CU 一起形成完整协议栈。

AAU 将有源天线、原 RRU 及 BBU 的部分物理层处理功能合并，4G 基站与 5G 基站的对比如图 3-18 所示。

在 5G 部署初期，5G 设备形态优先选择 CU 与 DU 合设方式（简称为 5G BBU 设备），未来随着 5G 垂直行业等新业务需求的出现，可采用基于 MEC 边缘云的 CU 与 DU 分离方式，CU 与 DU 部署的选择优先级如图 3-19 所示。此外，还可以结合机房条件、光纤资源，优先采用 BBU 集中放置方式（所谓集中放置方式，在 4G 中是 BBU 的集中放置方式，在 5G 中是 DU 的集中放置方式）。

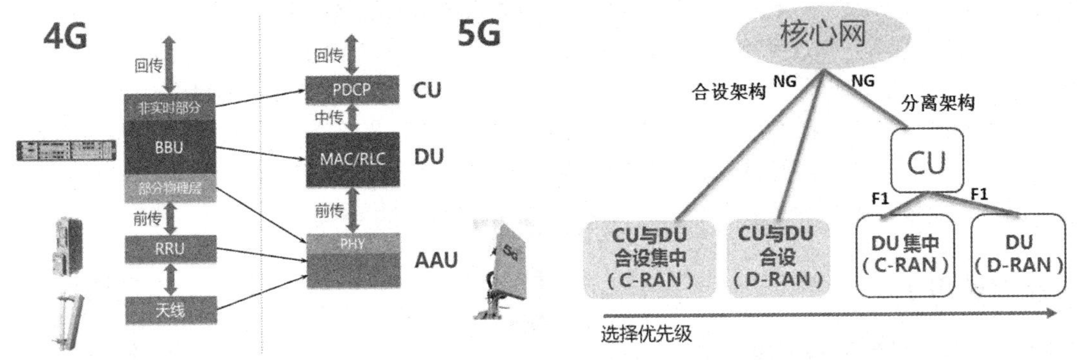

图 3-18　4G 基站与 5G 基站的对比　　　图 3-19　CU 与 DU 部署的选择优先级

2. 分布式基站

在分布式无线接入网（Distributed RAN，D-RAN）中，每个基站是独立的，每个基站由 BBU 和 AAU 或 RRU 及其配套的光纤、GPS、配电、机柜等设备组成，AAU 或 RRU 通常置于塔上，BBU 及其配套的光纤、GPS、配电、机柜等设备置于塔下的机房里。分布式基站如图 3-20 所示，BBU 和 AAU 或 RRU 之间的前传光纤小于 100m。

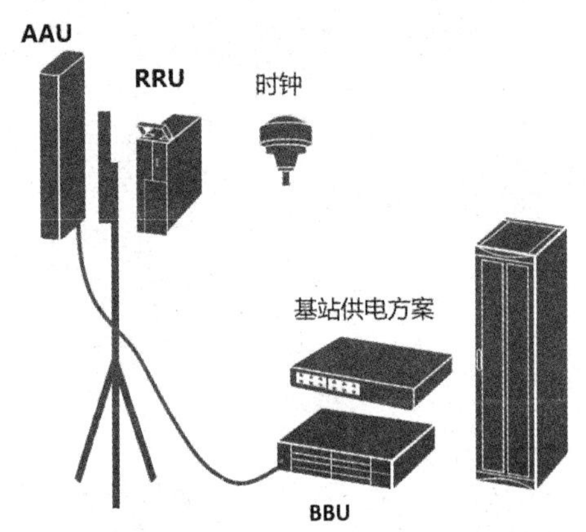

（PPT）D-RAN

图 3-20　分布式基站

1）分布式基站的优点

（1）在分布式基站中，BBU 和 AAU 或 RRU 之间通过光纤直连，不消耗主干光缆的资源。

（2）每个基站相对独立，单个基站故障不会影响其他基站的使用。

（3）分布式基站可以充分利用现有的机房资源。

2）分布式基站的缺点

（1）BBU 独立部署，BBU 之间的资源不能有效共享，基带资源利用率较低。

（2）不同基站的 BBU 之间通过承载网交互信息，较大时延会影响站间载波聚合、站间多点协作等部署。

（3）每个机房都要部署电源柜、蓄电池和空调等配套设备，运维成本较高。

3．集中式基站

在集中式无线接入网（Centralized RAN，C-RAN）中，每个基站同样是由 BBU 和 AAU 或 RRU 及配套的光纤、GPS、配电、机柜等设备组成的，AAU 或 RRU 也同样置于塔上，与分布式基站的最大区别在于多个基站的 BBU 及相关的配套设备集中置于中心机房，BBU 和 AAU 或 RRU 通过光纤拉远连接，集中式基站如图 3-21 所示，BBU 集中现场图如图 3-22 所示。

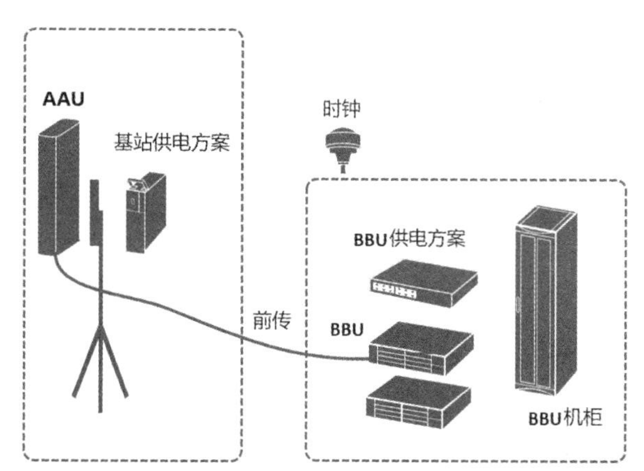

（PPT）C-RAN

图 3-21　集中式基站

图 3-22　BBU 集中现场图

1）集中式基站的优点

（1）BBU 集中部署，BBU 之间可以通过通用交换单元（Universal Switching Unit，USU）实现互连，组成 CloudBB 部署场景，多个 BBU 资源可以共享。

（2）BBU 集中部署，不同基站的 BBU 之间可以直接交互信息，时延较小，有利于站间载波聚合、站间多点协作等部署。

（3）BBU 可以共用中心机房中的电源柜、蓄电池和空调等配套设备，成本较低，也可以集中化运维，运维成本会降低。

2）集中式基站的缺点

（1）集中式基站的 BBU 和 AAU 或 RRU 之间通过光纤拉远连接，光纤资源的消耗较多。

（2）出现故障时影响的范围较大，因此对可靠性要求更高。

4．5G 室外宏站的部署原则

D-RAN 是运营商的长期主流建网模式，C-RAN 是未来确定性的建网模式（相较于 4G，预计将有 20%增长）。C-RAN 根据集中部署基站的数量分为小集中和大集中，集中式部署如图 3-23 所示，部署模式比较如图 3-24 所示。以下是集中式部署的原则。

（1）有充足的光纤到站，传输距离<15km，光纤到站率>80%。

（2）有机房且可改造，机房光纤数量>基站数×基站内光纤数，机房内空间>1 个机柜空间，配电、散热改造功耗>设备总功耗等。

（3）协同增益，站间距过小时，消除干扰，带来下行增益。

（4）适合的部署场景为密集城区、居民区、高校、高铁等。

（5）满足 C-RAN 室外共模基础配置要求。

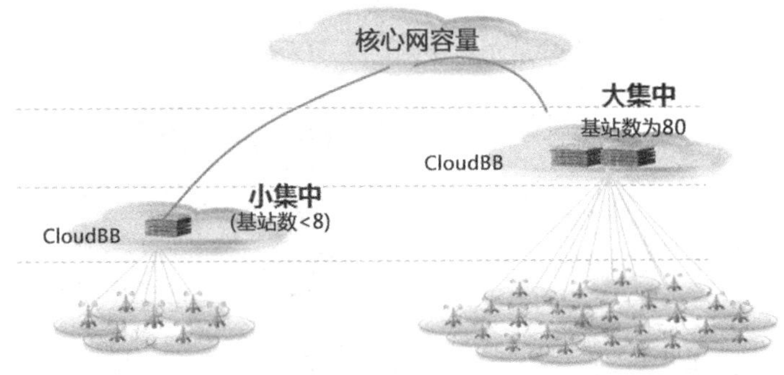

图 3-23　集中式部署

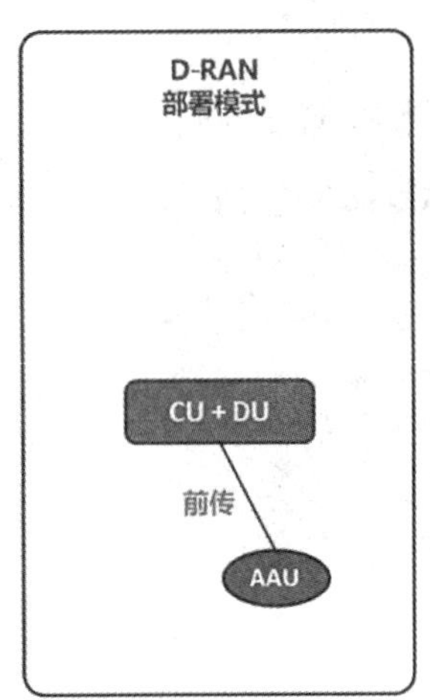

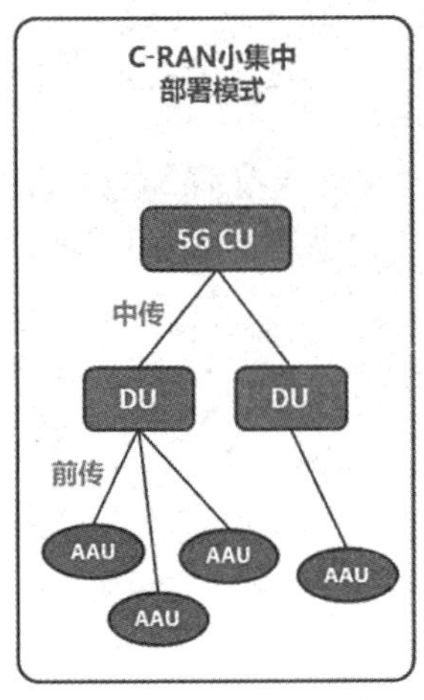

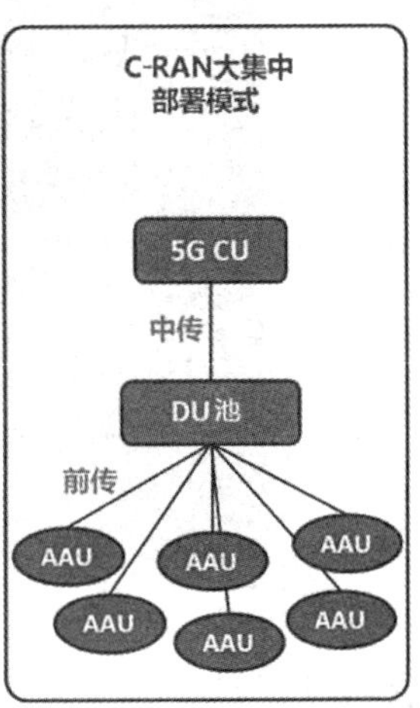

图 3-24　部署模式比较

CU Cloud RAN 为 CU 云化无线接入网。CU 与 DU 分离是指将 BBU 中的非实时部分（如 PDCP、RRC）分离出来作为 CU，CU 可以进行云化部署，实时部分（如 PHY、MAC、RLC 层）置于 DU 中处理，CU 和 DU 之间通过 F1 接口对接，5G 未来阶段的 CU 云化部署如图 3-25 所示。

CU 与 DU 的分离方案相较于 DRAN 部署和 CRAN 部署的主要好处是资源可弹性扩容或缩容。对于业务层面，资源最大化利用是比较理想的网络架构设计，现实中的潮汐话务效应也能据此找到比较合理的解决方案。

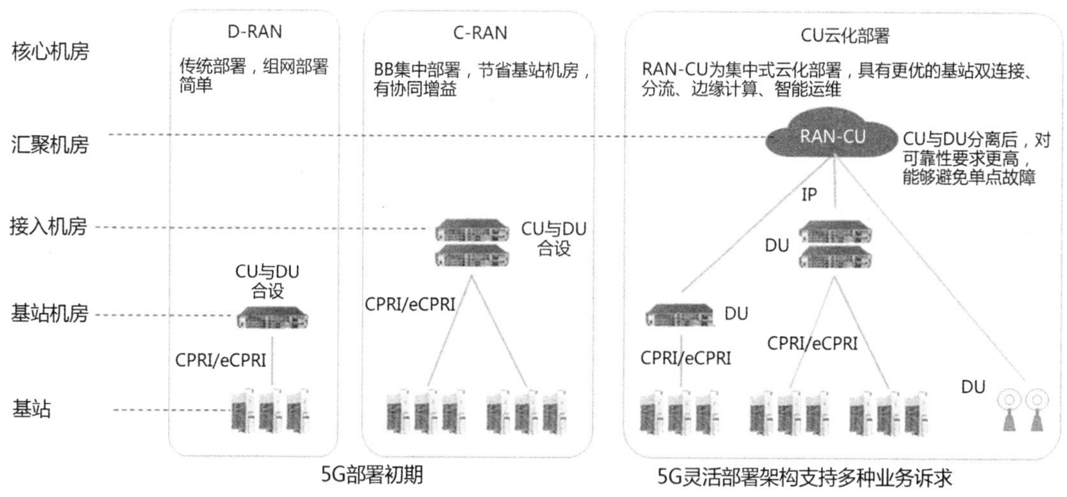

图 3-25　5G 未来阶段的 CU 云化部署

5. 5G 基站的选址方案

5G 基站的工程建议和要求如表 3-18 所示。

表 3-18　5G 基站的工程建议和要求

序号	工程实施	工程建议和要求	备注
1	基站选址	基站覆盖距离在密集城区约为 300～350m，一般城区约为 400～550m。具有连续覆盖和有可移动路线的特点	垂直行业应用等特殊场景需结合需求进行专项分析
2	天面勘查	需要确认天面的空间可用性，天线挂高为 20～30m，需要满足天馈隔离度要求，需要详细记录各扇区的基础信息	涉及天馈改造、天馈美化等情况需要专项记录，基站部署在楼顶时，经、纬度细化为扇区级别
3	抱杆、承重	直径为 60~120mm，壁厚为 4mm 以上；AAU 重为 40kg，迎风面积为 $0.4m^2$	
4	基站机房空间、空调	机柜尺寸为 600mm×600mm×600mm，壁挂不占空间。空调制冷功率>1000W	
5	基站供电	100A×2 空开直流，电源容量为 4000W 以上，BBU 与 AAU 电源线缆限制的横截面积及长度：$10mm^2$、60m；$16mm^2$、100m；	
6	基站传输	标准基站的 BBU 接入传输带宽为 10Gbps	若进行更高的峰值测试，则需要提供 20Gbps 的带宽
7	GPS 天馈	与 4G 的基站要求一致，可共用 GPS 天线	

5G 基站信号塔一般包含地面塔、楼面塔，5G 基站信号塔的选择方案如图 3-19 所示，推荐塔型图如图 3-26 所示。

（图片）信号塔选择

表 3-19　5G 基站信号塔的选择方案

类型	典型场景	推荐塔型	推荐高度
地面塔	普通城区、郊区、县城、乡镇农村、铁路沿线等对景观要求较低、易于征地的区域；三管塔占地面积较小，面积要求较低，更具有适用性	三管塔	30～50m

续表

类型	典型场景	推荐塔型	推荐高度
地面塔	郊区、县城、乡镇农村等对景观要求低、易于征地的区域	角钢塔	30～50m
	城区、居民区、高校、商业区、景区、郊区、工业园区、铁路沿线等有一定景观需求的区域	单管塔	30～50m
灯杆景观塔	城市广场、体育场馆、公园等有很高景观需求的区域	灯杆景观塔	30～40m
	公园等有特殊景观需求区域	灯杆景观塔、仿生树	30～40m
	网络优化、快速覆盖区域，局部热点、扩容补盲区域，居民阻扰、疑难基站区域，城区改造、拆迁施工区域，管线密布、不可开挖区域，应急通信、信号保障区域，市政规划、临时覆盖区域	一体化塔房	25～35m
简易灯杆塔	重点市政道路两侧等有景观需求、天线挂高要求低的区域	路灯杆塔	15～25m
	开阔山区、农村、铁路沿线等拟建场地面积较小、对景观无要求的区域	水泥杆塔	12～20m
	农村、开阔偏远山区	H 杆塔	12～30m
	偏远郊区、农村、小镇等对景观化要求低、民扰小的地区	落地增高架	10～20m
楼面塔	密集城区、县城等对景观化要求低、对天线挂高要求低的区域	楼面抱杆	3～9m
	密集城区、县城等对景观化要求低、对天线挂高、挂载天线数量需求大的区域	楼顶增高架	10～15m
	密集城区、县城等有一定景观需求的区域	楼面景观塔、美化天线	10～15m

三管塔　单管塔　灯杆景观塔　一体化塔房　路灯杆塔

图 3-26　推荐塔型图

5G 基站部署会涉及现网机房和天馈的改造，5G 基站改造方案中主要涉及主设备改造、天面改造和电源改造。

6. 5G 基站的主设备改造

主设备改造包括将 4G 的单模 BBU 替换为 4G 与 5G 共模 BBU，将 4G 的 BBU 框内单板及 5G 的板卡安装至新的 BBU 框中，实现 4G 与 5G 的共框部署，具体步骤如下。

（1）用 BBU5900 替换原来的 BBU3900/BBU3910，由于目前 5G 基站的单板 UBBPfw1 只能配置于 BBU5900 中，因此共模的 BBU 框必须采用 BBU5900。

（2）风扇模块替换为 BBU5900 配套的 FANf。

（3）电源模块替换为 BBU5900 配套的 UPEUe。

（4）新增 5G 基带单板 UBBPfw1。

（5）新增 5G 射频单元 AAU。

（PPT）主设备改造

5G 基站的主设备改造如图 3-27 所示。

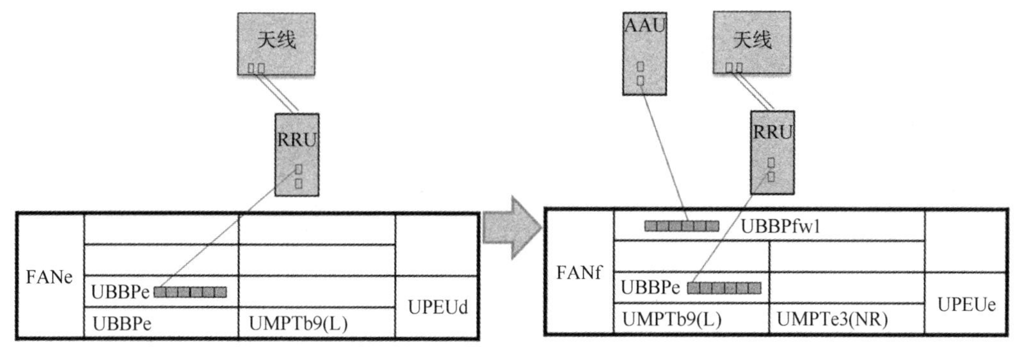

图 3-27 5G 基站的主设备改造

7．5G 基站的天面改造

现有铁塔或者抱杆承载能力和承载空间已经接近设计的最大值，因此需要对现有的天线进行合并改造，以扩大承载能力和承载空间来安装 5G AAU，具体步骤如下。

（1）对现网天面进行收编，先利用多模、宽频天线替换现有的单模天线，再利用原先安装但未使用的抱杆部署 5G AAU。

（2）新增一根抱杆或者新增平台来部署 5G AAU，5G 基站的天面改造如图 3-28 所示。

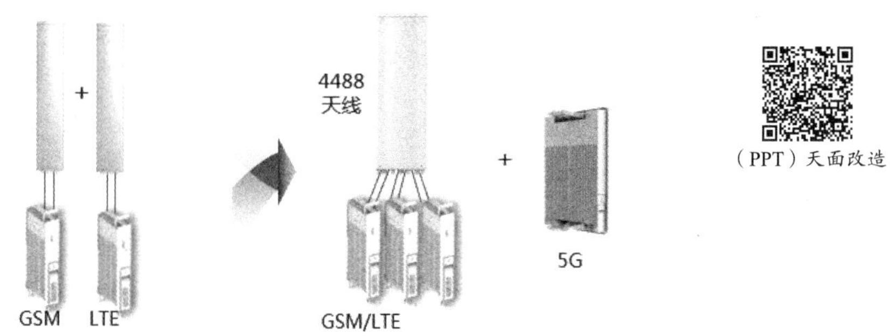

图 3-28 5G 基站的天面改造

8．5G 基站的电源改造

相对于 2G、3G、4G 设备，5G 设备功耗较大，现网部分机房内的供电系统无法支撑 5G 的功耗，需要对机房的供电系统进行改造，5G 基站的电源改造如图 3-29 所示。

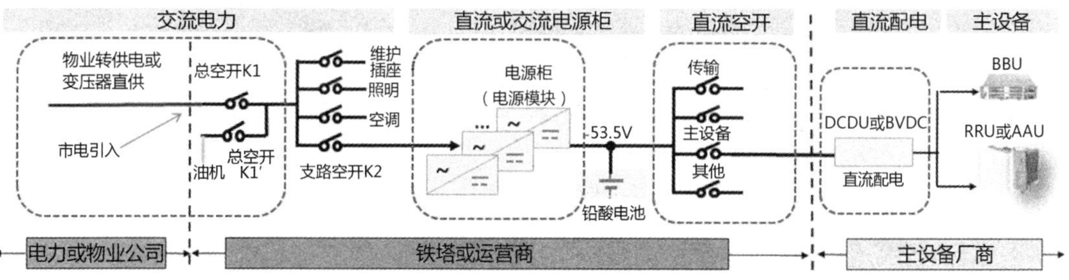

图 3-29 5G 基站的电源改造

具体操作如下。

（1）市电引入改造：由于电源容量不足，改造原线路或新引电涉及电源线路排查和更改，需要与物业协调来提升容量，周期较长，难度较大。

（2）直流或交流电源柜改造：由于容量不足或槽位不足，需要插入电源模块，也可以新增电源柜或刀片电源。

（3）蓄电池备电改造：新增电池会带来机房空间及承重不足问题，需要扩大机房空间。

（4）直流空开改造：部分电源柜内空开或熔丝的安装空间已全部占用，无多余的新装空间，因此应增加新的电源柜。

（5）直流配电改造：根据 RRU 或 AAU 的直流拉远距离和功耗，可以选择合适的直流配电模块。

9. 5G 基站的拉远方案

5G 基站部署正由 D-RAN 向 C-RAN，再向 Cloud RAN 方向演进，未来 5G 基站的 CU 单元会云化部署，DU 单元会根据现网实际情况，选择靠近射频单元独立部署或者集中部署。若 DU 单元集中部署，则射频单元需要拉远部署，当前 5G 基站的 DU 单元与射频单元的拉远方案主要有三种：光纤直连、无源波分和有源波分。

（PPT）5G 站点拉远方案

1）5G 基站拉远方案：光纤直连

光纤直连场景要求到站光纤充足，足以直连，每个 AAU 与 DU 全部采用光纤点到点直连组网，光纤直连拉远方案如图 3-30 所示。该方案的优点为简易直观、故障定位简单，该方案的缺点为光纤资源占用较多、适用于光纤资源丰富的区域。早期 5G 基站较少时多采用该方案，随着 5G 基站建设的深入，基站数量急剧增加，使用该方案的成本高昂。

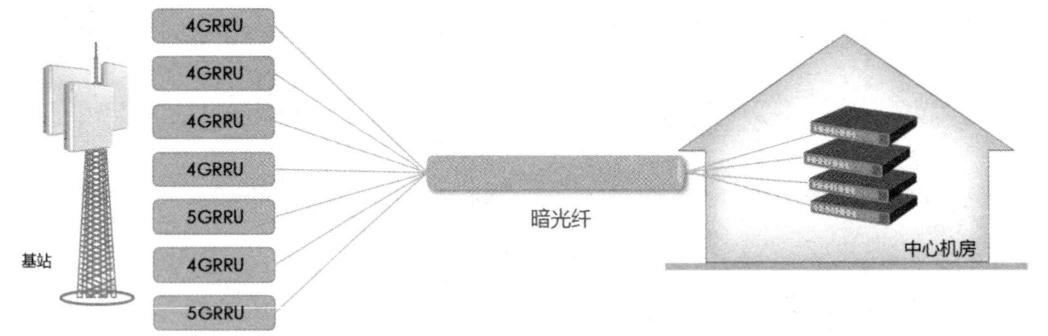

图 3-30　光纤直连拉远方案

2）5G 基站拉远方案：无源波分

到站光纤数量有限，不足以直连，需要光纤复用，可以在中心机房和射频单元近端分别部署无源波分设备，通过无源波分设备将多路光纤复用到 1 根光纤上，无源波分拉远方案如图 3-31 所示。该方案的优点为节约光纤，缺点为运维困难、不易管理、故障定位难度大。

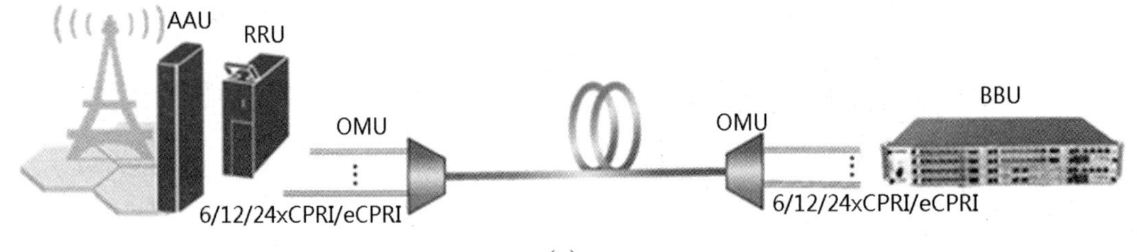

（a）

图 3-31　无源波分拉远方案

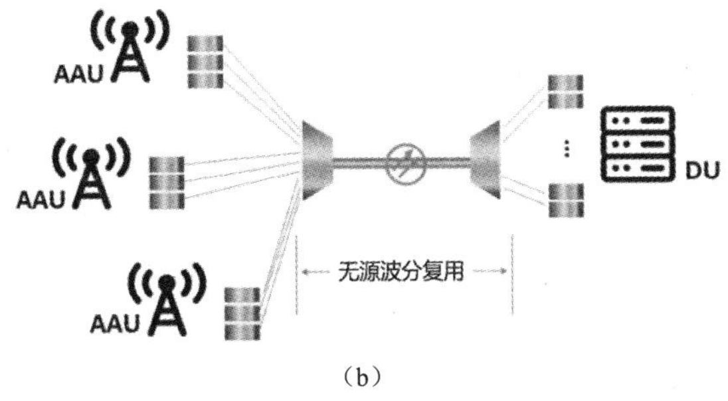

（b）

图 3-31　无源波分拉远方案（续）

3）5G 基站拉远方案：有源波分

到站光纤数量有限，不足以直连，需要光纤复用，可以通过有源波分设备将多路光纤复用到 1 根光纤上。相比于无源波分方案，组网更加灵活，同时光纤资源消耗并没有增加，有源波分拉远方案如图 3-32 所示。

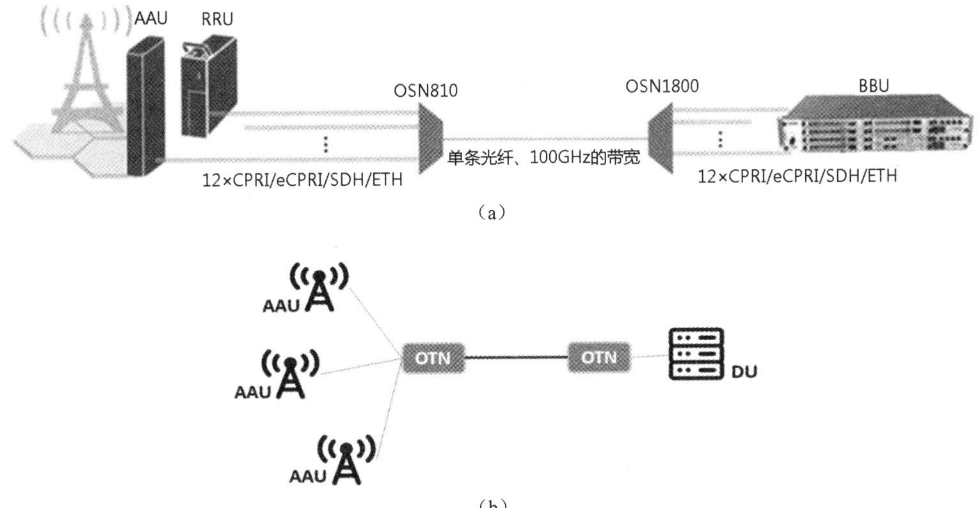

（a）

（b）

图 3-32　有源波分拉远方案

5G 基站的拉远方案对比如表 3-20 所示。

表 3-20　5G 基站的拉远方案对比

	光纤直连	无源 WDM	有源 WDM/OTN
拓扑结构	点到点	点到点	全拓扑：环带链/环形/链形/星形
AAU 出彩光	否	是	否
CPRI/eCPRI 拉远	否	是	是
网络保护	否	否	是（L0/L1）
性能监控	否	否	是（L0/L1）
远端管理	否	否	是（L0/L1）
光纤资源	消耗多	消耗少	消耗少
网络成本 （注：与前传规模相关）	低	中	高

3.2.2 室内覆盖的解决方案

传统的宏站信号从室外向室内覆盖时，由于穿透损耗、建筑物遮挡等原因，很难满足室内的业务需求，因此存在很多室内覆盖盲区，如地下停车场、楼梯间、电梯、地铁等，用户信号差。通过室分覆盖的方式可以增加室内覆盖范围，减少盲区，有效地解决室内信号差等问题。随着 5G 的正式商用，5G 网络的建设也会逐步向深度覆盖倾斜，室内深度覆盖作为建网的重要一环，主要用于降低室内外体验的差异，改善室内弱覆盖，提升用户的网络体验，解决客户投诉。此外，在部分热点区域（如人员密集、流量高的区域）可以提供相当的网络容量。5G 建设的原则为先室外后室内，先重点后一般，同时按照场景优先级推进，优先建设窗口场景、有业务及终端聚集的场景。

1. 室分概述

（PPT）室分覆盖解决方案

随着城市里移动用户数量的快速增加，室内的话务密度与覆盖要求也快速上升，如今约 70%的流量发生在室内，室内覆盖的重要性如图 3-33 所示。因此，室内覆盖的场景需求十分迫切，室内分布（简称室分）的重要性主要为以下几点。

（1）数据业务增长迅速，超过 70%的流量来自室内环境。

（2）过大的穿透损耗使得室外宏蜂窝基站不能在室内提供充分可靠的无线覆盖。

（3）室内覆盖易于控制无线信号，有利于扩大网络容量。

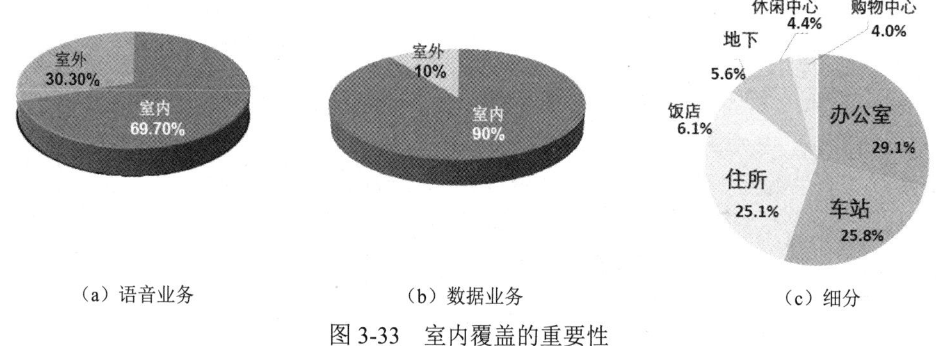

图 3-33 室内覆盖的重要性

1）室分建设面临的问题

（1）覆盖方面：建筑物自身的屏蔽和吸收作用造成了无线电波较大的传输损耗，形成了移动信号的弱场强，甚至盲区。

（2）容量方面：建筑物（如大型购物商场、会议中心）中移动电话的使用密度过大，局部网络容量不能满足用户需求，无线信道发生拥塞。

（3）质量方面：建筑物高层空间极易存在无线频率干扰，服务区信号不稳定，出现乒乓切换效应，话音质量难以保证，甚至出现掉话现象。

2）室分建设的优先级

随着网络规模的不断扩大，通信网络在城市的室外已基本做到了无缝覆盖，但广大移动用户对移动通信服务质量的要求在不断提高，要求在室内（特别是星级酒店、大型商场、高级写字楼、娱乐场所、会展中心、超市、地下停车场等）能享受优质的移动通信服务。针对这些场景。运营商可以按照以下优先级进行建设。

（1）第一优先级：大型交通枢纽、大型场馆、大型购物中心、地铁、高铁等地标建筑及校园、医院等都属于高人流密度、高容量需求的热点场景。

（2）第二优先级：办公楼、酒店等高端用户聚集场景，整体容量需求一般，但存在部分高容量需求热点场景，建筑隔断较多，建网成本较高。

（3）第三优先级：居民区、小型公共场所等场景的整体容量需求不高，室内产品的部署成本较高，外部玻璃较多，具备室外照射条件，建议优先采用宏站覆盖，将室分作为补充。

2. 室分系统

分布系统的主要作用是分配信源提供的信号，使其均匀分布于需要覆盖的区域。信号分布系统构造如图 3-34 所示，传统室分基站一般由信号源和室内信号分布系统两部分组成，信号分布系统包含有源器件、无源器件、传输线路和天线。按照射频信号传输介质，信号分布系统可分为同轴电缆分布系统、光纤分布系统、泄露电缆分布系统。根据是否需要提供电源和传输介质，信号分布系统可分为无源分布系统、有源电分布系统、有源光分布系统、有源光电混合分布系统、泄露电缆分布系统、室外覆盖室内系统。5G 一般采用无源分布系统、有源分布系统（又名数字室分系统）和泄露电缆分布系统。

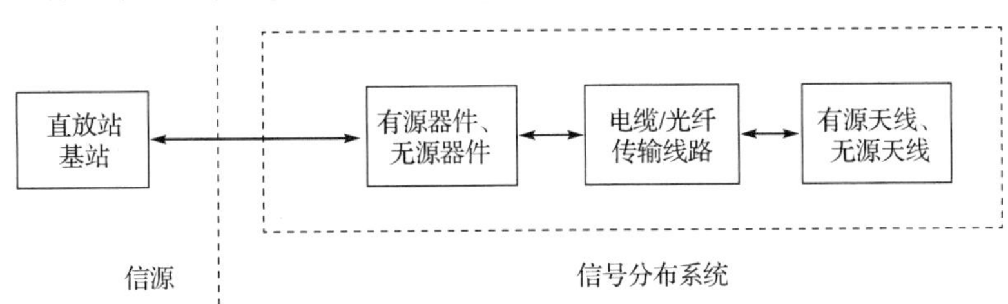

图 3-34 信号分布系统构造

1）无源分布系统 DAS

（1）结构

传统室分基站一般由信号源和室内分布系统两部分组成，同时根据是否需要提供电源，传统室分分为无源器件及有源器件两大类。分布式天线系统（Distributed Antenna System，DAS）通常为“BBU+RRU+分布式天线系统”的方式。信号源通过耦合器、功分器等器件，经馈线将信号均匀分布到室内各角落，无源分布系统 DAS 如图 3-35 所示。

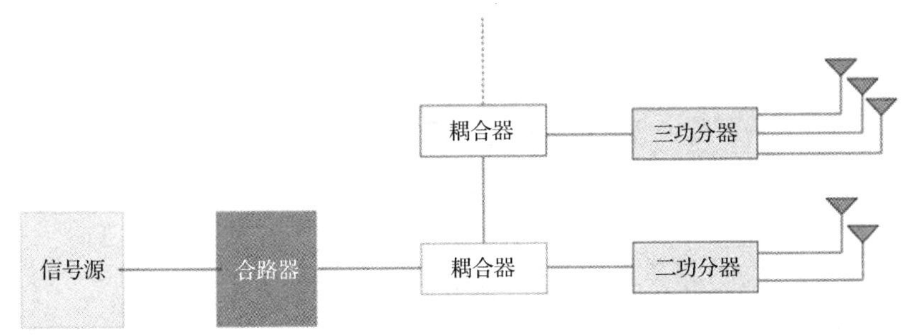

图 3-35 无源分布系统 DAS

优点：技术成熟，价格便宜，应用广泛，元器件通用，无须供电，可靠性高，易于维护，不受尘埃和湿度等影响，交调和噪声性能良好，系统动态范围大，不会产生上行噪声。

缺点：需要精确计算无线输出功率，馈线损耗较大，传输长度受限。

适用场景：DAS 是一种较为灵活的通用室内覆盖系统，单系统设计较为复杂，一般适用于中、小型建筑物。

（2）主要器件

DAS 的主要器件（见图 3-36）为吸顶天线、功分器、耦合器、合路器、多系统接入平台等。

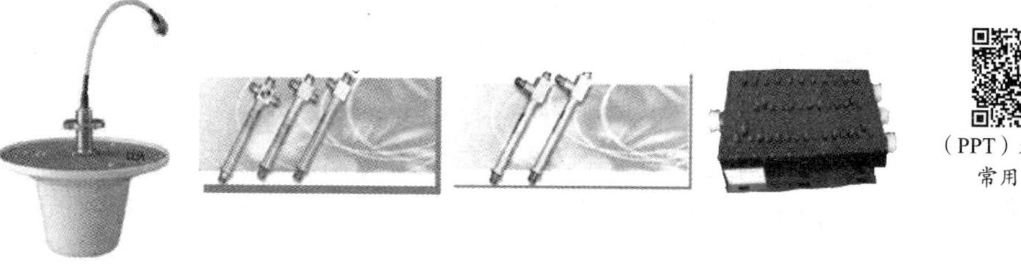

（PPT）无源常用器件

吸顶天线　　功分器　　耦合器　　合路器

图 3-36　DAS 的主要器件

① 功分器

功分器是一种将 1 路输入信号能量分成 2 路或者多路输出相等能量的器件，无源器件功分器如图 3-37 所示，功分器的基本分配路数为 2、3、4，通过级联可以形成多路功率分配。功分器按结构可分为腔体功分器和微带功分器。

② 耦合器

耦合器的作用是将不均匀的信号分到主干端和耦合端（又名直通端），无源器件耦合器如图 3-38 所示，耦合器按耦合度分为 5dB、7dB、10dB、15dB、20dB、25dB、30dB、35dB、40dB 等，按结构分为大功率基站耦合器、宽频微带耦合器、宽频腔体耦合器。

图 3-37　无源器件功分器

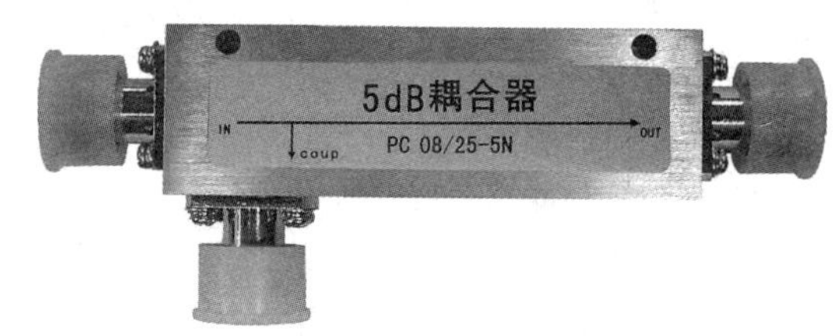

图 3-38　无源器件耦合器

③ 合路器

合路器的作用是将多路信号进行整合，分为同频合路器、异频合路器，无源器件合路器如图 3-39 所示。异频合路器的作用是合成多个不同频段的信号功率，一般提及的合路器都是异频合路器。

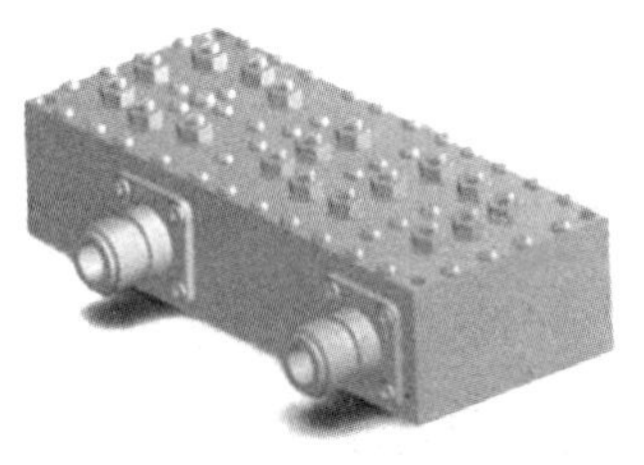

（a）合路器

（b）三频合路器

图 3-39　无源器件合路器

④ 多系统接入平台

多系统接入平台（Point of Interface，POI）是将多个系统合路引入同一套室分系统的合路设备。

随着我国法律法规及运营商之间沟通机制的不断完善，室分系统将朝着多网合一（合路）的趋势发展（见图 3-40）。多网合一可以有效节省投资，共用天馈节省了重复建设信号分布系统的费用，可以有效解决物业谈判困难的问题。随着技术的不断发展，多系统合路器的成本降低，中等规模的建筑物使用多系统合路器的现象将越来越普遍，这在一定程度上推动了多网合一覆盖的发展。

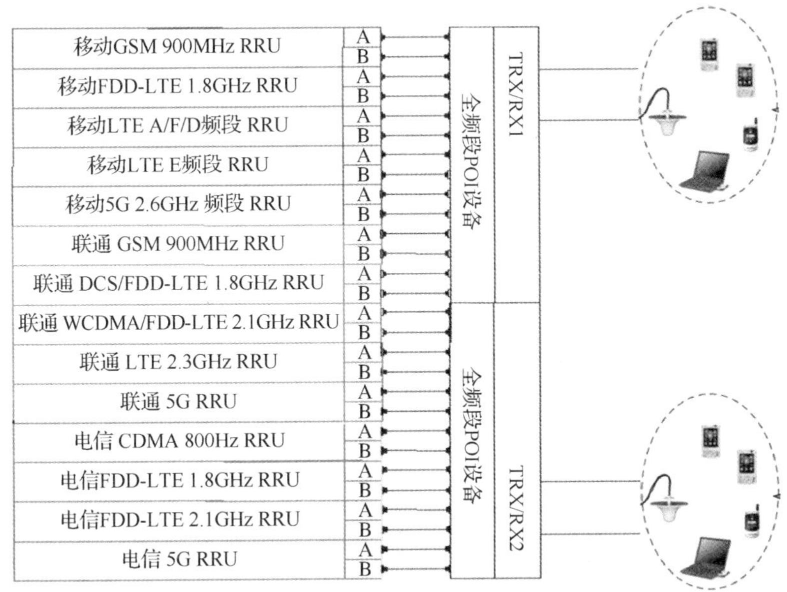

图 3-40　DAS 发展趋势

（3）覆盖方案

DAS 无源分布覆盖方案如图 3-41 所示，主要涉及功分器与耦合器的选择、馈线类型和天馈类型的选择、点位设置、路由设置等内容。

（PPT）无源分布系统

2）有源分布系统 LampSite

（1）结构

进入 5G 时代，室分系统开始向更扁平化、更简单灵活的新型数字室分系统演进，有源分布系统与传统的无源分布系统不同，华为的有源室分名为 LampSite，DAS 和 LampSite 的对比如图 3-42 所示。有源分布系统采用“BBU + 集线设备（RHUB）+分布式的天线一体化（PicoRRU）”的模式，通过网线和光纤部署实现对建筑物的覆盖。有源分布系统相对于传统的室分系统有明显的优势：部署网线相对于传统的馈线有更高的可操作性；三级组网，结构简单，减少故障节点；POE 供电，易获取基站；网管可见 BBU、RHUB、pRRU 的全部网元，可远程监控有故障的节点；后台小区快速扩容，无须现场施工；使用单 pRRU 实现 MIMO，能够提高速率和扩大容量。

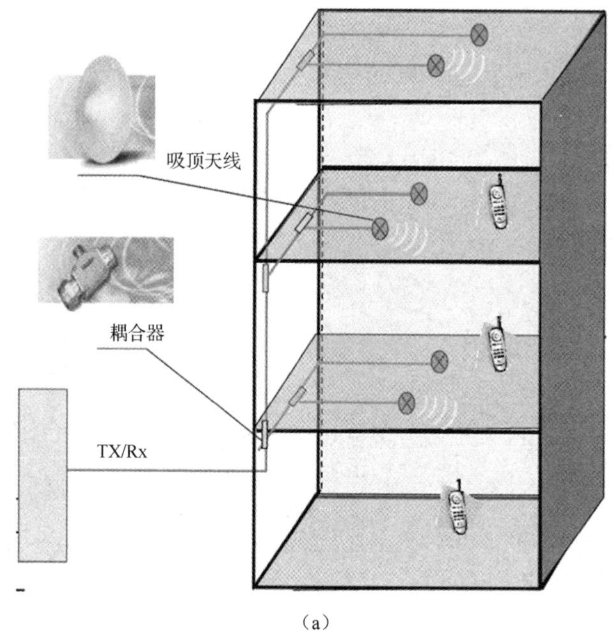

（a）

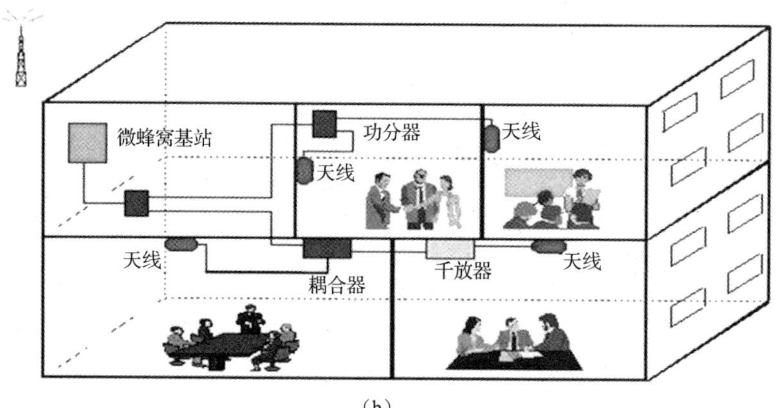

（b）

图 3-41　DAS 无源分布覆盖方案

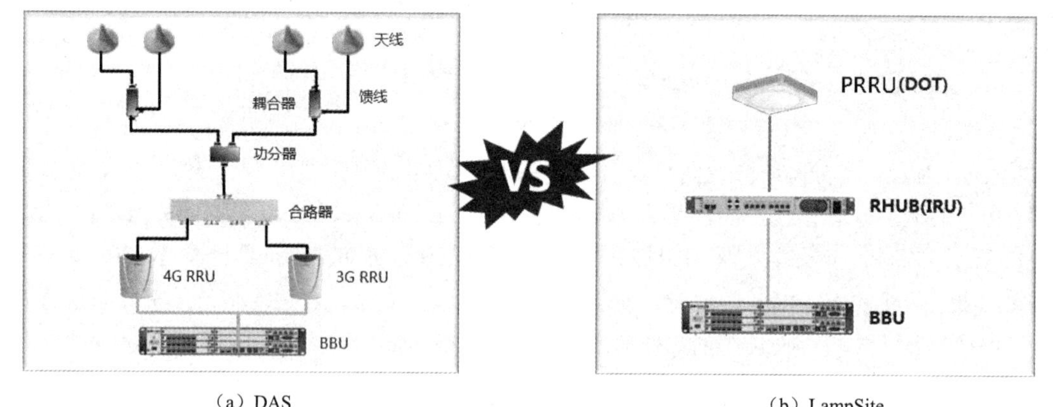

（a）DAS　　（b）LampSite

图 3-42　DAS 和 LampSite 的对比

LampSite 实物连接和拓扑结构示意图如图 3-43 所示。

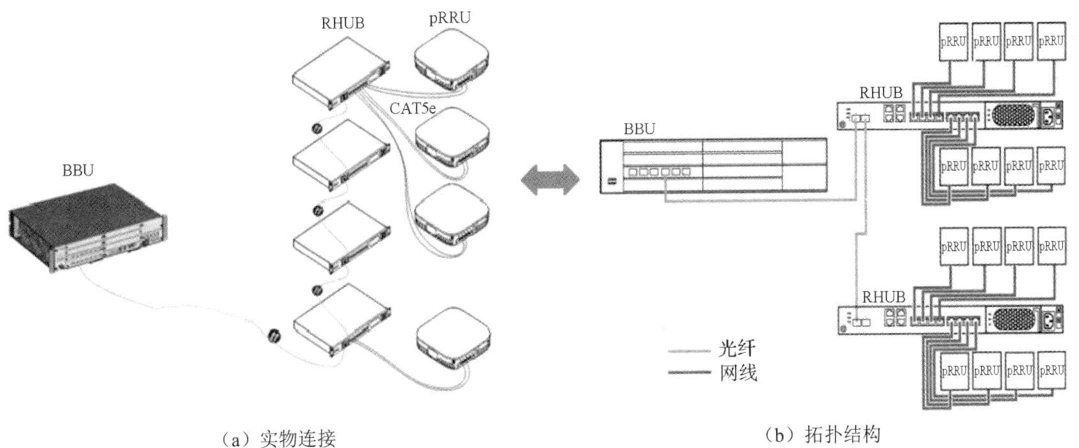

图 3-43　LampSite 实物连接和拓扑结构示意图

（2）主要设备

有源分布系统的主要设备有 pRRU、RHUB、复合缆，LampSite 的主要设备及线缆如图 3-44 所示。

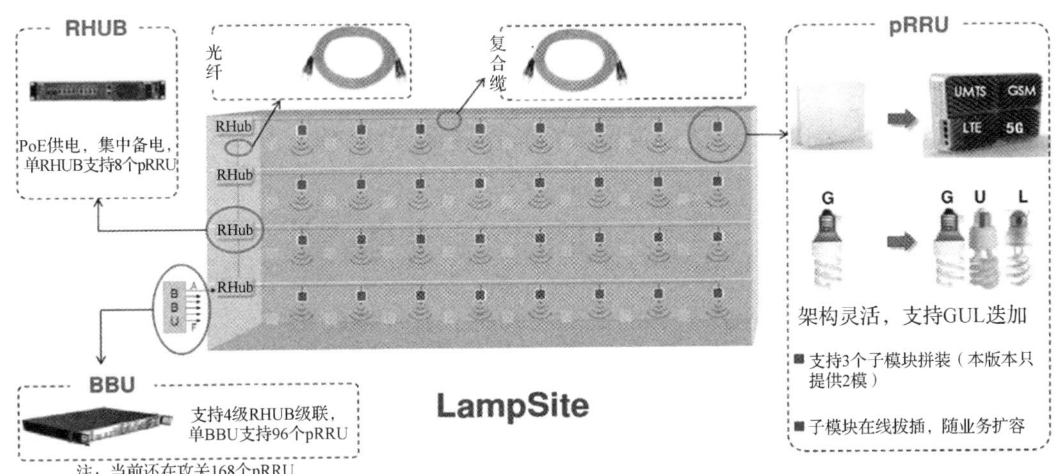

图 3-44　LampSite 的主要设备及线缆

pRRU 为射频拉远单元，实现射频信号的处理功能。

① pRRU

pRRU 的主要功能：

- 发射通道从 BBU 接收数字信号，对数字信号进行数模转换，采用零中频技术将数字信号调制到发射频段，经滤波放大后，通过天线发射。
- 接收通道从天线接收射频信号，经滤波放大后，采用零中频技术将射频信号下变频，经模数转换为数字信号后发送给 BBU 进行处理。
- 通过光纤或网线传输 CPRI 数据。
- 支持内置天线。
- 支持通过 PoE 或 DC 供电。
- 支持多频、多模灵活配置。

② RHUB

RHUB 为射频远端 CPRI 数据汇聚单元。

RHUB 的主要功能：

- RHUB5923 配合 DCU 或 BBU 及 pRRU 使用，用于支持楼宇场景下的室内覆盖。
- 下行方向接收 DCU 或 BBU 发送的下行 CPRI 数据，经过压缩转换后分发给各 pRRU；上行方向将多个 pRRU 的上行 CPRI 数据经过合路处理透传给 DCU 或 BBU。
- 内置 DC 供电电路，通过 DC 电缆向 pRRU 供电，RHUB 的原理如图 3-45 所示。
- 支持通过光纤连接 pRRU 的组网方式，最多支持 4 级级联。

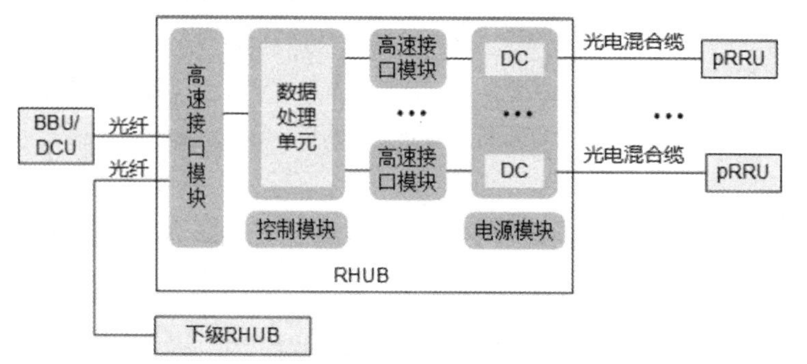

（PPT）RHUB

图 3-45 RHUB 的原理

RHUB 面板接口如图 3-46 所示，RHUB 接口标识如表 3-21 所示，RHUB 接口规格如表 3-22 所示。

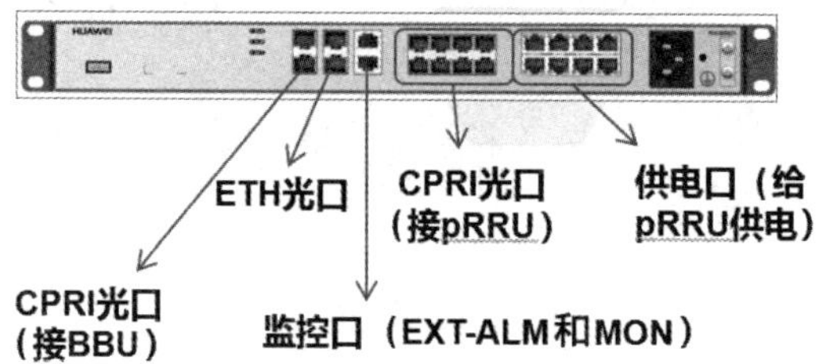

图 3-46 RHUB 面板接口

表 3-21 RHUB 接口标识

接口标识	说明
CPRI0、CPRI1	RHUB 与 DCU 的直连接口或 RHUB 级联信号传输光接口
ETH0、ETH1	以太网光口
EXT_ALM	干节点告警接口，用于告警监控
MON	RS485 接口
PWR0～PWR7	RHUB 与 pRRU 间的供电接口
CPRI_E0～CPRI_E7	RHUB 与 pRRU 间的传输接口
交流输入插座	用于交流电源输入
接地螺钉	用于连接保护地线，当保护地线采用单孔 OT 端子时，需要连接面板上的接地螺钉

表 3-22　RHUB 接口规格

接口标识	说明	CPRI 接口速率/Gbps）	支持的 CPRI 组网方式	RHUB 之间的级联能力	拉远能力
CPRI0/CPRI1	RHUB 与 DCU 的直连接口或 RHUB 级联信号传输光接口	10.1	链形、星形	4 级	RHUB 支持跨级射频合路的 4 级级联。不含射频馈入方式时，支持 BBU 到最后一级 RHUB 光纤的最大拉远距离为 10km；含射频馈入方式时，最大拉远距离为 3km
CPRI_O0～CPRI_O7	连接 pRRU	10.1	分支单向链	不支持级联	RHUB5923 与 pRRU 之间光电混合缆的最大拉远距离为 200m

③ 光电混合缆

（PPT）光电混合缆

网络业务一般要求设备通过线缆解决两方面的问题：设备供电和数据传输。然而，有些设备的安装环境相对复杂，如 WLAN AP、5G 小基站、视频监控摄像头等，安装环境周边很难有合适的电源插座，设备供电较为困难。这类场景往往需要通过一根线缆同时解决设备供电和数据传输的问题。

通信线缆按照介质的不同可以分为以光纤为传输介质的光缆和以铜线为传输介质的铜缆。光纤利用光的全反射原理进行数据传输，具有带宽大、损耗低、传输距离远等优点，但是光纤的材料是玻璃纤维，是电的绝缘体，无法支持 PoE 供电。而铜线利用金属作为传输介质，利用电磁波原理进行数据传输，既可以传输数据信号，又可以输送电力信号，但是在传输过程中会存在热效应，因此损耗较大，不适合长距离的数据传输。在网络综合布线规范中，明确要求双绞线的链路总长度不能超过 100m。未来需要一种线缆在支持带宽长期演进的同时，解决 PoE 供电的问题，而光电混合缆就是一种比较合理的解决方案。

光电混合缆把光纤和铜线集成到一根线缆中，通过特定的结构和保护层设计，确保数据信号和电力信号在传输过程中不会互相干扰。它使用光纤传输数据信号，使用铜线传输电力信号，取两者之所长，既可以完成高速率的数据传输，又可以完成长距离的设备供电，适用于各类网络系统中的综合布线，可以有效降低施工成本和网络建设成本，达到一线多用的目的。

光电混合缆先后经历了第一代和第二代的演进，第一代的接口是光电分离的，连接到设备需要分别占用一个光口和一个电口。第二代的接口是光电合一的，连接到设备只需要占用一个光电混合接口。光电混合缆的对比如图 3-47 所示。

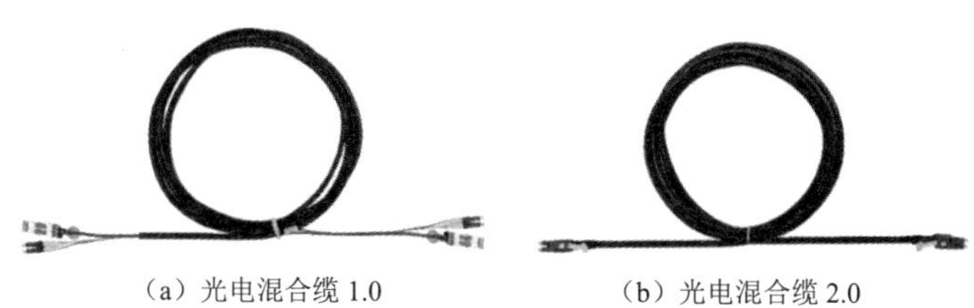

（a）光电混合缆 1.0　　（b）光电混合缆 2.0

图 3-47　光电混合缆的对比

（3）覆盖方案

有源分布系统由产品功能模块（BBU、RHUB、pRRU）和辅助设备（pRRU 外置天线、安装支架）等组成，一般有三层架构（BBU+RHUB+pRRU）和四层架构（BBU+RHUB+pRRU+赋形天线），LampSite 三层架构和四层架构如图 3-48 所示。

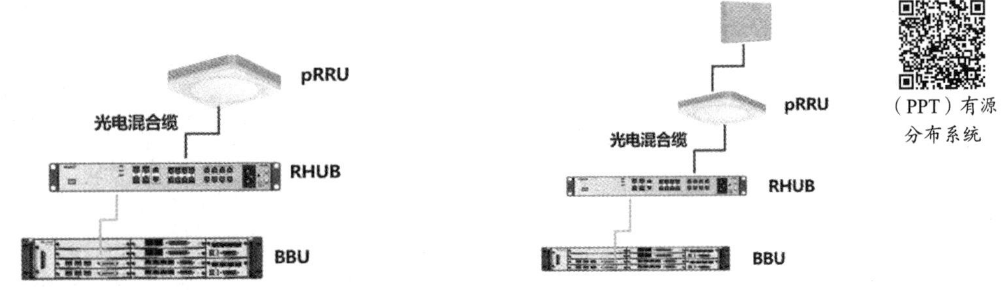

（PPT）有源分布系统

（a）三层架构（BBU+ RHUB+ pRRU） （b）四层架构（BBU+ RHUB+ pRRU+赋型天线）

图 3-48 LampSite 三层架构和四层架构

3）泄露电缆分布系统

泄露电缆分布系统由信源（RRU）、功率放大器和射频宽带合路器或耦合器组成，将多种频段的无线信号通过泄露电缆进行传输覆盖，是隧道、地铁、长廊、高层升降电梯等特定环境的线性覆盖方案，室分泄露覆盖场景如图 3-49 所示。

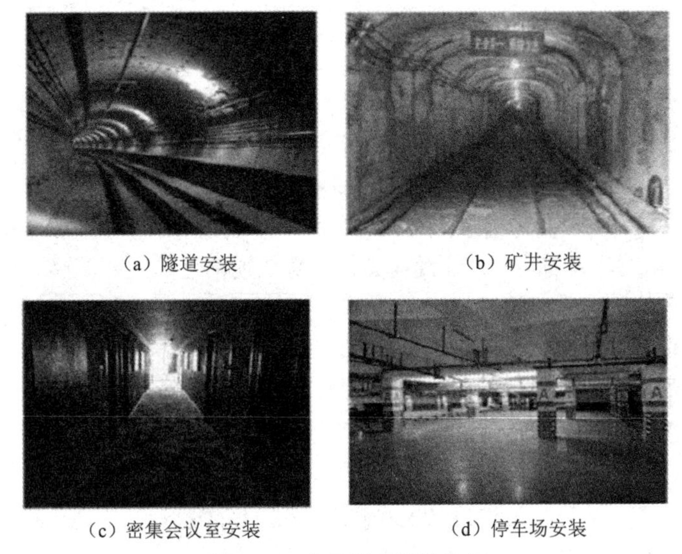

（PPT）泄露电缆分布系统

（a）隧道安装 （b）矿井安装

（c）密集会议室安装 （d）停车场安装

图 3-49 室分泄露覆盖场景

通过泄露电缆传输信号，并通过泄露电缆外导体的一系列开口在外导体上产生表面电流，在电缆开口横截面上形成电磁场，这些开口相当于一系列的天线，起到信号的发射和接收作用。泄露电缆的工作原理如图 3-50 所示。

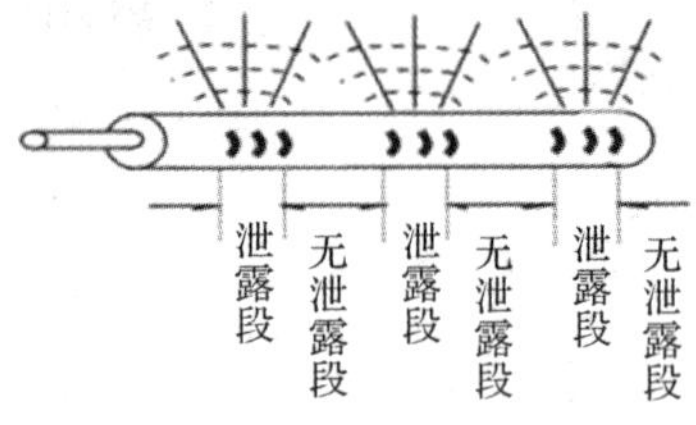

图 3-50 泄露电缆的工作原理

泄露电缆分布系统的优点有场强分布均匀，可控性高，频段宽，可以多系统兼容，缺点是造价高，传输距离近，适用于地铁隧道等特定区域。

3. 5G 室分的建设方案

当前 5G 室分的建设方案主要包括单路 DAS 系统合路、双路 DAS 系统合路、新建 2T2R 新型室分、新建 4T4R 新型室分，5G 室分的体验速率对比如图 3-51 所示。建设成本依次提高，用户感知也因通道数依次提升。由于 2T2R 新型室分的性价比不突出，因此 5G 二期建设要求新建室分采用单路 DAS 系统，该系统主要分为无源室分 DAS 和有源室分 LampSite。

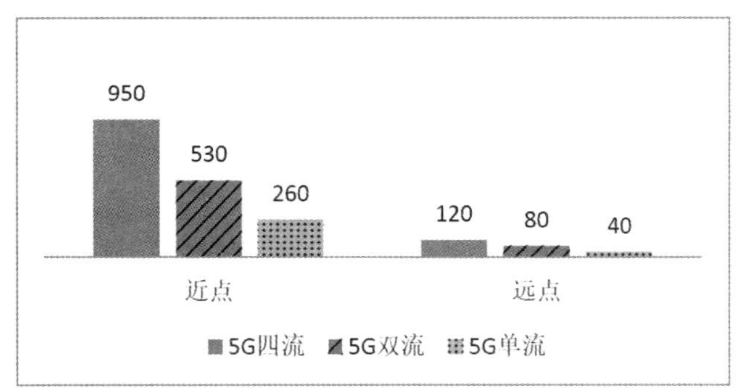

图 3-51　5G 室分的体验速率对比

（1）无源室分 DAS

传统无源室分在 2G、3G、4G 网络中得到广泛应用，更具成本优势，仍将是绝大部分普通场景中性价比最优的 5G 室内覆盖方案，主要优点为成本低，技术成熟；主要缺点为无法监控每个无源设备，难以实现端到端监控，后期维护困难。

4G 和 5G 无源室分的组网结构完全一致，POI、器件、天线、泄露电缆等在频段上进行了扩展，以支持 5G 新频段。5G 基站通过 POI 或合路器与 4G 共用一路系统，更换支持 5G 频段的无源器件耦合器、功分器、室分天线以实现 5G 无源室分建设，5G 无源室分建设如图 3-52 所示。

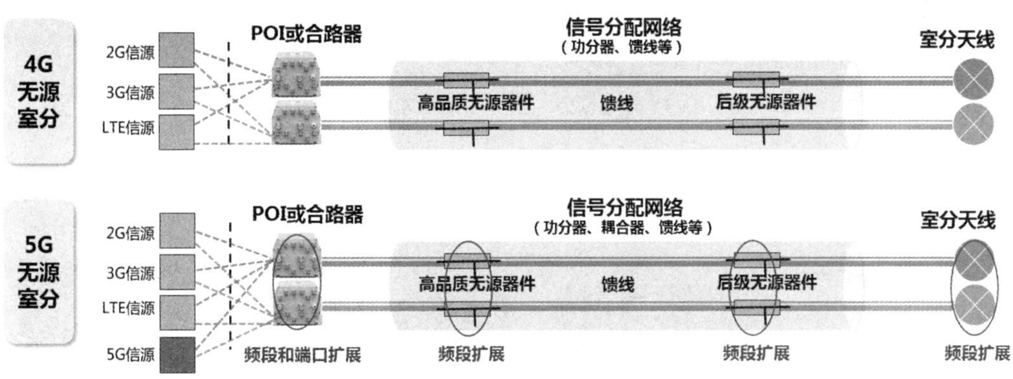

图 3-52　5G 无源室分建设

目前，5G POI、新型泄露电缆等产品均已支持三家运营商 2G、3G、4G、5G 全频段共享接入，适应楼宇与隧道的新建与改造的全场景需求，最大化节省建设成本，三家运营商的无源室分合路方案和 5G 无源室分产品图分别如图 3-53、图 3-54 所示。

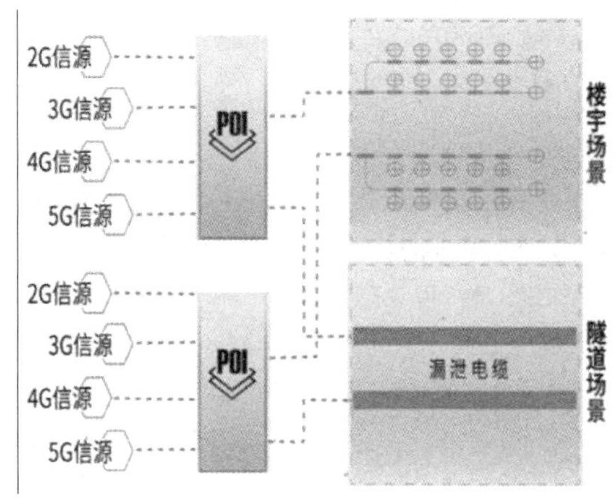

图 3-53　三家运营商无源室分合路方案

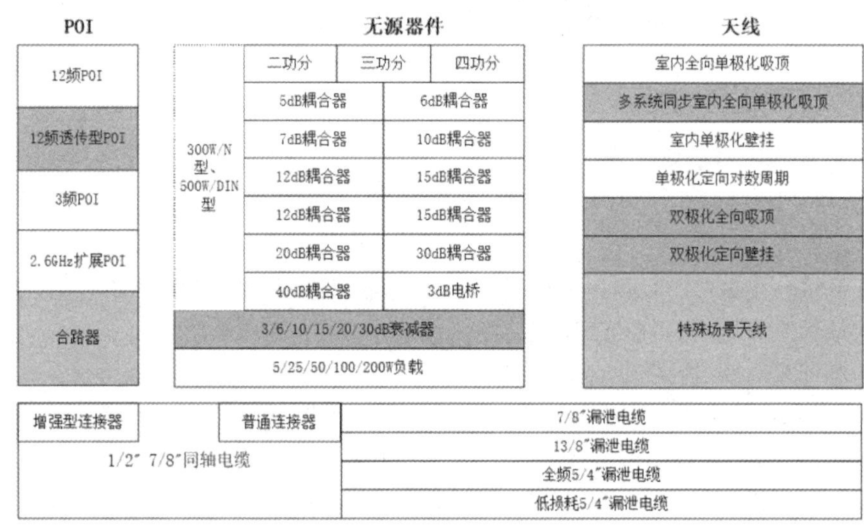

图 3-54　5G 无源室分产品图

（2）有源室分 LampSite

LampSite 支持 4×4MIMO，端到端可监控，后期维护简单，主要缺点为造价贵，无源室分和有源室分对比如图 3-55 所示。

（PPT）无源室分和有源室分对比

图 3-55　无源室分和有源室分对比

5G 的 RHUB 和 pRRU 之间的距离小于 100m 时，可以通过单 CAT6A 网线连接电接口 RHUB

和 pRRU；5G 的 RHUB 和 pRRU 之间的距离为 100～200m 时，需要通过光电混合缆连接光接口 RHUB 和 pRRU，数字化室分连接方案如图 3-56 所示。

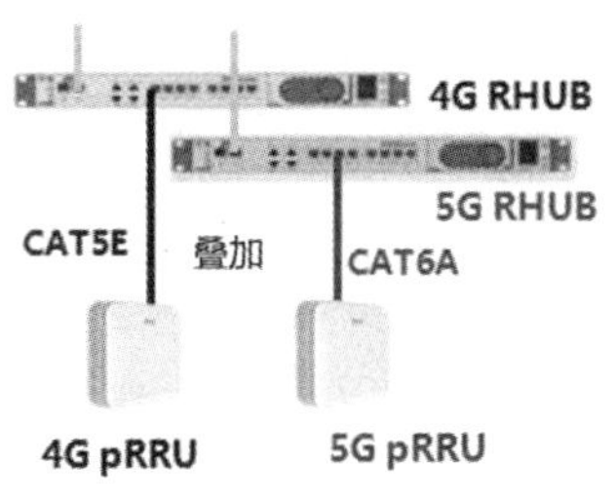

（a）Cat6A 网线方案（拉远距离为 100m）

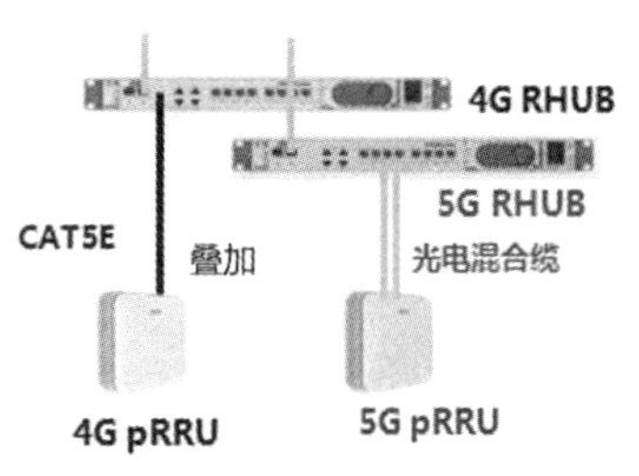

（b）光电混合缆方案（拉远距离为 200m 时）

（PPT）有源分布系统

图 3-56　数字化室分连接方案

RHUB 和 pRRU 之间的距离小于 100m 时，还可以利用原来的单 Cat6A 网线连接电接口 RHUB 和 pRRU；RUHB 和 pRRU 之间的拉远距离为 100～200m 时，需要通过双 Cat6A 网线连接电接口 RHUB 和 pRRU，数字化室分拉远连接方案如图 3-57 所示。

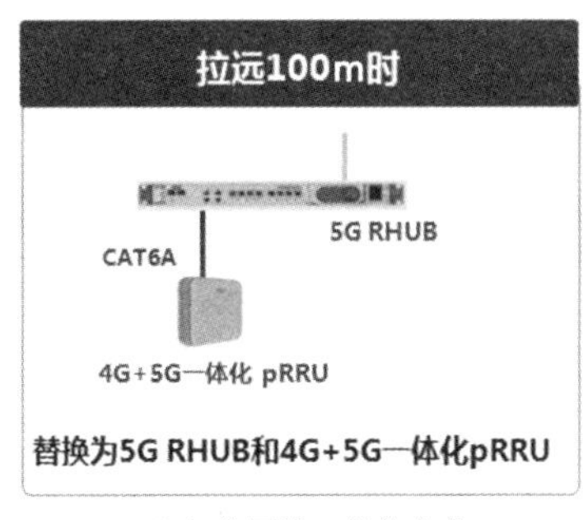

（a）单网线一体化室分

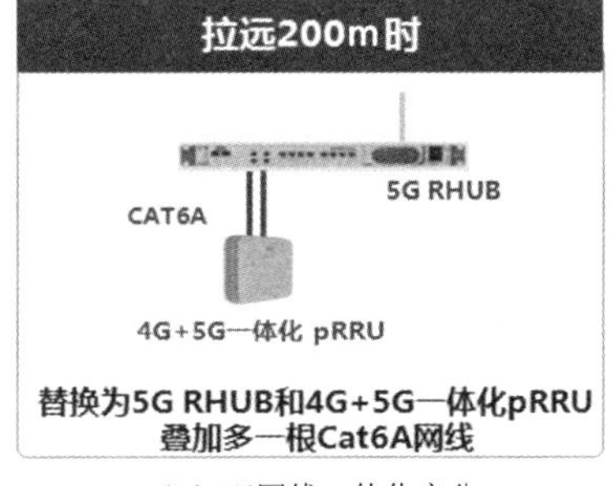

（b）双网线一体化室分

图 3-57　数字化室分拉远连接方案

（3）无源+有源+泄露融合的组网方案

在 5G 时代中，一般由无源+有源+室外宏站等共同组成室分覆盖，5G 室分的融合方案如图 3-58 所示，某高铁站隧道内使用泄露电缆方式，站台使用 DAS 共享和新型数字化方案。

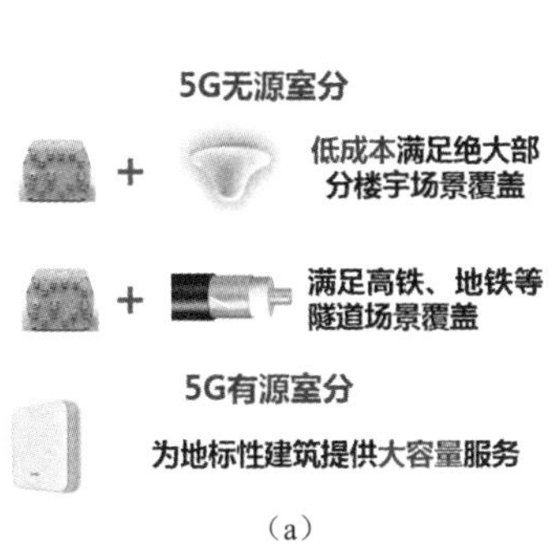

（a）

（b）

图 3-58　5G 室分的融合方案

5G 室分方案汇总如图 3-59 所示。

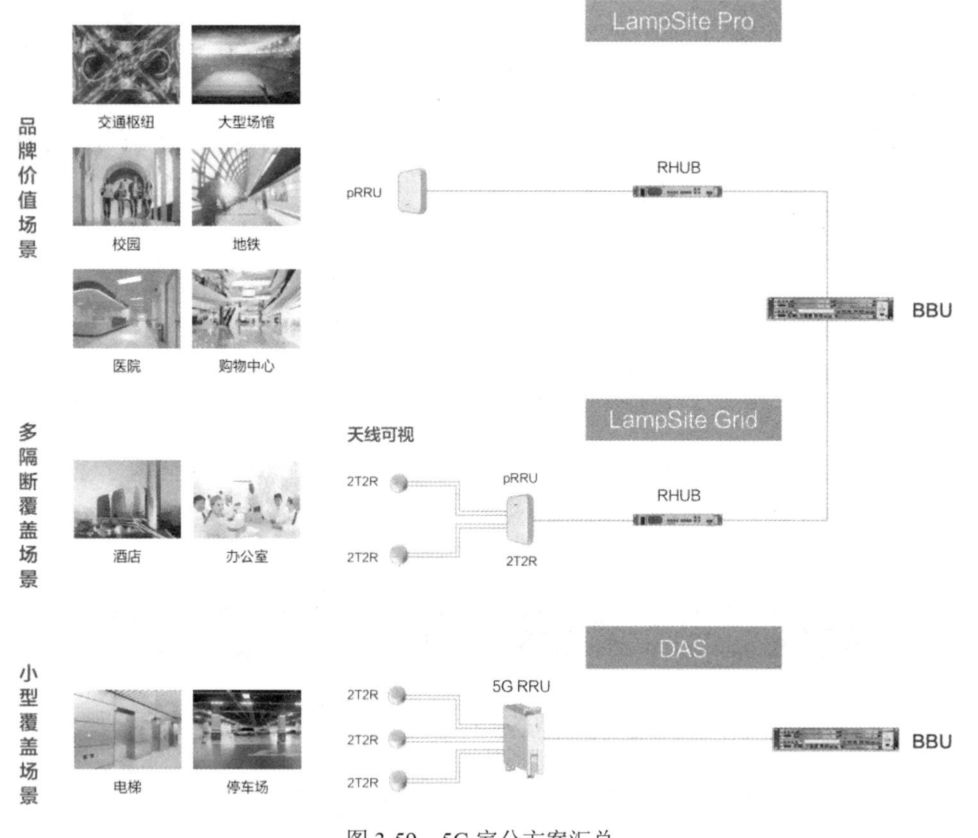

图 3-59 5G 室分方案汇总

【任务实施】

1．以小组为单位调研教学楼或办公楼或宿舍楼或周边环境基站部署方式，观察、拍照和记录基站部署方式，形成《我身边的基站部署方案》调研报告，提交至课程平台。

2．分组汇报《我身边的基站部署方案》调研结果，了解基站在校园的部署情况。

3．结合课前调研、课堂讲授和二维码资源，绘制室外宏站拓扑图或室内 DAS 拓扑图或室内 LampSite 拓扑图，完善《我身边的基站部署方案》调研报告。

4．通过参与企业实际工程项目，深入了解宏站部署和室分覆盖部署方案的实际应用场景。正是因为科学家们面对技术挑战的攻坚克难，通信工程师们的爱岗敬业精神推进了 5G 的大规模部署。

【任务评价】

<table>
<tr><th rowspan="2">任务点</th><th colspan="3">考核点</th></tr>
<tr><th>初级</th><th>中级</th><th>高级</th></tr>
<tr><td>室外宏站部署及解决方案</td><td>（1）掌握 5G 宏站和 4G 宏站的区别
（2）了解 5G 宏站部署方案及演进路线
（3）熟悉 CU、DU、大集中、小集中、C-RAN、D-RAN 相关概念</td><td>（1）掌握 5G 宏站和 4G 宏站的区别
（2）掌握 5G 宏站部署方案及演进路线
（3）熟悉 CU、DU、大集中、小集中、C-RAN、D-RAN 相关概念及工作原理</td><td>（1）掌握 5G 宏站部署方案及演进路线
（2）掌握 CU、DU、大集中、小集中、C-RAN、D-RAN 相关概念及工作原理
（3）熟悉 5G 宏站部署遇到的难点：电源改造、传输改造方案等</td></tr>
</table>

续表

任务点	考核点		
	初级	中级	高级
室内覆盖的解决方案	（1）掌握 5G 室内覆盖的主要部署方案 （2）了解 5G 室内覆盖部署方案的优、缺点及使用场景	（1）掌握 5G 室内覆盖的主要部署方案 （2）掌握 5G 室内覆盖部署方案的优、缺点及使用场景 （3）了解有源器件和无源器件的功能和特点及参数规格	（1）掌握 5G 室内覆盖的主要部署方案 （2）掌握 5G 室内覆盖部署方案的优、缺点及使用场景 （3）掌握有源器件和无源器件的功能和特点及参数规格

【任务小结】

本任务介绍了 5G 宏站和 4G 宏站的区别、5G 宏站部署方案及演进路线、5G 宏站部署的原则、5G 基站的改造方案。宏站信号从室外向室内覆盖时，由于穿透损耗、建筑物遮挡信号传输等原因，存在很多室内覆盖盲区。此外，还介绍了室内覆盖的解决方案，包括无源分布系统 DAS、有源分布系统 LampSite、泄露电缆分布系统。

【自我评测】

（文档）参考答案

1. BBU 分为 CU 和 DU，5G 基站部署初期，BBU 应选择哪种方案？（　　）

A．CU 和 DU 分离　　B．CU 和 DU 合设

C．CU 云化　　D．DU 云化

2. 以下哪些属于无源器件？（　　）（多选）

A．合路器　　B．功分器　　C．耦合器　　D．RHUB

3. 在华为 5G 数字化室分场景下，RHUB 的最大级联数为________。（　　）

A．2　　B．4　　C．8　　D．16

4. 在华为 5G 数字化室分场景下，1 个 RHUB 最多支持________个 pRRU。（　　）

A．2　　B．4　　C．8　　D．16

5. 绘制 5G 宏站和各种室分方案的逻辑连线图。

项目四

5G 基站的开通与调试

项目简介

5G 延续了 4G 扁平化的网络架构。作为无线侧的主设备，5G 基站的功能和 4G 基站基本一致，但是 5G 基站引入了云化架构，同时使用了大量空口新技术，基站性能有很大提升。新的网络架构和新的空口技术会导致基站的数据配置产生哪些变化呢？本项目将主要介绍室分单基站和宏站双基站的 5G 基站配置流程、数据配置方法和流程。

任务一：5G 基站的配置

【任务目标】

知识目标	（1）掌握 5G 基站配置前的准备工作 （2）掌握 5G 基站整体数据的配置流程
技能目标	绘制硬件及传输组网拓扑图
素质目标	（1）通过学习配置流程，培养学生的规则意识 （2）通信基站开通与调试意义重大，提高学生使命感与责任感，强化学生自身学习能力和社会实践能力
重难点	重点：掌握整个配置流程 难点：掌握硬件位置及传输组网的拓扑规划
学习方法	合作学习法、行为导向法、归纳学习法

【情境导入】

中国电信与中国联通于 2022 年宣布，将在 100 多个主要城市开通 5G 超清视频语音通话服务（VoNR）。中国移动也表示将试用 VoNR。数据显示，2023 年 1 月 11 日由工业和信息化工作会议上获悉，中国累计建成并开通 5G 基站 230 万个，5G 网络已覆盖全国所有地级市和县城城区。亮眼的“成绩单”的背后是真实可感的 5G 应用场景，不仅改变着人们的生活，还助力千行百业的转型升级。

专家指出，近年来，中国扎实推动数字信息基础设施建设，取得了积极进展。5G 作为新基建的重要组成部分，覆盖范围持续扩展，服务水平不断提升，赋能作用逐步凸显。居家办公、在线教育、远程医疗等更多 5G 业务需求涌现，加快了通信网络等新基建的建设。

工信部透露，下一步将稳妥、有序地推进 5G 和千兆光网的建设，深化网络的共建共享，持续提升网络覆盖的深度和广度，全年推动完成 60 万个 5G 基站建设，千兆光网的覆盖能力超过 4 亿户家庭，将引导基础电信企业适度超前部署 5G 基站，尽快形成实物工作量，充分发挥投资拉动作用。

【任务资讯】

4.1.1 配置流程

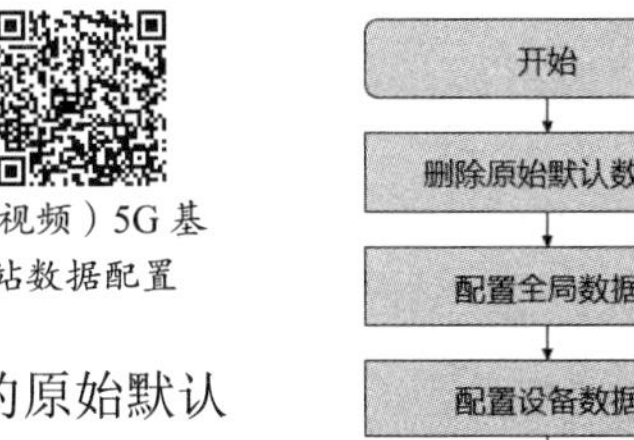

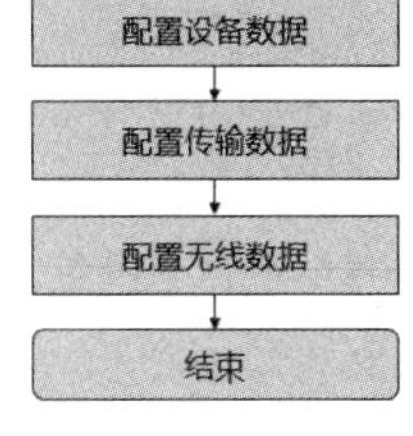

图 4-1 gNodeB 的配置流程

5G 基站（gNodeB）的配置流程如图 4-1 所示。

（1）删除原始默认数据：使用 MML 命令清除主控板中的原始默认数据。

（2）配置全局数据：配置 gNodeB 的应用类型、运营商信息、跟踪区信息和工程模式等全局参数。

（3）配置设备数据：配置 gNodeB 的机柜、BBU 框、单板、射频、时钟和时间源等硬件参数。

（4）配置传输数据：配置 gNodeB 的底层传输信息及操作维护链路、X2 和 Xn 链路、S1 和 NG 链路、IP 时钟链路等传输参数。

（5）配置无线数据：配置 gNodeB 的扇区、小区等无线参数。

在整体配置流程上，gNodeB 和 4G 基站（eNodeB）基本相同。但是，5G 在无线侧引入了 CU 与 DU 分离的概念，整个 IP 传输网络还引入了 IPv6 技术，因此在具体的配置细节上，gNodeB 的配置方式和 eNodeB 有很多不同之处。

4.1.2 规划协商参数

在配置 gNodeB 数据时，现网会提供一张规划协商数据表，这是基站进行数据配置的第一个条件，这个表格包含了基站正常开通和运行、完成应有的功能和特性所需要的各种参数，如全局数据、无线数据、设备数据、传输数据等。全局数据主要是指运营商信息跟踪区、信息网络架构等公共参数，即全网统一或者一个区域内多个基站统一的参数；无线数据主要是指扇区、小区信息，以及用于规定小区覆盖的物理位置，还包括小区的生活方式频点、带宽、小区的收发通道和发射功率等信息；设备数据主要是指基站的机柜、机框、单板的硬件信息；传输数据可以让基站在 IP 网络中寻址路由，能够和其他网元进行数据的收发和传输。如何规划、设定这些参数的取值呢？首先，一个区域要进行基站建设，需要根据市场前端的业务调查来分析这个区域的话务量需求、支持的业务类型、需要的基站数量、基站的位置、容量需求，还需要预估基站所使用的各设备、模块、单板的种类、型号、数量，进而形成配置清单（BOQ）（见图 4-2）；然后，规划基站和网络之间的传输连接信息，如连接传输的端口、组网方式、挂机

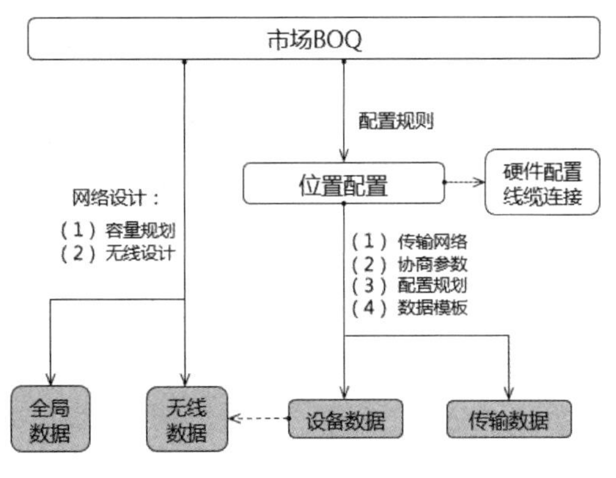

图 4-2 配置清单

的网关、基站的 IP 设置等，还需要规划基站内部硬件的安装位置和线缆连接，如各单板在 BBU 中的槽位，基带板和射频单元之间的拓扑结构和连接方式；最终，形成全局数据、无线数据、设备数据、传输数据集合在基站的规划协商参数。总的来说，基站的规划协商参数是由市场前端提供的需求信息，先由各业务部门来分别规划基站的全局数据、传输数据、无线数据，集合形成基站的规划协商数据表之后，再将这张表格递交至无线工程师，由无线工程师完成基站的配置。

4.1.3 硬件和传输组网拓扑

gNodeB 配置的另一个条件是基站的硬件和传输组网拓扑图（见图 4-3）。这个拓扑图规定了基站内部的硬件位置和连接关系，以及基站和核心网之间的连接信息。施工队对基站进行硬装的时候是需要严格按照拓扑图来施工的，这样才能确保物理硬件与无线工程师的脚本是一致的。在图 4-3 中，可以看到 BBU 内部配置了四块单板。其中，风扇单板（FANf）配置在最左侧的 16 号槽位，基带单板（UBBPg）配置在 4 号槽位，主控单板（UMPTe）配置在 7 号槽位，电源单板（UPUEe）配置在 19 号槽位。这些单板的位置在硬件上有严格的规定，16 号槽位只能安装风扇单板，而中间的 0～5 号槽位只能配置基带单板、新卡板、传输扩展板等选配单板。一般情况下，不需要新卡板和传输扩展板。6 号、7 号槽位只能安装主控板，18 号、19 号槽位可以安装电源单板。如果配置一块电源单板，那么默认安装在 19 号槽位；如果配置两块电源单板，那么第二块安装在 18 号槽位。另外，如果 18 号槽位是空的，那么可以根据机房的需要来安装监控单板（UEIU），用于连接机房监控的一些传感器，如烟感、门禁、水浸等。对于基带来说，风扇单板、基带单板、主控单板和电源单板是四个必配的单板。风扇单板的作用是散热，让 BBU 保持正常的工作温度；基带单板的作用是对信号进行基带处理；主控单板完成信息处理和 BBU 内部其他单板的控制管理、配置维护，也可以通过 USB 接口提供近端的维护工作，通过传输接口提供传输功能以对接核心网的网元和网管等。USB 转接近端调试网口的转接线用于连接网线和计算机。

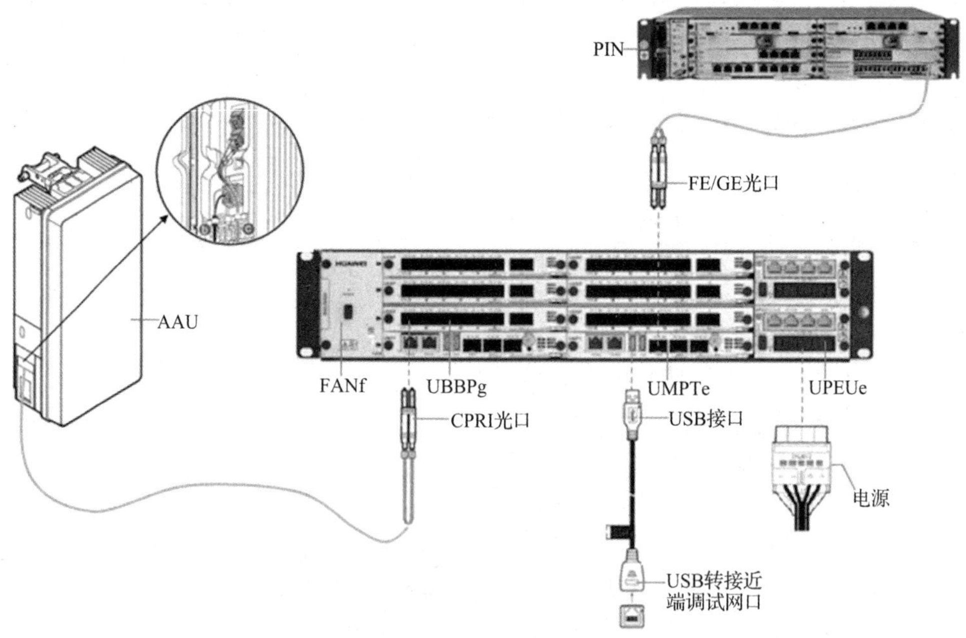

图 4-3 硬件和传输组网拓扑图

【任务实施】

1. 以小组为单位参观移动通信基站实训室，小组成员之间协同绘制基站硬件连接拓扑图。
2. 小组之间进行讨论选出最佳基站硬件连接拓扑图。
3. 各小组将完善后的基站硬件连接拓扑图提交至课程平台。

【任务评价】

任务点	考核点		
	初级	中级	高级
配置流程概述	掌握整体配置流程	（1）掌握整体配置流程 （2）了解 gNodeB 和 eNodeB 在配置流程上的区别	（1）掌握整体配置流程 （2）了解 gNodeB 和 eNodeB 在的配置流程上的区别 （3）掌握每个流程的具体工作
规划协商参数	根据基站发货清单，指导站型配置要求和设备清单	（1）根据基站发货清单，指导站型配置要求和设备清单 （2）掌握设备数据的参数配置	（1）根据基站发货清单，指导站型配置要求和设备清单 （2）掌握全局数据、无线数据、设备数据、传输数据的参数配置
硬件和传输组网拓扑	掌握硬件配置原则和位置规划	（1）掌握硬件配置原则和位置规划 （2）分析站型需要	（1）掌握硬件配置原则和位置规划 （2）分析站型需要 （3）绘制硬件和传输组网拓扑图

【任务小结】

本任务主要介绍了 gNodeB 的配置流程，说明了配置前的准备工作，包括配置流程、规划协商参数、硬件和传输组网拓扑。通过本任务的学习，学生应该能够掌握 gNodeB 的配置所需条件及整个配置流程。

（文档）
参考答案

【自我评测】

1．基带单板可以配置在（　　）号槽位。

A．0　　B．7　　C．16　　D．19

2．主控单板可以配置在（　　）号槽位。

A．0　　B．7　　C．16　　D．19

3．gNodeB 的配置流程有（　　）。（多选）

A．配置全局数据　　B．配置设备数据　　C．配置传输数据　　D．配置无线数据

任务二：基于 5GStar 的 5G 室分单基站的数据配置与调测实训

【任务目标】

知识目标	1．掌握 5G 室分单基站的整体数据配置流程 2．熟悉 gNodeB 基本配置命令中的关键参数设置原理
技能目标	利用 5GStar 软件配置室分单基站

续表

素质目标	（1）通过配置 gNodeB 的过程，培养学生的动手能力和思考能力 （2）学习华为攻坚克难的艰苦奋斗精神，正确看待配置过程中出现的故障问题 （3）在排查故障的过程中，提升责任担当意识
重难点	重点：掌握传输数据的配置过程 难点：掌握无线数据的配置过程
学习方法	实操演练法、任务驱动法、循序渐进法、合作学习法

【情境导入】

近年来，5G 室分建设正面临较大的投资压力，中国电信、中国移动、中国联通三家运营商的存量室分大约有 100 万套，都有升级至 5G 的潜在需求，新建的大型楼宇、机场、高铁场景也都有 5G 建设需求，所以将来 5G 室分的规模非常庞大。

5G 室分的建设成本非常高，由于 5G 采用了新的高频段，难以对原来的室分进行简单的升级，所以无论是改造存量的无源室分，还是采用有源的微站进行重新建设，成本都是极高的。目前 5G 室分更多在已覆盖 2G、3G、4G 的存量场景的基础上改建，难以寻找合适的天线安装位置、机房和走线空间，不仅存在工程实施上的困难，也存在入场成本高、入场难等问题。因此，无论是新建场景还是存量场景，5G 室分都需要加大统筹共享力度，进一步减少运营商的投资压力。

【任务资讯】

（图片）
MML 配置界面

5GStar 软件整个数据配置都是基于 MML（man-machine language，人机语言）命令去实现的。MML 命令一般由两个部分组成，即动作加上对象。所谓的动作就是 ADD 增加、MOD 修改、RMV 删除，SET 设置等。动作之后就是对象，对象就是动作的执行目标，比如单板 BRD、射频单元 RRU、CU 小区和 DU 小区等。

如图 4-4 所示，在这个配置界面中，左侧是一个命令的配置目录，这里将整个基站数据配置所使用到的命令全部罗列在这个配置目录下面，这样方便查找。

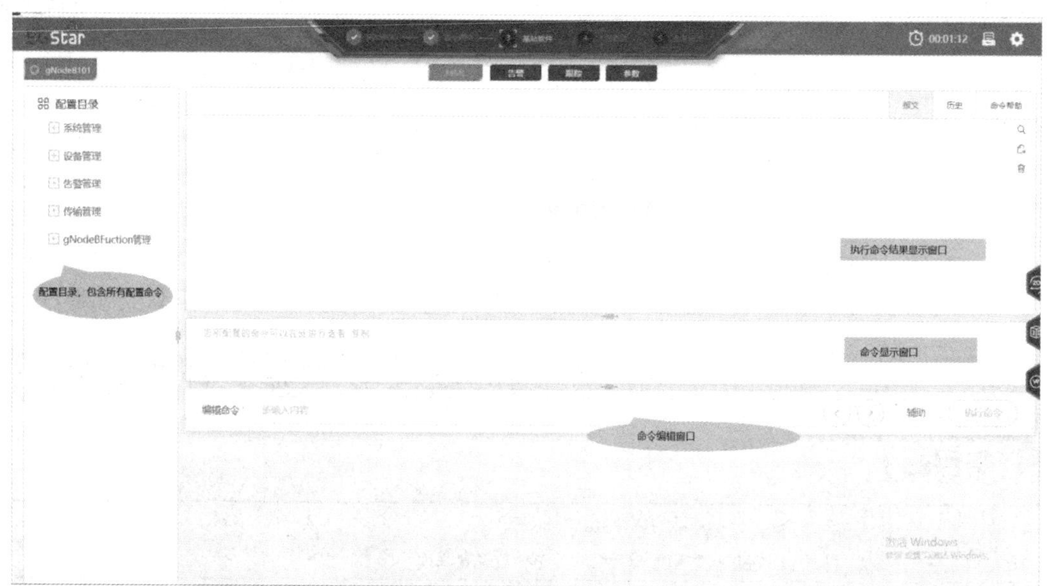

图 4-4 5GStar 软件配置界面

右边的上方是一个命令执行结果显示窗口，每条命令执行到这个软件时，都会有一个显示的结果，例如，执行成功或失败。

中间部分是一个命令显示窗口，当一个命令的所有参数填写完整之后，会生成一条完整的命令，显示在这个命令显示窗口中。

最下方是一个命令编辑窗口，可以在这个窗口中输入命令，下方会显示这个命令中所涉及到的一些参数，参数填写完成后，就可以执行这条命令。

【任务实施】

（视频）
硬件部署

4.2.1　硬件部署

5G 室分单基站的硬件部署如图 4-5 所示，基带单板槽位、主控单板槽位、CPRI 接口的光口号可以根据需要灵活调整，后面的数据配置也需要随之修改。

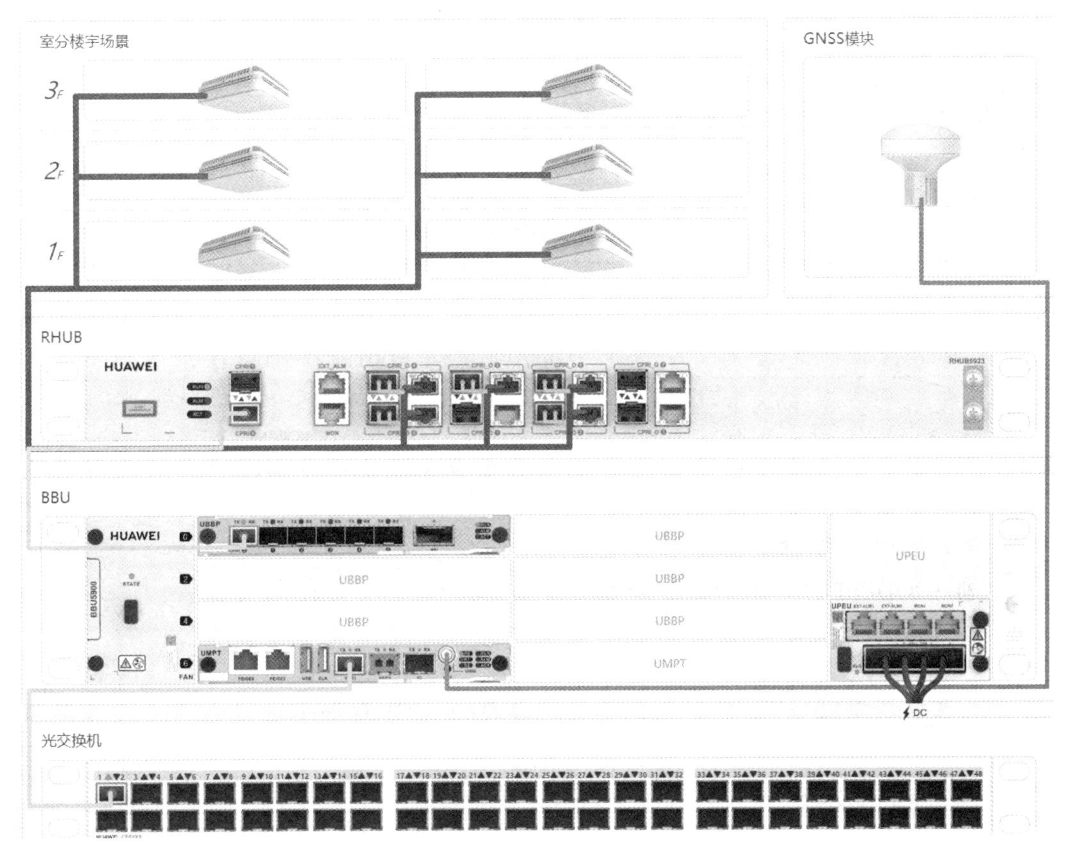

图 4-5　5G 室分单基站的硬件部署

4.2.2　删除原始默认数据

gNodeB 在出厂前可能已经配置了一些默认数据，如无线射频数据、单板数据等，因此，在近端登录 gNodeB 之后、进行数据配置之前，需要先删除这些默认数据。激活最小配置状态如图 4-6 所示，使用激活最小配置命令“ACT CFGFILE”删除默认数据，否则部分配置步骤会失败。注意：该命令为高危命令。

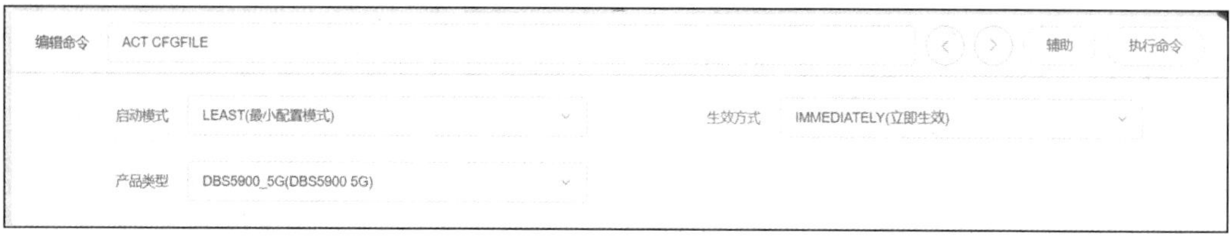

图 4-6 激活最小配置状态

说明

（1）“启动模式”的下拉列表中选择“LEAST（最小配置模式）”选项，表示激活为最小配置状态。

（2）“生效方式”的下拉列表中选择“IMMEDIATELY（立即生效）”选项，表示该命令立即执行生效。

（3）“产品类型”的下拉列表中选择“DBS5900_5G (DBS5900 5G)”选项，表示设备恢复到 DBS5900_5G 站型。

4.2.3 配置全局数据

（视频）配置全局数据

全局数据命令框如表 4-1 所示。

表 4-1 全局数据命令框

功能应用	MML 命令
gNodeB 功能	增加应用：“ADD APP” 增加基站功能：“ADD GNODEBFUNCTION”
运营商	增加运营商信息：“ADD GNBOPERATOR” 增加跟踪区：“ADD GNBTRACKINGAREA”
网元工程状态	设置网元工程状态：“SET MNTMODE”

1. 增加 gNodeB 功能

“ADD GNODEBFUNCTION”命令用于增加 gNodeB 功能（见图 4-7）。

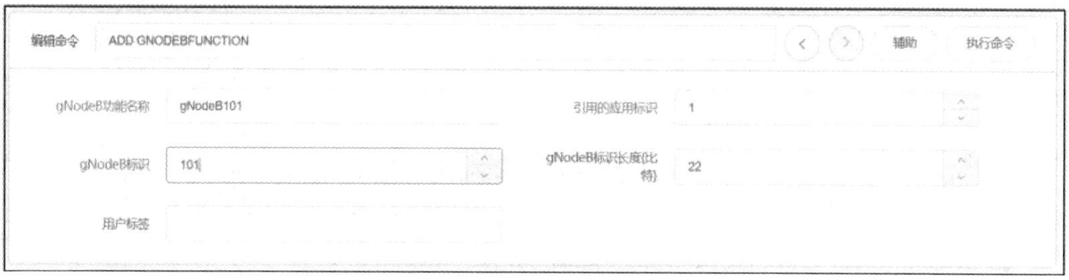

图 4-7 增加 gNodeB 功能

代码如下：

```
ADD GNODEBFUNCTION: gNodeBFunctionName="gNodeB101", ReferencedApplicationld=1, gNBld=101;
```

说明：

（1）当基站中没有指定的应用类型时，需要通过“ADD APP”增加一个“gNodeB”应用类型，5GStar 软件默认已经添加该应用，引用的应用标识为“1”。

（2）gNodeB 标识的取值范围受 gNodeB 标识长度（取值范围为 22~32）的影响，以图 4-7 为例，取值范围：$0\sim2^{22}-1(41943043)$。

2. 增加运营商信息

“ADD GNBOPERATOR”命令用于增加运营商信息（见图 4-8）。

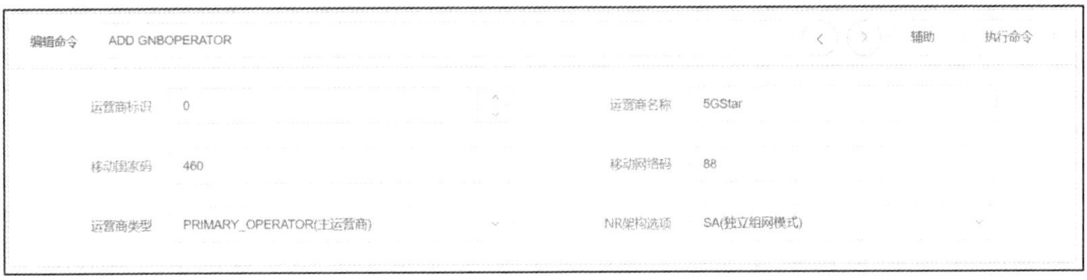

编辑命令 ADD GNBOPERATOR 辅助 执行命令
运营商标识 0 运营商名称 5GStar
移动国家码 460 移动网络码 88
运营商类型 PRIMARY_OPERATOR(主运营商) NR架构选项 SA(独立组网模式)

图 4-8 增加运营商信息

代码如下：

```
ADD GNBOPERATOR: Operatorld=0, OperatorName="5GStar", Mcc="460"Mnc="88",NrNetworking选项=SA;
```

说明

（1）“移动国家码”表示运营商的国家码，“移动网络码”表示运营商的网络码，MCC+MNC 组成了公共陆地移动网（Public Land Mobile Network，PLMN）ID，PLMN ID 决定了该 gNodeB 归属于哪一运营商，如中国的国家码为 460，而中国移动使用的 MNC 有 00、02、04、07、08、13 等，中国电信使用的 MNC 有 03、11、12 等，中国联通使用的 MNC 有 01、06、09、10。

（2）“运营商类型”分为主运营商和从运营商两种类型，一个 gNodeB 只能配置一个主运营商，但可以配置多个（最多 5 个）从运营商，当接入网采用 RAN-Sharing 方案（即多家运营商共享接入设备）时，gNodeB 归属的运营商一般设为主运营商，共享 gNodeB 的运营商一般设为从运营商。

（3）5GStar 目前只支持独立组网模式。

3. 增加跟踪区域信息

“ADD GNBTRACKINGAREA”命令用于增加跟踪区域信息（见图 4-9）。

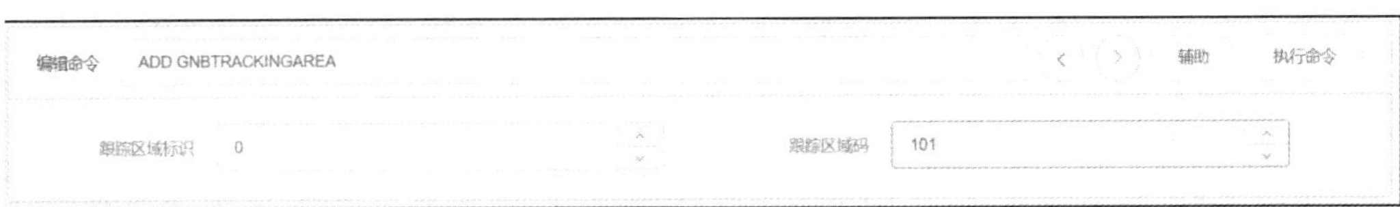

图 4-9 增加跟踪区域信息

代码如下：

```
ADD GNBTRACKINGAREA: TrackingAreald=0, Tac=101;
```

说明

（1）“跟踪区域标识”用于唯一地标识一条跟踪区域信息。该参数仅在 gNodeB 内部使用，在与核心网的信息交互中并不使用。

（2）gNodeB 最多可以配置 108 条 GNBTRACKINGAREA 记录。

（3）“跟踪区域码”用于核心网界定寻呼消息的发送范围，一个跟踪区可能包含一个或多个小区，非独立组网小区无须规划跟踪区域码，可将其配置为无效值（4294967295）；独立组网小区必须规划跟踪区域码，不能将其配置为无效值。

4. 设置网元工程状态

“SET MNTMODE”命令用于设置网元工程状态（见图 4-10）。当网元处于工程状态时，告警上报方式（告警中携带基站的工程状态信息）将会改变，性能数据源将被标识为不可信，对基站业务无影响。

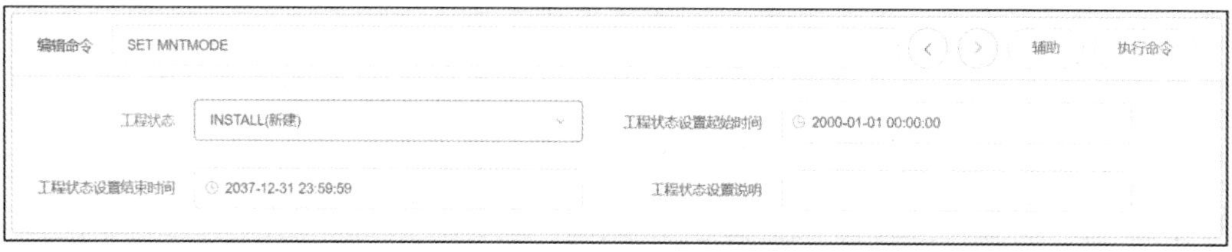

编辑命令 SET MNTMODE 辅助 执行命令

工程状态 INSTALL(新建) 工程状态设置起始时间 2000-01-01 00:00:00

工程状态设置结束时间 2037-12-31 23:59:59 工程状态设置说明

图 4-10 设置网元工程状态

代码如下：

```
SET MNTMODE:MNTMODE=TESTING, ST=2000&01&01&00&00&00,ET=2037&12&31&23&59&59;
```

说明

（1）网元的“工程状态”可以设置为 NORMAL（普通）、INSTALL（新建）、EXPAND（扩容）、UPGRADE（升级）及 TESTING（调测）等，用于标记基站的不同状态（不同的取值不影响基站功能），这些状态将会体现在基站上报的告警信息中，以便对基站在不同状态下产生的告警进行分类处理。

（2）只有“NORMAL（普通）”状态不需要设置时间，其他状态均需要设置时间。

（3）基站初始的网元工程状态是调测状态。

4.2.4 配置设备数据

设备数据即 gNodeB 的硬件参数，配置流程如图 4-11 所示。配置设备数据涉及的命令如表 4-2 所示。设备数据需要严格按照基站规划拓扑进行设置，协商参数取值如表 4-3 所示。

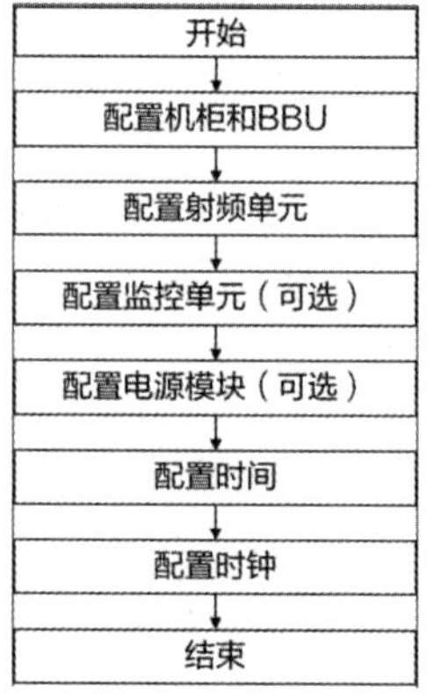

（视频）配置设备数据

图 4-11 配置流程

表 4-2 配置设备数据涉及的命令

<table>
<tr><th colspan="2">功能应用</th><th>MML 命令</th></tr>
<tr><td colspan="2">机柜及机框参数</td><td>增加机柜：“ADD CABINET”
增加机框：“ADD SUBRACK”</td></tr>
<tr><td colspan="2">BBU 单板参数</td><td>增加单板：“ADD BRD”</td></tr>
<tr><td colspan="2">射频单元</td><td>增加 RRU 链环：“ADD RRUCHAIN”
增加 RHUB：“ADD RHUB”
增加射频单元：“ADD RRU”</td></tr>
<tr><td rowspan="2">时钟数据</td><td>GPS 参考时钟</td><td>增加 GPS：“ADD GPS”
设置参考时钟源模式：“SET CLKMODE”
设置基站时钟同步模式：“SET CLKSYNCMODE”</td></tr>
<tr><td>IEEE 1588 V2 参考时钟</td><td>增加 IP 时钟链路：“ADD IPCLKLINK”
设置参考时钟源模式：“SET CLLMODE”
设置基站时钟同步模式：“SET CLKSYNCMODE”</td></tr>
</table>

表 4-3 协商参数取值

协商参数名称	取值
机框型号	BBU5900
风扇单板槽号	16
基带单板槽号	0
主控单板槽号	6
基带工作制式	NR
电源单板槽号	19
RRU 链环组网方式	链型
RRU 链环头光口	0
RRU 链环协议类型	eCPRI
RRU 位置	0 柜 60 框
RHUB 位置	0 柜 200 框
射频单元收发通道数	4
射频单元工作制式	NR_ONLY

1. 增加机柜

“ADD CABINET”命令用于增加机柜（见图 4-12）。

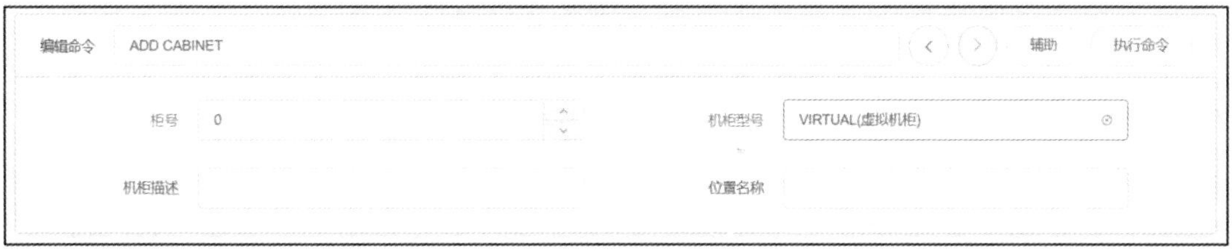

图 4-12 增加机柜

代码如下：

```
ADD CABINET:CN=0,TYPE=VIRTUAL;
```

说明

（1）“柜号”表示需要增加的机柜编号，DBS 站型只需要一个机柜，“柜号”设置为“0”。

（2）“机柜型号”表示需要添加的机柜型号，一般配置为“VIRTUAL（虚拟机柜）”，以适配现场可能多变的物理机柜型号。

2. 增加机框

“ADD SUBRACK”命令用于增加 BBU 框或 RFU 框（gNodeB 目前不支持 RFU，因此机框表示 BBU 框），如图 4-13 所示。其他类型的机框在用户增加设备时自动生成，不需要通过该命令添加。

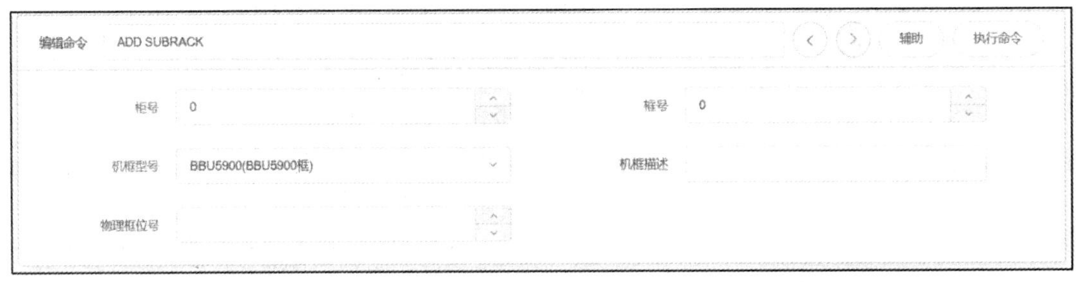

图 4-13 增加机框

代码如下：

```
ADD SUBRACK:CN=0,SRN=0,TYPE=BBU5900;
```

说明

（1）“柜号”表示 BBU 机框所在的机柜编号，该参数已在“ADD CABINET”命令中定义。

（2）“框号”表示机框编号，取值为 0～1 时用于标识 BBU 框，取值为 4～5 时用于标识 RFU 框，目前 gNodeB 中不支持 RFU，且 BBU 只需配置 1 个，因此“框号”一般设置为 0。

（3）“机框型号”表示 BBU 框的类型，gNodeB 需配置为“BBU5900（BBU5900 框）”。

3. 增加单板

“ADD BRD”命令用于在 BBU 框中增加一块单板，BBU 框中需要增加风扇单板、基带单板、主控单板及电源单板。增加主控单板如图 4-14 所示，增加基带单板如图 4-15 所示，增加风扇单板如图 4-16 所示，增加电源单板如图 4-17 所示。

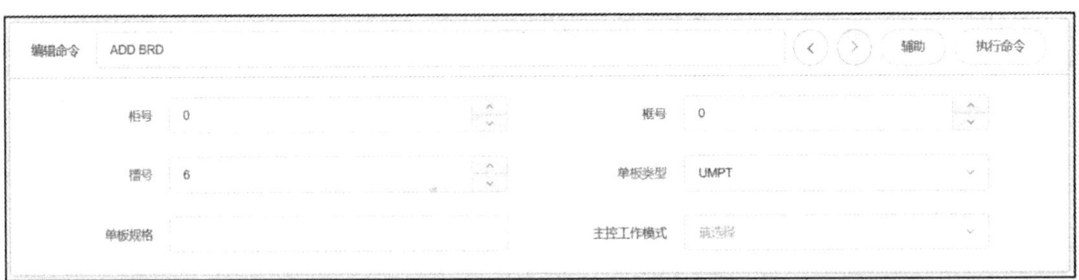

图 4-14 增加主控单板

代码如下：

```
ADD BRD:SN=6, BT=UMPT;
```

说明

（1）增加主控单板以后，基站会自动重启，时间约为 3～5min。

（2）单板类型在 5G 场景中只支持 UMPT。

（3）增加主控单板、基带单板、风扇单板、电源单板的命令都是一样的，区别是选择的槽位号不同：6、7 号槽位为主控单板，0～5 号槽位为基带单板，16 号槽位为风扇单板，18、19 槽位为电源单板。

图 4-15　增加基带单板

代码如下：

```
ADD BRD: SN=0, BT=UBBP,BBWS=NR-1;
```

说明

（1）5GStar 目前支持半宽 UBBPg 单板，所以单板类型选择“UBBP”。

（2）全宽类型的 UBBPfw1 单板的单板类型为“UBBP-W”。

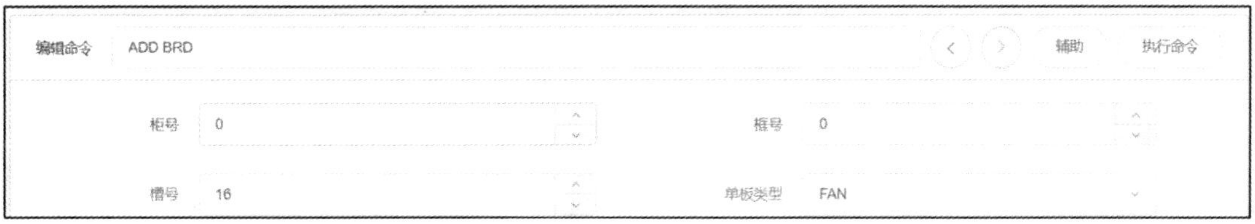

编辑命令　ADD BRD　辅助　执行命令

柜号　0　框号　0

槽号　16　单板类型　FAN

图 4-16　增加风扇单板

编辑命令　ADD BRD　辅助　执行命令

柜号　0　框号　0

槽号　19　单板类型　UPEU

图 4-17　增加电源单板

代码如下：

```
ADD BRD: SN=16,BT=FAN;ADD BRD: SN=19,BT=UPEU;
```

4. 增加 RHUB 链环

“ADD RRUCHAIN”命令用于增加 RHUB 链环，如图 4-18 所示。

编辑命令	ADD RRUCHAIN	辅助	执行命令
链环号	10	组网方式	CHAIN(链型)
备份模式	COLD(冷备份)	接入方式	LOCALPORT(本端端口)
链/环头柜号	0	链/环头框号	0
链/环头槽号	0	链/环头光口号	0
链/环头子端口号	0	协议类型	CPRI(CPRI)
严重误码秒门限	1E-6(1E-6)	CPRI线速率(吉比特/秒)(吉比特/秒)	AUTO(自协商)
速率协商自定义开关	OFF(关闭)	预留带宽	NULL(NULL)

图 4-18　增加 RHUB 链环

代码如下：

```
ADD RRUCHAIN: RCN=10,TT=CHAIN, BM=COLD, AT=LOCALPORT,HSRN=0,HSN=0,HPN=0,PROTOCOL=CPRI,
CR=AUTO,USERDEFRATENEGOSW=OFF;
```

说明

（1）添加设备为 RHUB 时，添加链环使用的命令也是“ADD RRUCHAIN”。

（2）增加 RRU 链环时，若为链，则需保证链/环头柜号、链/环头框号、链/环头槽号对应的基带板必须已经配置。

4. 增加 RHUB

“ADD RHUB”命令用于增加 RHUB，如图 4-19 所示，增加 RHUB 之前必须先通过“ADD RRUCHAIN”命令增加射频单元的链/环。

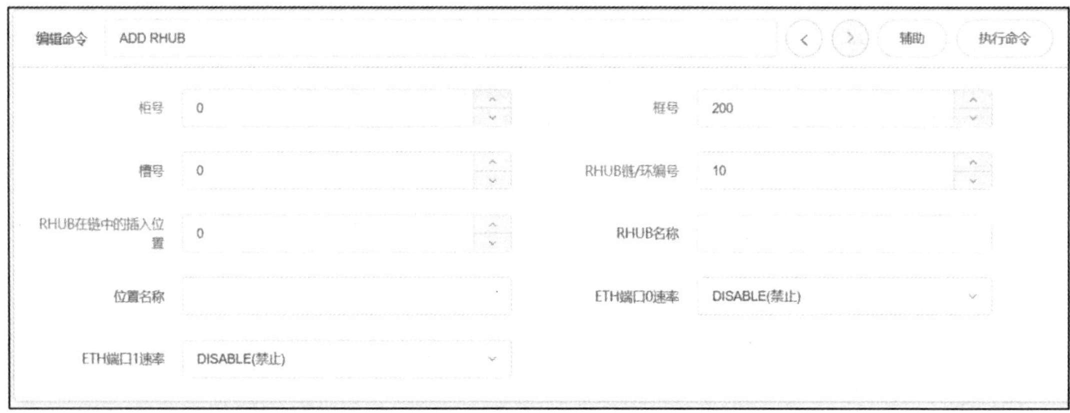

图 4-19　增加 RHUB

代码如下：

```
ADD RHUB:CN=0,SRN=200,SN=0,RCN=10, PS=0,ETHPT0RATE=DISABLE, ETHPT1RATE=DISABLE;
```

说明

添加设备为 RHUB 时，添加链/环使用的命令也是“ADD RRUCHAIN”。

5. 增加 RRU 链环

“ADD RRUCHAIN”命令用于增加 RRU 链/环，如图 4-20 所示。

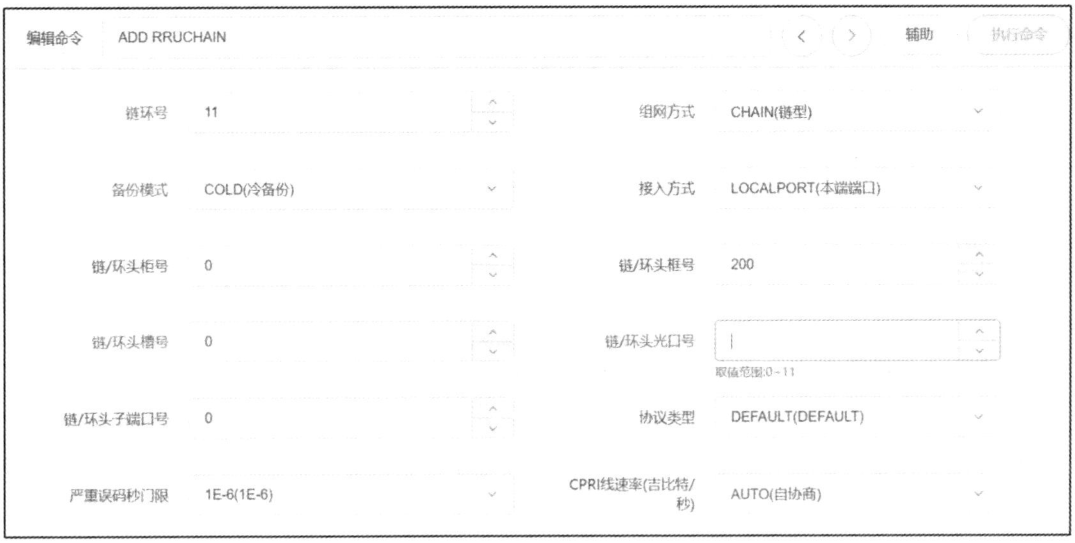

编辑命令	ADD RRUCHAIN		辅助　执行命令
链环号	11	组网方式	CHAIN(链型)
备份模式	COLD(冷备份)	接入方式	LOCALPORT(本端端口)
链/环头柜号	0	链/环头框号	200
链/环头槽号	0	链/环头光口号	取值范围:0~11
链/环头子端口号	0	协议类型	DEFAULT(DEFAULT)
严重误码秒门限	1E-6(1E-6)	CPRI线速率(吉比特/秒)	AUTO(自协商)

图 4-20　增加 RRU 链环

代码如下：

```
    ADD RRUCHAIN: RCN=11,TT=CHAIN, BM=COLD,AT=LOCALPORT,HSRN=200, HSN=0,HPN=0,
PROTOCOL=CPRI,CR=AUTO,USERDEFRATENEGOSW=OFF;
    ADD RRUCHAIN: RCN=12,TT=CHAIN,BM=COLD, AT=LOCALPORT,HSRN=200, HSN=0,HPN=1,
PROTOCOL=CPRI,CR=AUTO,USERDEFRATENEGOSW=OFF;
    ADD RRUCHAIN: RCN=13,TT=CHAIN, BM=COLD,AT=LOCALPORT,HSRN=200, HSN=0, HPN=2,
PROTOCOL=CPRI,CR=AUTO,USERDEFRATENEGOSW=OFF;
    ADD RRUCHAIN: RCN=14,TT=CHAIN, BM=COLD,AT=LOCALPORT, HSRN=200,HSN=0, HPN=3,
PROTOCOL=CPRI,CR=AUTO,USERDEFRATENEGOSW=OFF;
    ADD RRUCHAIN: RCN=15,TT=CHAIN, BM=COLD,AT=LOCALPORT,HSRN=200, HSN=0,
HPN=4,PROTOCOL=CPRI,CR=AUTO,USERDEFRATENEGOSW=OFF;
    ADD RRUCHAIN: RCN=16,TT=CHAIN, BM=COLD,AT=LOCALPORT, HSRN=200,HSN=0, HPN=5,
PROTOCOL=CPRI,CR=AUTO,USERDEFRATENEGOSW=OFF;
```

说明

（1）添加设备为 pRRU 时，添加链/环使用的命令也是“ADD RRUCHAIN”。

（2）pRRU 的数量相同与 RRU 链环的数量相同。

6. 增加射频单元

“ADD RRU”命令用于增加射频单元（AAU 或 RRU）（见图 4-21），增加射频单元之前必须先通过“ADD RRUCHAIN”命令增加射频单元的链/环。

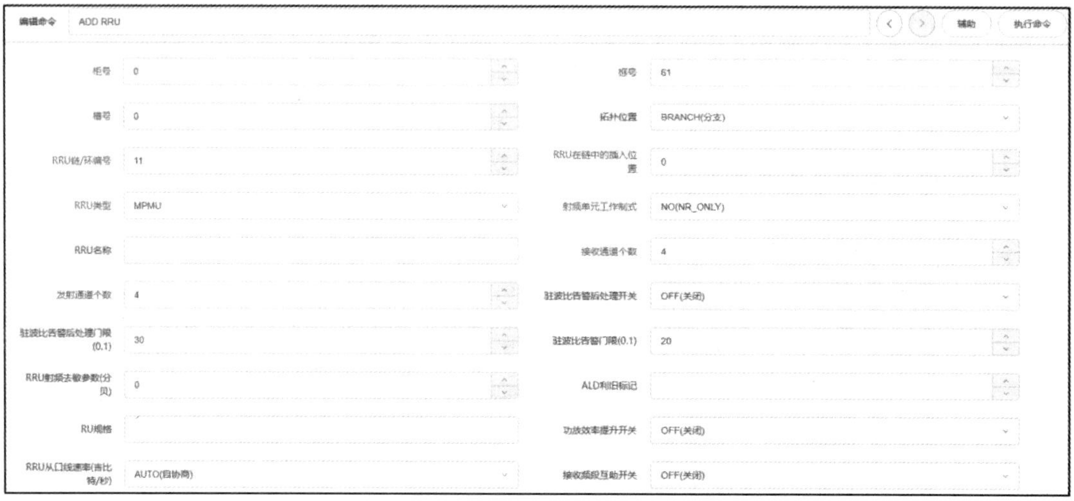

图 4-21 增加射频单元

代码如下：

```
ADD RRU:CN=O, SRN=61,SN=O,TP=BRANCH, RCN=11, PS=0,RT=MPMU,RS=NO, RXNUM=4,TXNUM=4, MNTMODE=NORMAL,RFTXSIGNDETECTSW=OFF, DORMANCYSW=OFF;
ADD RRU: CN=O,SRN=62,SN=O,TP=BRANCH, RCN=12, PS=0, RT=MPMU,RS=NO,RXNUM=4,TXNUM=4, MNTMODE=NORMAL,RFTXSIGNDETECTSW=OFF,DORMANCYSW=OFF;
ADD RRU: CN=O, SRN=63, SN=O,TP=BRANCH, RCN=13,PS=O,RT=MPMU,RS=NO, RXNUM=4,TXNUM=4, MNTMODE=NORMAL,RFTXSIGNDETECTSW=OFF,DORMANCYSW=OFF;
ADD RRU: CN=0,SRN=64, SN=O,TP=BRANCH, RCN=14, PS=O,RT=MPMU,RS=NO, RXNUM=4,TXNUM=4, MNTMODE=NORMAL,RFTXSIGNDETECTSW=OFF, DORMANCYSW=OFF;
ADD RRU: CN=O,SRN=65, SN=O,TP=BRANCH, RCN=15, PS=O,RT=MPMU,RS=NO, RXNUM=4,TXNUM=4, MNTMODE=NORMAL,RFTXSIGNDETECTSW=OFF,DORMANCYSW=OFF;
ADD RRU: CN=0,SRN=66,SN=O,TP=BRANCH, RCN=16, PS=O,RT=MPMU,RS=NO, RXNUM=4,TXNUM=4, MNTMODE=NORMAL,RFTXSIGNDETECTSW=OFF, DORMANCYSW=OFF;
```

说明

（1）射频设备为 pRRU 时，添加射频设备使用的命令也是“ADD RRU”，当前场景使用 pRRU 设备。

（2）不同射频的区别主要在于 RRU 类型和接收/发射通道数。

① 射频单元为 AAU，RRU 类型为 AIRU，接收/发射通道数为 0。

② 射频单元为 HAAU，RRU 类型为 AIRU，接收/发射通道数为 0。

③ 射频单元为 RRU，RRU 类型为 MRRU，接收/发射通道数为实际通道数。

④ 射频单元为 pRRU，RRU 类型为 MPMU，接收/发射通道数为实际通道数。

（3）添加 pRRU 时，RRU 的拓扑位置选择为“BRANCH（分支）”。

7. 增加时钟数据

“ADD GPS”命令用于增加一条 GPS 时钟链路作为 gNodeB 的外部时钟源，增加时钟数据如图 4-22 所示。

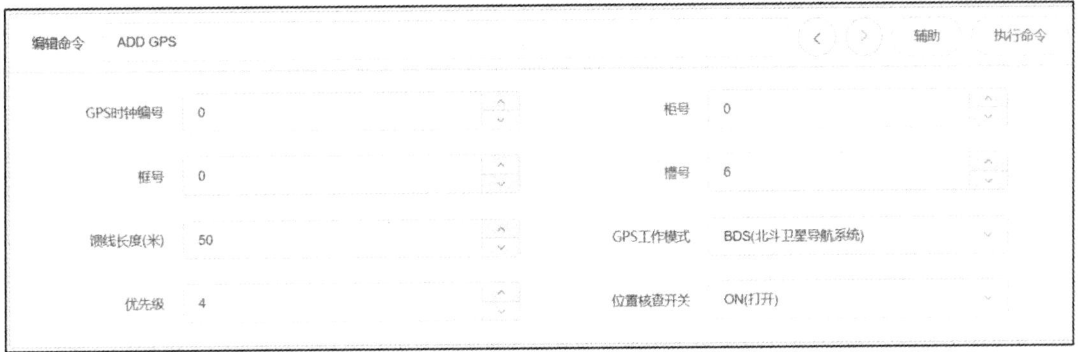

图 4-22　增加时钟数据

代码如下：

```
ADD GPS:SRN=0,SN=6,MODE=BDS;
```

说明

（1）通常选择 GPS 参考时钟和 IEEE1588 V2 参考时钟其中一个即可，此处选择 GPS。

（2）在 GPS 工作模式中，现网是根据实际使用的 GPS 天线及全网的规划来进行数据配置的。

（3）在 5GStar 中需要根据协商参数规划来进行数据配置。

（4）“优先级”表示参考时钟源的优先级，参数取值为 1 表示该参考时钟源的优先级最高，参数取值为 4 表示该参考时钟源的优先级最低。

（5）“馈线长度”表示 GPS 馈线长度，GPS 馈线长度的实际值为 GPS 天线到连接 GPS 的单板之间的馈线长度，根据 GPS 馈线长度计算馈线时延值，以提高时钟精度。设置的 GPS 馈线长度值与实际值相差较大（通常为 20m 以上）会影响时钟精度。

8. 设置时钟源工作模式

“SET CLKMODE”命令用于设置时钟源工作模式，如图 4-23 所示。

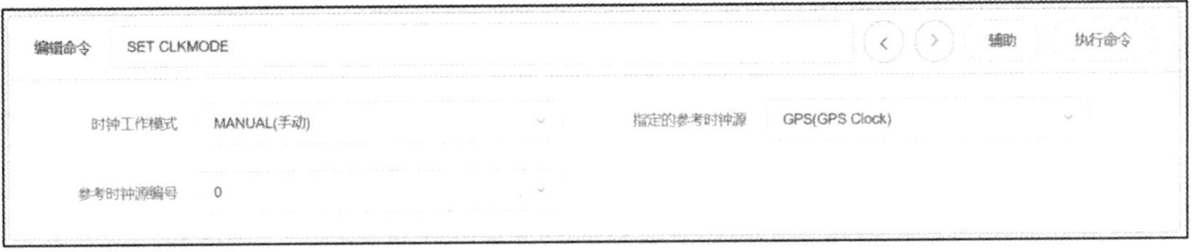

图 4-23　设置时钟源工作模式

代码如下：

```
SET CLKMODE: MODE=MANUAL,CLKSRC=GPS, SRCNO=0;
```

说明

当 gNodeB 使用外部时钟作为参考时钟源时（现网），必须将“时钟工作模式”设置为“AUTO（自动）”或“MANUAL（手动）”；当 gNodeB 使用内部晶振作为参考时钟源时（实验网或单站），将“时钟工作模式”设置为“FREE（自振）”。

9．设置时钟源同步模式

“SET CLKSYNCMODE”命令用于设置时钟源同步模式，如图 4-24 所示。

编辑命令 SET CLKSYNCMODE 辅助 执行命令

基站时钟同步模式	TIME(时间同步)	GSM帧内bit偏移(1/8比特)	0
系统时钟锁定源	请选择	GSM帧同步开关	请选择
系统时钟不可用增强检测开关	请选择	系统时钟互锁主切换优化开关	请选择
保持时长	DEFAULT(系统默认值)	相位偏差告警检测门限(纳秒)	

图 4-24　设置时钟源同步模式

代码如下：

```
SET CLKSYNCMODE: CLKSYNCMODE=TIME;
```

说明

“基站时钟同步模式”需要设置为“TIME（时间同步）”。

4.2.5　配置传输数据

配置传输数据的目的是使 BBU 和核心网的各网元进行 IP 消息交互。在非独立组网（NSA）和独立组网（SA）架构中，BBU 对接的核心网网元不同，部分步骤和参数也有差异，后续的配置命令中将会进行说明。配置传输数据依据的传输拓扑如图 4-25 所示，BBU 主控单板的传输接口位置，即硬件和传输组网拓扑图如图 4-3 所示（该接口为光口，端口号为 1）。

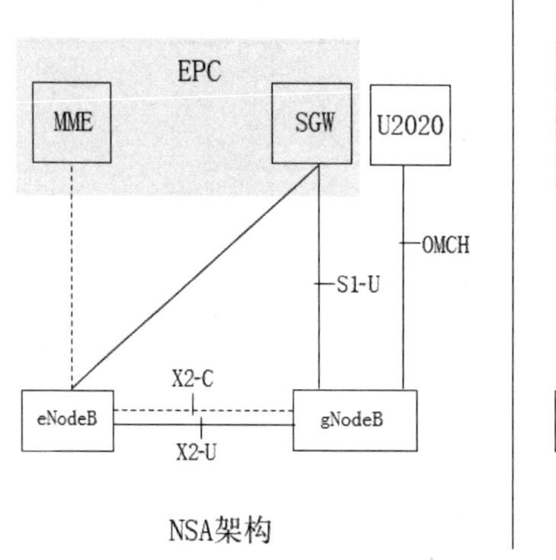

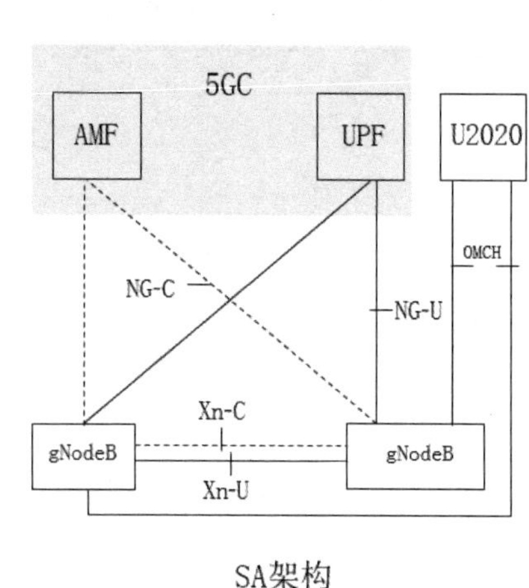

图 4-25　配置传输数据依据的传输拓扑

在 NSA 架构中，gNodeB 需要配置的传输链路包括 S1-U 链路（S1 接口的用户面）、X2-C 链路（X2 接口的控制面）、X2-U 链路（X2 接口的用户面）及 OMCH（操作维护链路）。

在 SA 架构中，gNodeB 需要配置的传输链路包括 NG-C 链路（NG 接口的控制面）、NG-U 链路（NG 接口的用户面）、Xn-C 链路（Xn 接口的控制面）、Xn-U 链路（Xn 接口的用户面）及 OMCH（操作维护链路），这些接口都采用以太网的传输方式。在配置过程中，源 gNodeB（即当前配置的 gNodeB）始终作为本端，不同的链路使用的本端 IP 地址可能不同（可以区分业务 IP 地址和维护 IP 地址，分别对接 5G 核心网和网管 U2020；也可以不区分，基站侧使用同一 IP 地址），对应的对端网元不同。

1．gNodeB 的传输数据整体配置流程

gNodeB 的传输数据整体配置流程如图 4-26 所示，可以分为传输底层配置流程和传输高层配置流程两部分。

（1）配置物理层数据：主要完成全局传输参数、以太网端口属性等物理层的参数配置。

（2）配置数据链路层数据：主要完成 Interface 接口、虚拟局域网（Virtual Local Area Network，VLAN）等数据链路层的参数配置。

（3）配置网络层数据：主要完成 IP 地址、路由信息等网络层参数配置。

（4）配置传输层数据：主要完成端节点组、控制面及用户面的端节点等传输层参数配置。

（5）配置应用层数据：主要完成高层的链路和接口配置，如 S1 接口、X2 接口和 OMCH。

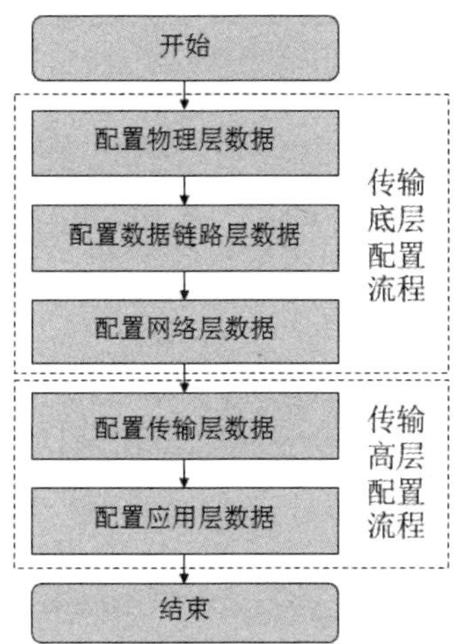

图 4-26　gNodeB 的传输数据整体配置流程

（视频）
室分单基站传输数据配置-1

2．传输配置命令

5G 的传输配置引入了新模式，增加了 Interface 接口的概念，将物理层的柜号、框号、槽号及传输端口号等资源打包映射到 Interface 接口中，上层的 IP 地址和路由配置仅需引用 Interface 接口，Interface 接口中还可以直接设置 VLAN 信息。另外，新模式兼容了 IPv6 协议。新、旧配置模式的对比如表 4-4 所示。

表 4-4　新、旧配置模式的对比

功能域	新模式	旧模式
全局参数	命令“SET　GTRANSPARA”中的参数“TRANSCFGMODE”设置为“NEW”	命令“SET　GTRANSPARA”中的参数“TRANSCFGMODE”保持默认的“OLD”
物理层	“ETHPORT”中的“PORTID”为必填参数，且须系统唯一	“ETHPORT”中的“PORTID”为可选参数
数据链路层	有 Interface 接口，需要配置 VLAN 子接口时，“接口类型”配置为“VLAN(VLAN 子接口)”	无 Interface 接口，需要配置 VLAN 子接口时，配置为“VLANMAP”

续表

功能域	新模式	老模式
网络层	（1）配置 IP 地址的命令为 “ADD IPADDR4”或“ADD IPADDR6” （2）配置 IP 路由的命令为 “ADD IPROUTE4”/“ADD IPROUTE6”	（1）配置 IP 地址的命令为 “ADD DEVIP” （2）配置 IP 路由的命令为 “ADD IPRT”

传输配置流程的具体命令如表 4-5 所示（这里的传输命令基于旧模式，宏站基于新模式），需要配置 NG 接口，在运行传输命令之前使用“SET DHCPSW”命令关闭 DHCP 远端维护通道的自动建立开关功能（见图 4-27）。协商参数取值如表 4-6 所示。

表 4-5　传输配置流程的具体命令

功能块	MML 命令
物理层	增加以太网端口：“ADD ETHPORT”
数据链路层	增加下一跳 VLAN 的映射：“ADD VLANMAP”
网络层	增加设备的 IP 地址：“ADD DEVIP” 增加 IP 路由：“ADD IPRT”
传输层	增加端节点组：“ADD EPGROUP” 增加 SCTP 本端对象：“ADD SCTPHOST” 增加端节点组的 SCTP 本端：“ADD SCTPHOST2EPGRP” 增加 SCTP 对端对象：“ADD SCTPPEER” 增加端节点组的 SCTP 对端：“ADD SCTPPEER2EPGRP” 增加用户面本端对象：“ADD USERPLANEHOST” 增加用户面对端对象：“ADD USERPLANEPEER” 增加端节点组的用户面本端：“ADD UPHOST2EPGRP” 增加端节点组的用户面对端：“ADD UPPEER2EPGRP”
应用层 （接口信息）	NG 配置：“ADD GNBCUNG”

图 4-27　关闭 DHCP 远端维护通道的自动建立开关功能

表 4-6　协商参数取值

协商参数名称	取值
以太网端口号	1
以太网端口属性	光口
以太网端口速率	10Gbps
以太网端口双工模式	全双工
业务 VLAN 标识	101
gNodeB 业务 IP 地址	192.168.101.2
业务网关 IP 地址	192.168.101.1
UPF 地址	10.10.10.20
AMF 地址	10.10.10.10

代码如下：

```
SET DHCPSW: SWITCH=DISABLE;
```

3. 增加以太网端口

（视频）室分单基站传输数据配置-2

“ADD ETHPORT”命令用于增加一个以太网端口（见图 4-28），配置以太网端口的速率、双工模式及端口属性等参数。

编辑命令	ADD ETHPORT	辅助	执行命令
柜号	0	框号	0
槽号	6	子板类型	BASE_BOARD(基板)
端口号	1	端口标识	4294967295
端口属性	FIBER(光口)	最大传输单元(字节)	1500
速率	10G(10G)	双工模式	FULL(全双工)
ARP代理	DISABLE(禁用)	流控	OPEN(启动)

图 4-28　增加以太网端口

代码如下：

```
ADD ETHPORT:CN=0,SRN=0,SN=6,SBT=BASE_BOARD,PN=1, PORTID=4294967295,PA=FIBER,
MTU=1500,SPEED=10G,DUPLEX=FULL,ARPPROXY=DISABLE,FC=OPEN,FERAT=10,FERDT=8,RXBCPKTALMOCRTHD=1
500,RXBCPKTALMCLRTHD=1200,FIBERSPEEDMATCH=DISABLE;
```

说明

（1）5GStar 只支持端口号为 1 和 3。

（2）“端口属性”表示以太网端口的光电属性。系统启动时，若端口属性默认为“自动检测”，则系统首先将以太网端口与电口绑定，基站级联时不支持端口属性设置为“自检测模式”。

（3）“速率”表示以太网端口的速率模式，需要与对接接口保持一致。

（4）“端口标识”用作一个以太网端口的唯一标识，系统自动创建“ETHPORT”时，“PORTID”从高位值到低位值依次为该端口物理位置的柜号、框号、槽号、端口号信息；当“GTRANSPARA”模型的“TRANSCFGMODE”取值为“OLD”时，该参数为可选参数，不配置时默认值为“4294967295”；当“GTRANSPARA”模型的“TRANSCFGMODE”取值为“NEW”时，该参数为必配参数，当系统唯一的“ETHPORT”未配置时，“PORTID”显示为默认值“4294967295”。

（5）端口号、端口属性、速率、双工模式均需要匹配硬件安装和协商参数。

4. 增加设备 IP 地址

“ADD DEVIP”命令用于增加设备的 IP 地址（见图 4-29）。

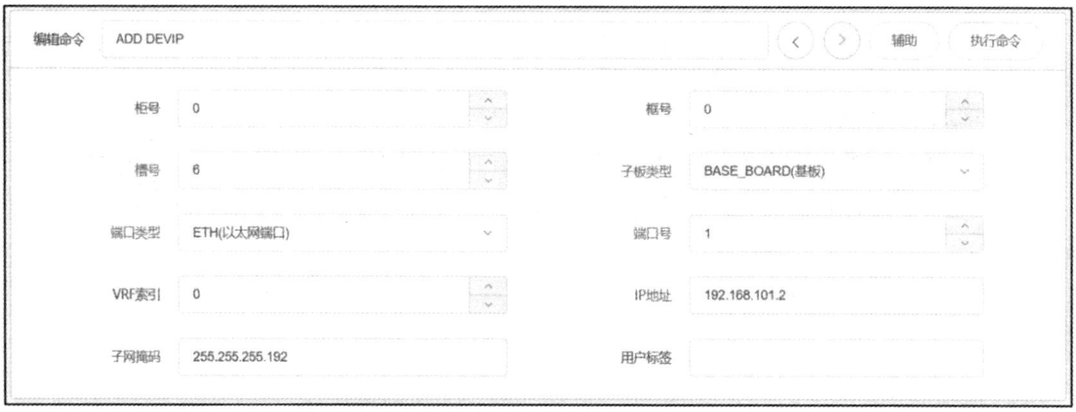

编辑命令 ADD DEVIP 辅助 执行命令

柜号	0	框号	0
槽号	6	子板类型	BASE_BOARD(基板)
端口类型	ETH(以太网端口)	端口号	1
VRF索引	0	IP地址	192.168.101.2
子网掩码	255.255.255.192	用户标签	

图 4-29　增加设备的 IP 地址

代码如下：

```
    ADD DEVIP:CN=0, SRN=0, SN=6, SBT=BASE_BOARD, PT=ETH, PN=1, VRFIDX=0,IP="192.168.101.2",
MASK="255.255.255.192";
```

说明

（1）不同端口上的同一路由域内的 IP 地址不能处于同一网段，同一端口上的 IP 地址可以处于同一网段。

（2）以太网端口、以太网聚合组端口、以太网 CI 端口支持的最大设备 IP 数为 8，PPP 端口、MP 端口支持的最大设备 IP 数为 7。

5. 增加静态 IP 路由

“ADD IPRT”命令用于增加静态 IP 路由（见图 4-30）。

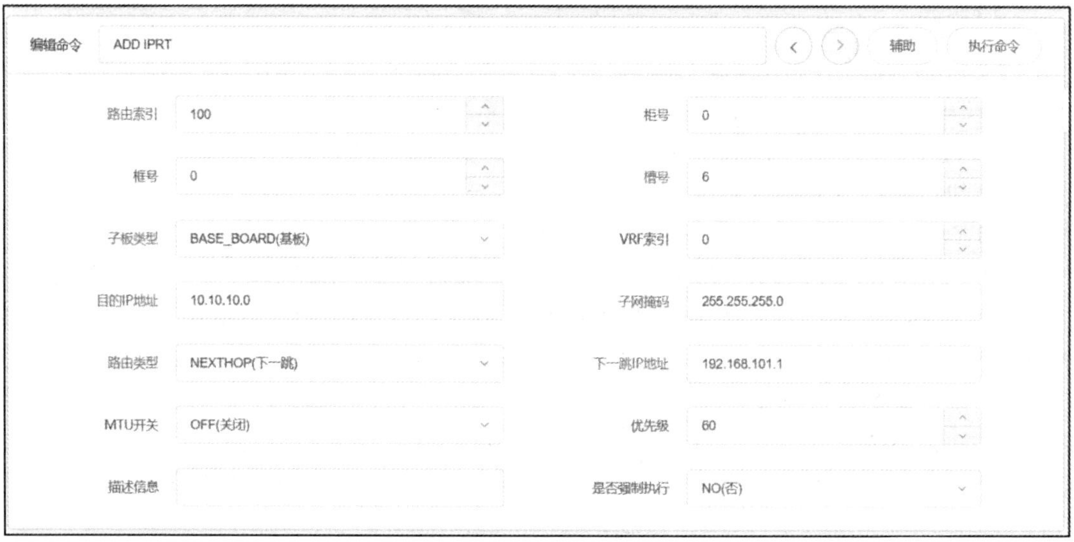

编辑命令 ADD IPRT 辅助 执行命令

路由索引	100	柜号	0
框号	0	槽号	6
子板类型	BASE_BOARD(基板)	VRF索引	0
目的IP地址	10.10.10.0	子网掩码	255.255.255.0
路由类型	NEXTHOP(下一跳)	下一跳IP地址	192.168.101.1
MTU开关	OFF(关闭)	优先级	60
描述信息		是否强制执行	NO(否)

图 4-30　增加静态 IP 路由

代码如下：

```
ADDIPRT:RTIDX=0,CN=0,SRN=0,SN=6,SBT=BASE_BOARD,VRFIDX=0,DSTIP="10.10.10.0",DSTMASK="25
5.255.255.0",RTTYPE=NEXTHOP,NEXTHOP="192.168.101.1",MTUSWITCH=OFF,PREF=60, FORCEEXECUTE=NO;
```

说明

（1）在一个基站内可以配置多条路由，在同一路由域内，目的 IP 地址相同、子网掩码相同的路由的优先级不能相同，而在 5GStar 中仅需配置业务的路由。

（2）根据业务需求，可以配置主机路由、网段路由、默认路由，图 4-30 使用“10.10.10.0”的网段路由来匹配 AMF 和 UPF 的 IP 地址。

6. 增加接口

“ADDVLANMAP”命令用于增加接口（见图 4-31）。

编辑命令　ADD VLANMAP　　辅助　执行命令

VRF索引	0	下一跳IP	192.168.101.1
子网掩码	255.255.255.192	VLAN模式	SINGLEVLAN(单VLAN)
VLAN标识	101	设置VLAN优先级	DISABLE(禁用)
是否强制执行	NO(否)		

图 4-31　增加接口

代码如下：

```
ADD VLANMAP:VRFIDX=0, NEXTHOPIP="192.168.101.1", MASK="255.255.255.192",
VLANMODE=SINGLEVLAN,VLANID=101,SETPRIO=DISABLE,FORCEEXECUTE=NO;
```

7. 增加端节点组

gNodeB 传输层主要按照端节点（End-Point）方式配置端节点组与本端、对端的端节点，端节点配置如图 4-32 所示，首先应该增加端节点组。

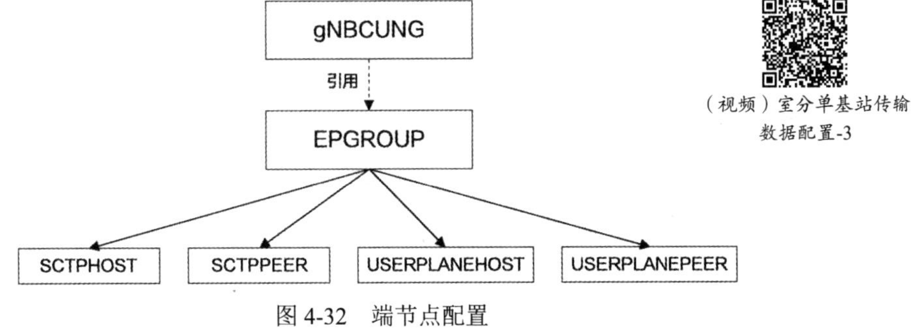

（视频）室分单基站传输数据配置-3

图 4-32　端节点配置

1）增加端节点组

“ADD EPGROUP”命令用于增加端节点组（见图 4-33）。

图 4-33 增加端节点组

代码如下：

```
    ADD EPGROUP:EPGROUPID=0,USERLABEL="NG",STATICCHK=ENABLE,IPPMSWITCH=DISABLE,
APPTYPE=NULL;
```

说明

（1）需要关注端节点对象归属组标识，后面配置 NG 接口时需要进行关联。

（2）其他参数可以保持默认。

2）增加 SCTP 本端对象

“ADD SCTPHOST”命令用于增加 SCTP（控制面）本端对象（见图 4-34）。

图 4-34 增加 SCTP 本端对象

代码如下：

```
    ADD SCTPHOST: SCTPHOSTID=0,IPVERSION=IPv4, SIGIP1V4="192.168.101.2", SIGIP1SECSWITCH=DISABLE,
SIGIP2V4="0.0.0.0",
SIGIP2SECSWITCH=DISABLE,PN=38412,SIMPLEMODESWITCH=SIMPLE_MODE_OFF,SCTPTEMPLATEID=0;
```

3）增加 SCTP 对端对象

“ADD SCTPPEER”命令用于增加 SCTP 对端对象（见图 4-35）。

编辑命令	ADD SCTPPEER	辅助	执行命令
SCTP对端标识	0	VRF索引	0
IP协议版本	IPv4(IPv4)	对端第一个IP地址	10.10.10.10
对端第一个IP的IPSec自配置开关	DISABLE(禁止)	对端第二个IP地址	0.0.0.0
对端第二个IP的IPSec自配置开关	DISABLE(禁止)	对端SCTP端口号	38412
对端标识		控制模式	AUTO_MODE(自动模式)
简化模式开关	SIMPLE_MODE_OFF(简化模式关闭)	用户标签	

图 4-35 增加 SCTP 对端对象

代码如下：

```
    ADD SCTPPEER: SCTPPEERID=0,IPVERSION=IPv4, SIGIP1V4="10.10.10.10",
SIGIP1SECSWITCH=DISABLE,SIGIP2V4="0.0.0.0",SIGIP2SECSWITCH=DISABLE,PN=38412,
SIMPLEMODESWITCH=SIMPLE_MODE_OFF;
```

说明

（1）本端 IP 地址、对端 IP 地址、SCTP 端口需要匹配协商参数。

（2）控制面本端 IP 地址是基站的业务地址，控制面对端 IP 地址是 AMF 地址。

（3）若使用的 SCTP 参数模板标识不为 0，则需要通过“ADD SCTPTEMPLATE”命令增加。

4）增加用户面本端对象

“ADD USERPLANEHOST”命令用于增加用户面本端对象（见图 4-36）。

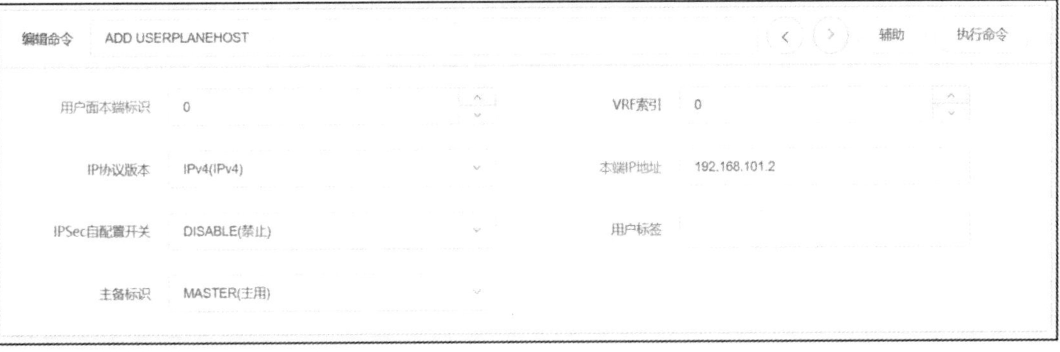

图 4-36 增加用户面本端对象

代码如下：

```
    ADD USERPLANEHOST: UPHOSTID=0, IPVERSION=IPv4,LOCIPV4="192.168.101.2",
IPSECSWITCH=DISABLE;
```

5）增加用户面对端对象

“ADD USERPLANEPEER”命令用于增加用户面对端对象（见图 4-37）。

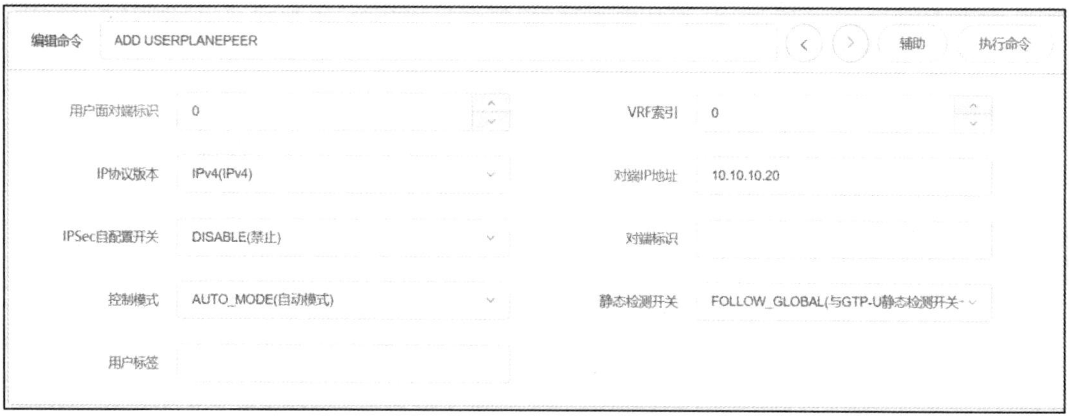

图 4-37 增加用户面对端对象

代码如下：

```
    ADD USERPLANEPEER:UPPEERID=0, IPVERSION=IPv4, PEERIPV4="10.10.10.20",
IPSECSWITCH=DISABLE;
```

说明

（1）本端 IP 地址、对端 IP 地址需要匹配协商参数。

（2）用户面本端 IP 地址是基站的业务地址，用户面对端 IP 地址是 UPF 地址。

6）将控制面和用户面的本端和对端分别加入端节点组

将控制面本端、控制面对端、用户面本端、用户面对端分别加入端节点组，命令分别是“ADD SCTPHOST2EPGRP”“ADD SCTPPEER2EPGRP”“ADD UPHOST2EPGRP”和“ADD UPPEER2EPGRP”，如图 4-38 所示。

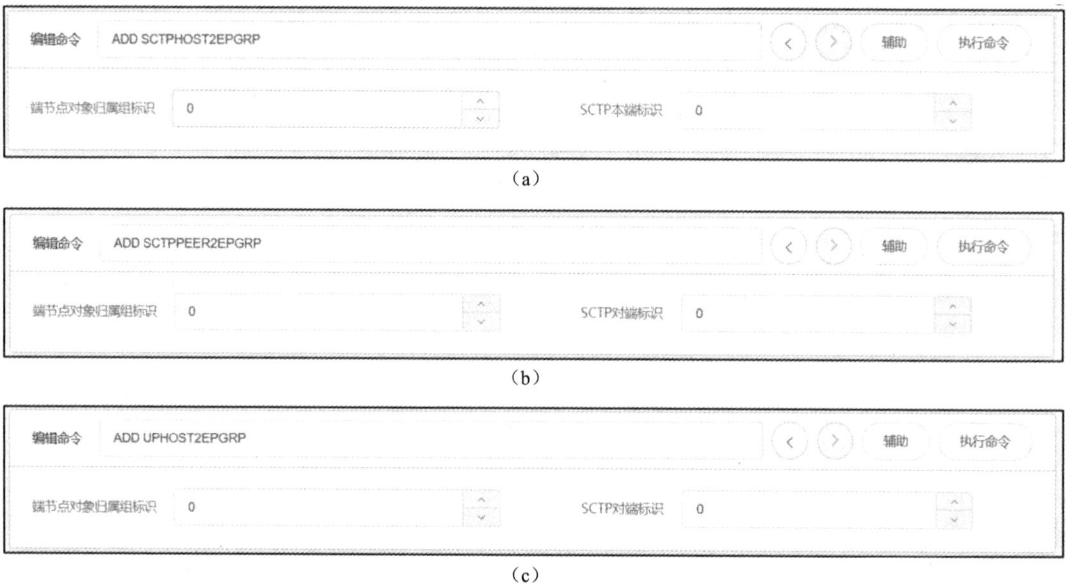

（a）

（b）

（c）

图 4-38 控制面和用户面的本端和对端分别加入端节点组

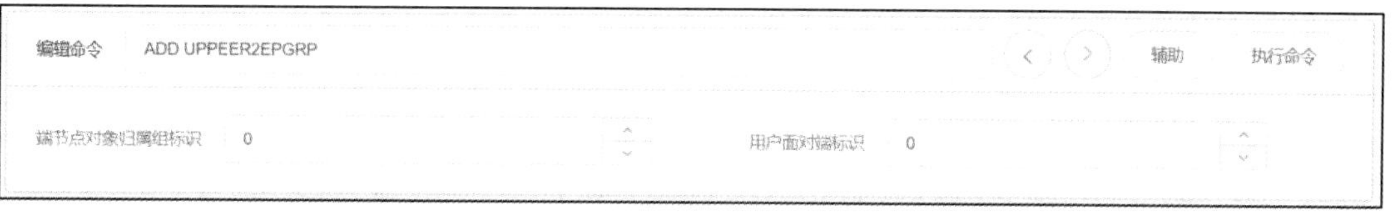

（d）

图 4-38　控制面和用户面的本端和对端分别加入端节点组（续）

代码如下：

```
ADD SCTPHOST2EPGRP: EPGROUPID=0,SCTPHOSTID=0;
ADD SCTPPEER2EPGRP: EPGROUPID=0, SCTPPEERID=0;
ADD UPHOST2EPGRP:EPGROUPID=0,UPHOSTID=0;
ADD UPPEER2EPGRP: EPGROUPID=0,UPPEERID=0;
```

说明

注意与 EPGROUPID 的关联关系要正确。

8. 配置接口信息

“ADD GNBCUNG”命令用于增加 NG 接口，如图 4-39 所示。

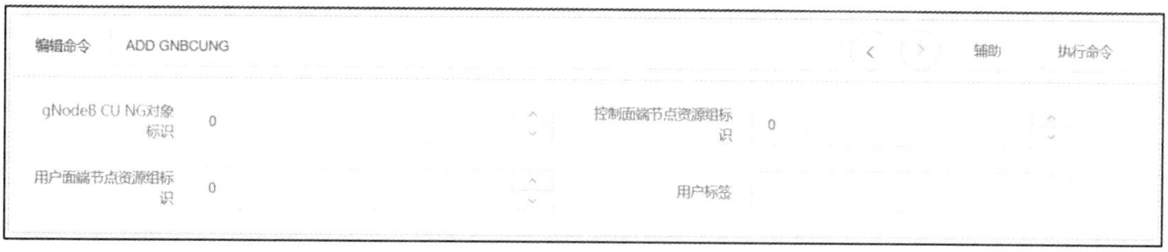

编辑命令　ADD GNBCUNG　辅助　执行命令

gNodeB CU NG对象标识　0　控制面端节点资源组标识　0

用户面端节点资源组标识　0　用户标签

图 4-39　增加 NG 接口

代码如下：

```
ADD GNBCUNG: gNBCuNgld=0, CpEpGroupld=0, UpEpGroupld=0;
```

说明

“控制面端节点资源组标识”“用户面端节点资源组标识”都是黑色的参数，是需要填写的，还需要填写控制面、用户面端节点资源组标识（该端节点组已添加了控制面用户名本端或对端信息）。

4.2.6　配置无线数据

配置无线数据主要是指完成与空口相关的扇区、小区等资源的配置和特性配置，无线配置完成后，终端和基站之间才能按要求进行通信。gNodeB 的无线数据整体配置流程如图 4-40 所示。

配置扇区是指完成逻辑扇区的属性设置、扇区和射频关系的映射，配置小区是指完成空口传输的双工模式、载波的频带、频点、带宽及时隙格式等属性设置。需要注意的是，虽然目前网络部署中仍将 gNodeB 的 CU 部分和 DU 部分合设，但是在数据配置的框架上，已经分为 CU 小区结构和 DU 小区结构，并分别对其进行配置。

扇区是由一组相同覆盖的射频天线或波束组成的无线覆盖区域；扇区设备是一套可以收发信

号的射频天线，这套天线必须属于一个扇区；小区是指一段频谱内的无线通信资源，小区需要和扇区设备绑定。图 4-41 所示为扇区、小区和频点的关系。

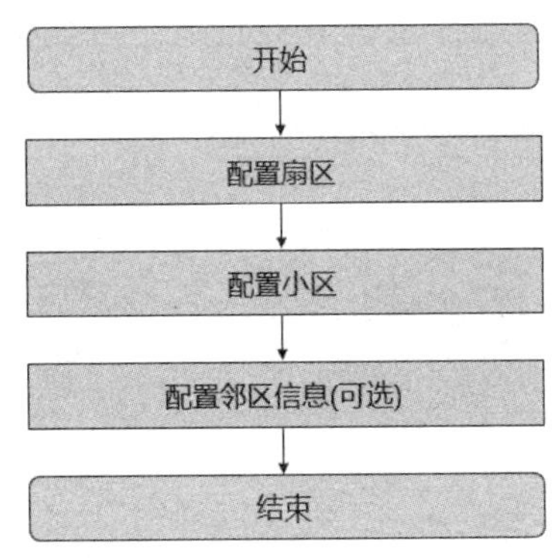

图 4-40 gNodeB 的无线数据整体配置流程

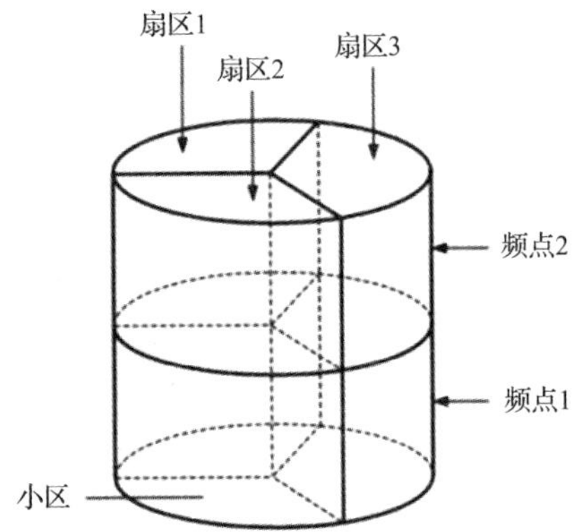

图 4-41 扇区、小区和频点的关系

无线数据配置的具体命令如表 4-7 所示，无线数据配置的协商参数取值如表 4-8 所示。

表 4-7 无线数据配置的具体命令

功能块	MML 命令
扇区	增加扇区：“ADD SECTOR” 增加扇区设备 SECTORQM：“ADD SECTOREQM”
小区	增加 DU 小区:“ADD NRDUCELL” 增加 DU 小区的 TRP:“ADD NRDUCELLTRP” 增加 DU 小区覆盖区：“ADD NRDUCELLCOVERAGE” 增加小区：“ADD NRCELL” 激活小区：“ACT NRCELL”
邻区	创建同频邻区关系：“ADD NRCELLRELATION”

表 4-8 无线数据配置协商参数取值

协商参数名称	取值
DU 小区双工模式	TDD
小区标识	101
频带	N78
DU 小区下行频点	630000
DU 小区上/下行带宽	100MHz/100MHz
子载波间隔	30kHz
时隙配比	8∶2
时隙结构	6∶4∶4
全球同步信道号（CSCN）	7812

1. 增加扇区

“ADD SECTOR”命令用于增加扇区及扇区天线，如图 4-42 所示。

（视频）室分单基站无线数据配置-1

编辑命令　ADD SECTOR　　辅助　执行命令

扇区编号	101	扇区名称	
位置名称		用户标签	
天线方位角(0.1度)	65535	天线数	4
天线1柜号	0	天线1框号	61
天线1槽号	0	天线1通道号	R0A(天线0A)
天线2柜号	0	天线2框号	61
天线2槽号	0	天线2通道号	R0B(天线0B)

（a）扇区

天线3柜号	0	天线3框号	61
天线3槽号	0	天线3通道号	R0C(天线0C)
天线4柜号	0	天线4框号	61
天线4槽号	0	天线4通道号	R0D(天线0D)
是否创建默认扇区设备	FALSE(否)		

（b）扇区天线

图 4-42　增加扇区及扇区天线

代码如下：

```
    ADD SECTOR:SECTORID=101, SECNAME="SEC1",ANTNUM=4,ANT1CN=0,ANT1SRN=61,ANT1SN=0,
ANT1N=R0A, ANT2CN=0,ANT2SRN=61,ANT2SN=0,ANT2N=R0B,ANT3CN=0,ANT3SRN=61,ANT3SN=0,ANT3N=R0C,
ANT4CN=0,ANT4SRN=61,ANT4SN=0,ANT4N=R0D,CREATESECTOREQM=FALSE;
    ADD SECTOR:SECTORID=102,SECNAME="SEC2",ANTNUM=4,ANT1CN=0,ANT1SRN=62,ANT1SN=0,
ANT1N=R0A,ANT2CN=0,ANT2SRN=62,
    ANT2SN=0,ANT2N=R0B,ANT3CN=0,ANT3SRN=62,ANT3SN=0,ANT3N=R0C,ANT4CN=0,ANT4SRN=62,ANT4SN=0,
ANT4N=R0D,
    CREATESECTOREQM=FALSE;
    ADD SECTOR:SECTORID=103,SECNAME="SEC3",ANTNUM=4,ANT1CN=0,ANT1SRN=63,ANT1SN=0,
ANT1N=R0A,ANT2CN=0,ANT2SRN=63,
    ANT2SN=0,ANT2N=R0B,ANT3CN=0,ANT3SRN=63,ANT3SN=0,ANT3N=R0C,ANT4CN=0,ANT4SRN=63,ANT4SN=0,
ANT4N=R0D,
    CREATESECTOREQM=FALSE;
        ADD SECTOR: SECTORID=104,SECNAME="SEC4",ANTNUM=4,ANT1CN=0,ANT1SRN=64,ANT1SN=0,
ANT1N=R0A, ANT2CN=0,ANT2SRN=64,
    ANT2SN=0,ANT2N=R0B,ANT3CN=0,ANT3SRN=64,ANT3SN=0,ANT3N=R0C,ANT4CN=0,ANT4SRN=64,ANT4SN=0,
ANT4N=R0D,
    CREATESECTOREQM=FALSE;
    ADD SECTOR:SECTORID=105, SECNAME="SEC5",ANTNUM=4,ANT1CN=0,ANT1SRN=65,ANT1SN=0,
ANT1N=R0A,ANT2CN=0,ANT2SRN=65,
    ANT2SN=0,ANT2N=R0B,ANT3CN=0,ANT3SRN=65,ANT3SN=0,ANT3N=R0C,ANT4CN=0,ANT4SRN=65,ANT4SN=0,
ANT4N=R0D,
```

```
    CREATESECTOREQM=FALSE;
    ADD SECTOR: SECTORID=106,SECNAME="SEC6",ANTNUM=4,ANT1CN=0,ANT1SRN=66,ANT1SN=0,ANT1N=R0A,
ANT2CN=0,ANT2SRN=66,
    ANT2SN=0,ANT2N=R0B,ANT3CN=0,ANT3SRN=66,ANT3SN=0,ANT3N=R0C,ANT4CN=0,ANT4SRN=66,ANT4SN=0,
ANT4N=R0D,
    CREATESECTOREQM=FALSE;
```

说明

（1）关于天线数的说明：AAU、HAAU 对应的天线数固定为 0；RRU、pRRU 对应的天线数为设备的通道数。

（2）在当前场景中，pRRU 对应的天线通道数为 4，并且要分别选择 A、B、C、D 四个端口。

2．增加扇区设备

“ADD SECTOREQM”命令用于增加扇区设备，如图 4-43 所示。

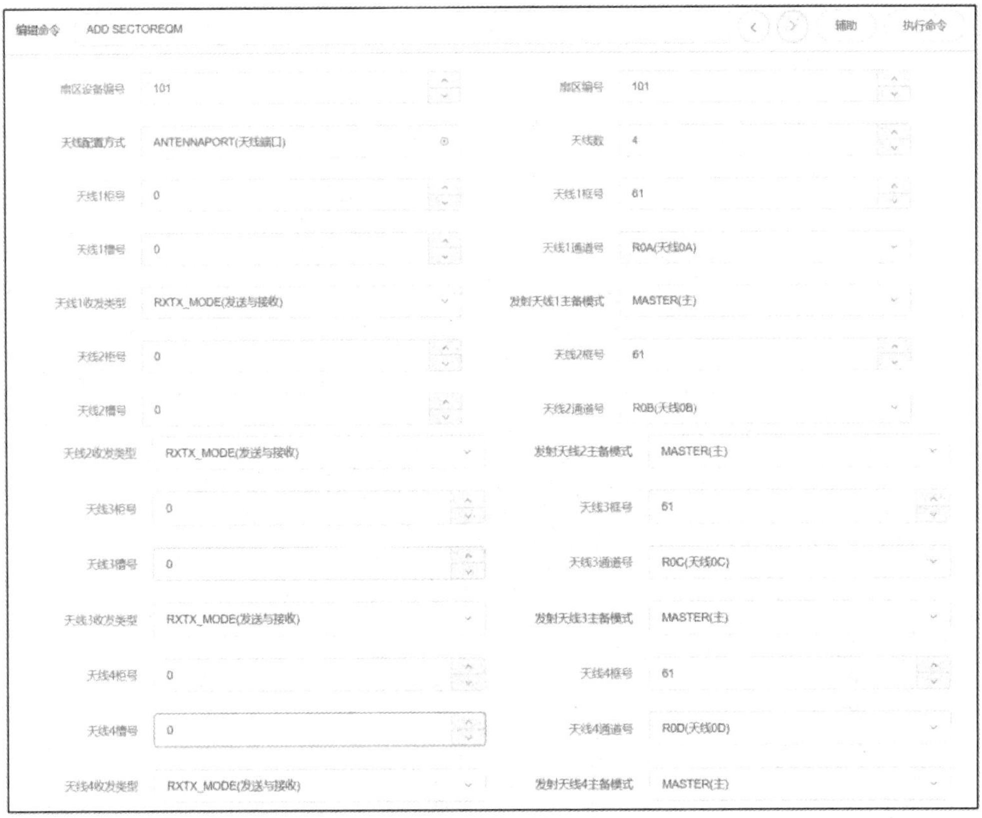

图 4-43　增加扇区设备

代码如下：

```
    ADD SECTOREQM: SECTOREQMID=101, SECTORID=101,ANTCFGMODE=ANTENNAPORT,ANTNUM=4,
ANT1CN=0,ANT1SRN=61,ANT1SN=0,ANT1N=R0A,ANTTYPE1=RXTX_MODE,ANT2CN=0,ANT2SRN=61,ANT2SN=0,ANT2
N=R0B,ANTTYPE2=RXTX_MODE,ANT3CN=0,ANT3SRN=61,ANT3SN=0,ANT3N=R0C,ANTTYPE3=RXTX_MODE,ANT4CN=0,
ANT4SRN=61,ANT4SN=0,ANT4N=R0D, ANTTYPE4=RXTX_MODE;
    ADD SECTOREQM: SECTOREQMID=102,SECTORID=102, ANTCFGMODE=ANTENNAPORT,ANTNUM=4,ANT1CN=0,
ANT1SRN=62, ANT1SN=0,ANT1N=R0A,ANTTYPE1=RXTX_MODE,ANT2CN=0,ANT2SRN=62,ANT2SN=0,ANT2N=R0B,
ANTTYPE2=RXTX_MODE, ANT3CN=0,ANT3SRN=62,ANT3SN=0,ANT3N=R0C,ANTTYPE3=RXTX_MODE,ANT4CN=0,
```

```
ANT4SRN=62,ANT4SN=0,ANT4N=R0D,ANTTYPE4=RXTX_MODE;
    ADD SECTOREQM: SECTOREQMID=103,SECTORID=103,
    ANTCFGMODE=ANTENNAPORT,ANTNUM=4,ANT1CN=0,ANT1SRN=63,ANT1SN=0,ANT1N=R0A,ANTTYPE1=RXTX_M
ODE,ANT2CN=0,ANT2SRN=63,ANT2SN=0,ANT2N=R0B,ANTTYPE2=RXTX_MODE, ANT3CN=0,ANT3SRN=63,ANT3SN=0,
ANT3N=R0C,ANTTYPE3=RXTX_MODE, ANT4CN=0,ANT4SRN=63,ANT4SN=0,ANT4N=ROD,ANTTYPE4=RXTX_MODE;
    ADD SECTOREQM: SECTOREQMID=104, SECTORID=104,ANTCFGMODE=ANTENNAPORT,ANTNUM=4,
ANT1CN=0,ANT1SRN=64,ANT1SN=0,ANT1N=R0A,ANTTYPE1=RXTX_MODE,ANT2CN=0,ANT2SRN=64,ANT2SN=0,ANT2
N=R0B,ANTTYPE2=RXTX_MODE,ANT3CN=0,ANT3SRN=64,ANT3SN=0,ANT3N=R0C,ANTTYPE3=RXTX_MODE,ANT4CN=0
,ANT4SRN=64,ANT4SN=0,ANT4N=ROD,ANTTYPE4=RXTX_MODE;
    ADD SECTOREQM: SECTOREQMID=105, SECTORID=105,
    ANTCFGMODE=ANTENNAPORT,ANTNUM=4,ANT1CN=0,ANT1SRN=65,ANT1SN=0,ANT1N=R0A,
ANTTYPE1=RXTX_MODE,ANT2CN=0,ANT2SRN=65,ANT2SN=0,ANT2N=R0B,ANTTYPE2=RXTX_MODE,
ANT3CN=0,ANT3SRN=65,ANT3SN=0,ANT3N=R0C,
    ANTTYPE3=RXTX_MODE,ANT4CN=0,ANT4SRN=65,ANT4SN=0,ANT4N=R0D,ANTTYPE4=RXTX_MODE;
    ADD SECTOREQM: SECTOREQMID=106, SECTORID=106,
    ANTCFGMODE=ANTENNAPORT,ANTNUM=4,ANT1CN=0,ANT1SRN=66,ANT1SN=0,ANT1N=R0A,ANTTYPE1=RXTX_M
ODE,ANT2CN=0,
    ANT2SRN=66,ANT2SN=0,ANT2N=R0B,ANTTYPE2=RXTX_MODE,ANT3CN=0,ANT3SRN=66,ANT3SN=0,ANT3N=R0C,
    ANTTYPE3=RXTX_MODE, ANT4CN=0,ANT4SRN=66,ANT4SN=0,ANT4N=R0D, ANTTYPE4=RXTX_MODE;
```

说明

（1）天线配置方式需要匹配射频硬件，AAU和HAAU的天线配置方式为BEAM（波束)，RRU和pRRU的天线配置方式为ANTENNAPORT(天线端口)。

（2）如果MML命令“ADD SECTOR”中的参数“是否创建默认扇区设备”设置为“FALSE(否)”，那么执行MML命令“ADD SECTOREQM”，增加扇区设备及扇区设备对应的天线。

（3）在当前场景中，pRRU的天线配置方式为“ANTENNAPORT(天线端口)”，要分别配置A、B、C、D四个端口并配置收发模式。

3. 增加DU小区

（视频）室分单基站无线数据配置-2

“ADD NRDUCELL”命令用于增加DU小区，如图4-44所示。

代码如下：

```
    ADD NRDUCELL: NRDUCELLID=101, NRDUCELLNAME="NRDUCELL1",DUPLEXMODE=CELL_TDD,CELLID=101,
PHYSICALCELLID=101,
    FREQUENCYBAND=N78,DLNARFCN=630000,
    ULBANDWIDTH=CELL_BW_100M, DLBANDWIDTH=CELL_BW_100M,SLOTASSIGNMENT=4_1_DDDSU, SLOTSTRUCTURE=SS2,
    TRACKINGAREAID=0,SSBFREQPOS=7812,LampSiteCellFlag=YES,LOGICALROOTSEQUENCEINDEX=101;
    ADD NRDUCELL: NRDUCELLID=102,NRDUCELLNAME="NRDUCELL2",DUPLEXMODE=CELL_TDD,CELLID=102,
PHYSICALCELLID=102,
    FREQUENCYBAND=N78, DLNARFCN=630000,
    ULBANDWIDTH=CELL_BW_100M, DLBANDWIDTH=CELL_BW_100M,SLOTASSIGNMENT=4_1_DDDSU, SLOTSTRUCTURE=SS2,
    TRACKINGAREAID=0, SSBFREQPOS=7812,LampSiteCellFlag=YES,LOGICALROOTSEQUENCEINDEX=102;
    ADD NRDUCELL: NRDUCELLID=103, NRDUCELLNAME="NRDUCELL3",DUPLEXMODE=CELL_TDD,CELLID=103,
PHYSICALCELLID=103,
    FREQUENCYBAND=N78,DLNARFCN=630000,
    ULBANDWIDTH=CELL_BW_100M, DLBANDWIDTH=CELL_BW_100M,SLOTASSIGNMENT=4_1_DDDSU,
SLOTSTRUCTURE=SS2,
    TRACKINGAREAID=0,SSBFREQPOS=7812,LampSiteCellFlag=YES,LOGICALROOTSEQUENCEINDEX=103;
    ADDNRDUCELL: NRDUCELLID=104,NRDUCELLNAME="NRDUCELL4",DUPLEXMODE=CELL_TDD, CELLID=104,
PHYSICALCELLID=104,
```

```
    FREQUENCYBAND=N78, DLNARFCN=630000,
    ULBANDWIDTH=CELL_BW_100M, DLBANDWIDTH=CELL_BW_100M,SLOTASSIGNMENT=4_1_DDDSU, SLOTSTRUCTURE=SS2,
    TRACKINGAREAID=0, SSBFREQPOS=7812,LampSiteCellFlag=YES,LOGICALROOTSEQUENCEINDEX=104;
    ADD NRDUCELL: NRDUCELLID=105, NRDUCELLNAME="NRDUCELL5", DUPLEXMODE=CELL_TDD,CELLID=105,
PHYSICALCELLID=105,
    FREQUENCYBAND=N78, DLNARFCN=630000,
    ULBANDWIDTH=CELL_BW_100M, DLBANDWIDTH=CELL_BW_100M,SLOTASSIGNMENT=4_1_DDDSU, SLOTSTRUCTURE=SS2,
    TRACKINGAREAID=0,SSBFREQPOS=7812,LampSiteCellFlag=YES,LOGICALROOTSEQUENCEINDEX=105;
    ADD NRDUCELL: NRDUCELLID=106, NRDUCELLNAME="NRDUCELL6", DUPLEXMODE=CELL_TDD,
CELLID=106, PHYSICALCELLID=106,
    FREQUENCYBAND=N78,DLNARFCN=630000,
    ULBANDWIDTH=CELL_BW_100M, DLBANDWIDTH=CELL_BW_100M,SLOTASSIGNMENT=4_1_DDDSU,
SLOTSTRUCTURE=SS2,
    TRACKINGAREAID=0, SSBFREQPOS=7812,LampSiteCellFlag=YES,LOGICALROOTSEQUENCEINDEX=106;
```

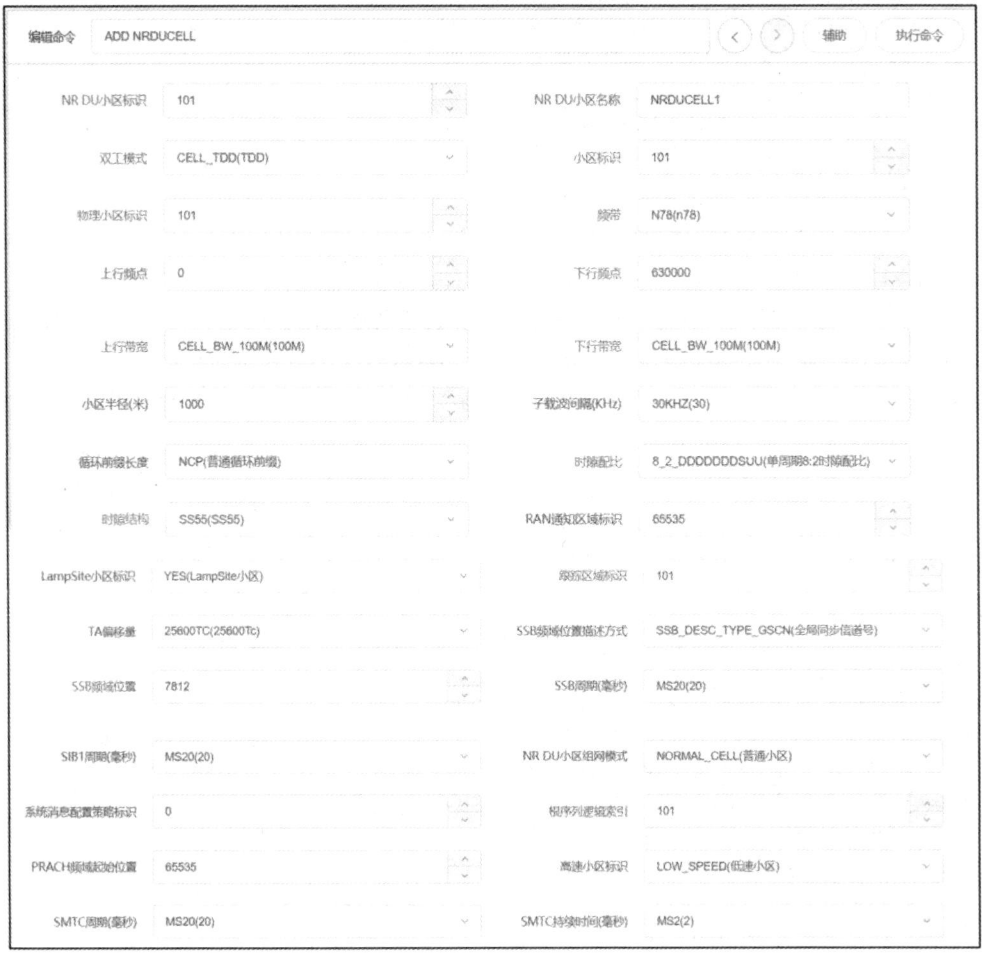

图 4-44 增加 DU 小区

说明

（1）小区参考信号端口数不能超过小区物理天线数。

（2）“根序列逻辑索引”表示生成小区前导序列的起始逻辑根序列索引，每个逻辑根序列对应一个物理根序列，它们的对应关系参见 3GPP TS 38.211。

（3）在增加小区时需要添加 SSB 绝对频点和 SSB 全局同步信道号。

4．增加 DU 小区的 TRP

“ADD NRDUCELLTRP”命令用于增加 DU 小区的 TRP，如图 4-45 所示。

编辑命令　ADD NRDUCELLTRP　辅助　执行命令

NR DU小区TRP标识	101	NR DU小区标识	101
发送和接收模式	4T4R(四发四收)	基带设备标识	255
功率配置模式	TRANSMIT_POWER(发射功率)	最大发射功率(0.1毫瓦分贝)	100
CPRI压缩	3DOT2_COMPRESSION(3.2:1压缩)	基带资源互助开关	OFF(关)
分支CPRI压缩	3DOT2_COMPRESSION(3.2:1压缩)	天线极化模式	NULL(无效值)

图 4-45　增加 DU 小区的 TRP

代码如下：

```
    ADD NRDUCELLTRP: NrDuCellTrpld=101,NrDuCellld=101,TxRxMode=4T4R,
PowerConfigMode=TRANSMIT_POWER,MaxTransmitPower=100,CpriCompression=NO_COMPRESSION,
BbResMutualAidSw=ON;
    ADD NRDUCELLTRP: NrDuCellTrpld=102,NrDuCeld=102,TxR×Mode=4T4R,
PowerConfigMode=TRANSMIT_POWER,MaxTransmitPower=100,CpriCompression=NO_COMPRESSION,
BbResMutualAidSw=ON;
    ADD NRDUCELLTRP: NrDuCellTrpld=103, NrDuCelld=103,TxRxMode=4T4R,PowerConfigMode=TRANSMIT_POWER,
MaxTransmitPower=100,CpriCompression=NO_COMPRESSION, BbResMutualAidSw=ON;
    ADD NRDUCELLTRP: NrDuCellTrpld=104,NrDuCeld=104,TXRxMode=4T4R,
PowerConfigMode=TRANSMIT_POWER,MaxTransmitPower=100,CpriCompression=NO_COMPRESSION,
BbResMutualAidSw=ON;
    ADD NRDUCELLTRP: NrDuCellTrpld=105, NrDuCelld=105,TxRxMode=4T4R,
PowerConfigMode=TRANSMIT_POWER,MaxTransmitPower=100,CpriCompression=NO_COMPRESSION,BbResMut
ualAidSw=ON;
    ADD NRDUCELLTRP: NrDuCellTrpld=106, NrDuCeld=106,TXRxMode=4T4R,
PowerConfigMode=TRANSMIT_POWER,MaxTransmitPower=100,CpriCompression=NO_COMPRESSION,
BbResMutualAidSw=ON;
```

说明

（1）通过设置参数“最大发射功率(0.1 毫瓦分贝)”可以修改小区发射功率，但是设置的功率不能超过 RRU 能力。

（2）发送和接收模式需要匹配硬件的实际通道能力，如 4T4R 的 pRRU，此参数就要配置为 4T4R（四发、四收）。

5．增加 DU 小区覆盖区

“ADD NRDUCELLCOVERAGE”命令用于增加 DU 小区覆盖区，如图 4-46 所示。

编辑命令	ADD NRDUCELLCOVERAGE		
NR DU小区TRP标识	101	NR DU小区覆盖区标识	101
扇区设备标识	101	最大发射功率(0.1毫瓦分贝)	65535

图 4-46　增加 DU 小区覆盖区

代码如下：

```
ADD NRDUCELLCOVERAGE: NrDuCellTrpld=101,NrDuCellCoverageld=101,SectorEqmld=101;
ADD NRDUCELLCOVERAGE: NrDuCellTrpld=102,NrDuCellCoverageld=102,SectorEqmld=102;
ADD NRDUCELLCOVERAGE: NrDuCellTrpld=103,NrDuCellCoverageld=103,SectorEqmld=103;
ADD NRDUCELLCOVERAGE: NrDuCellTrpld=104,NrDuCellCoverageld=104,SectorEqmld=104;
ADD NRDUCELLCOVERAGE: NrDuCellTrpld=105,NrDuCellCoverageld=105,SectorEqmld=105;
ADD NRDUCELLCOVERAGE: NrDuCellTrpld=106,NrDuCellCoverageld=106,SectorEqmld=106;
```

说明

这条命令里的参数“最大发射功率(0.1 毫瓦分贝)”保持默认即可。

6. 增加小区

“ADD NRCELL”命令用于增加小区（即 CU 小区），如图 4-47 所示。

编辑命令	ADD NRCELL		
NR小区标识	101	小区名称	NRCELL1
小区标识	101	频带	N78(n78)
双工模式	CELL_TDD(TDD)	用户标签	

图 4-47　增加小区

代码如下：

```
ADD NRCELL: NrCellld=101,CeName="NRCELL1",CeIlld=101,FrequencyBand=N78, DuplexMode=CELL_TDD;
ADDNRCELL: NrCelld=102,CellName="NRCELL2", Cellld=102,FrequencyBand=N78, DuplexMode=CELL_TDD;
ADD NRCELL: NrCelld=103,CelName="NRCELL3",Cellld=103,FrequencyBand=N78, DuplexMode=CELL_TDD;
ADD NRCELL: NrCellld=104,CellName="NRCELL3", Celld=104, FrequencyBand=N78, DuplexMode=CELL_TDD;
ADD NRCELL: NrCellld=105, CellName="NRCELL3",Cellld=105,FrequencyBand=N78, DuplexMode=CELL_TDD;
ADD NRCELL: NrCellld=106,CelIName="NRCELL3", Cellld=106,FrequencyBand=N78, DuplexMode=CELL_TDD;
```

说明

“频带”“双工模式”需要与关联的 NRDUCELL 的参数保持一致。

7. 激活小区

“ACT NRCELL”命令用于激活小区，如图 4-48 所示。

（视频）室分单基站无线数据配置-3

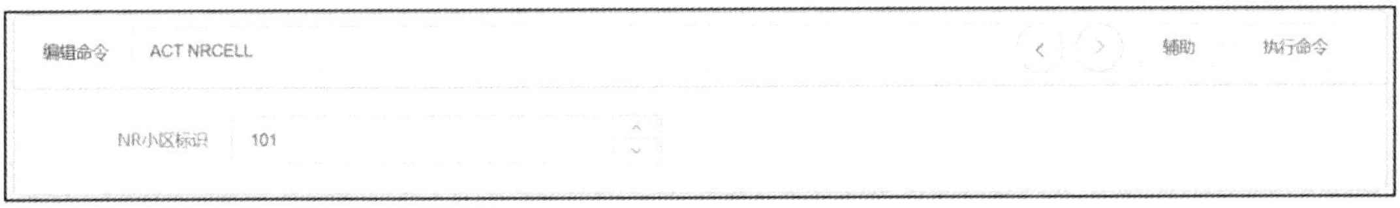

编辑命令
ACT NRCELL
辅助
执行命令
NR小区标识
101

图 4-48　激活小区

代码如下：

```
ACT NRCELL: NrCelld=101;
ACT NRCELL : NrCed=102;
ACT NRCELL: NrCellld=103;
ACT NRCELL: NrCelld=104;
ACT NRCELL : NrCellld=105;
ACT NRCELL: NrCellld=106;
```

说明

该命令执行成功不代表小区已经激活，需要通过“DSP NRCELL”命令进行查询，确认小区能够成功激活对应的 DU 小区，也要保证能够正常工作。

8. 创建同频邻区关系

同频邻区关系如图 4-49 所示。小区 2 与小区 1、小区 3 是同频邻区，小区 2 与小区 5、小区 6 是异频邻区（当前版本不支持配置），小区 2 与小区 7 是外部同频邻区，小区 2 与小区 10 是外部异频邻区（当前版本不支持配置）。

100MHz
100MHz
1
2
3
4
5
6
外部小区
外部小区
7
8
9
10
11
12
gNB1
gNB2

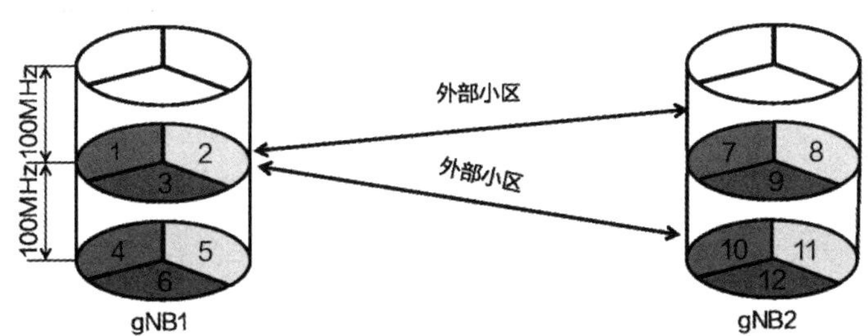

图 4-49　同频邻区关系

“ADD NRCELLRELATION”命令用于创建同频邻区关系，如图 4-50 所示。

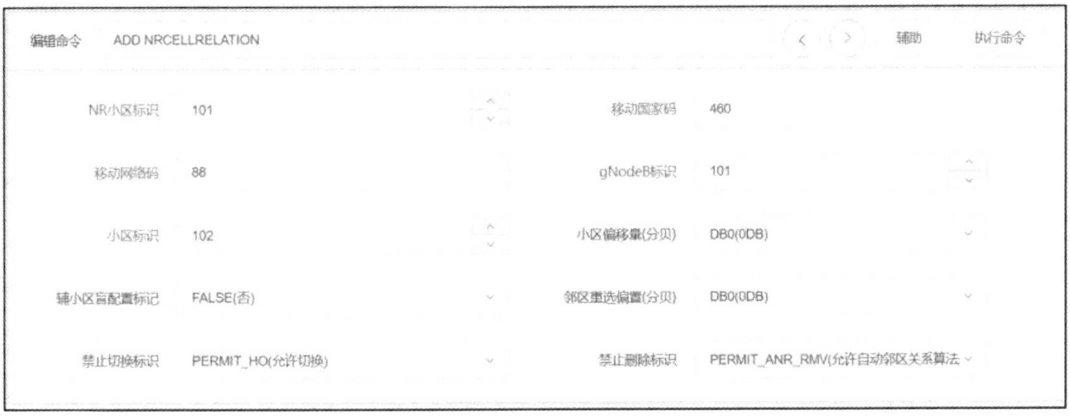

编辑命令
ADD NRCELLRELATION
辅助
执行命令
NR小区标识
101
移动国家码
460
移动网络码
88
gNodeB标识
101
小区标识
102
小区偏移量(分贝)
DB0(0DB)
辅小区盲配置标记
FALSE(否)
邻区重选偏置(分贝)
DB0(0DB)
禁止切换标识
PERMIT_HO(允许切换)
禁止删除标识
PERMIT_ANR_RMV(允许自动邻区关系算法

图 4-50　创建同频邻区关系

代码如下：

```
ADD NRCELLRELATION: NrCellld=101, Mcc="460", Mnc="88", gNBld=101,Cellld=102;
ADD NRCELLRELATION: NrCellld=101,Mcc="460", Mnc="88", gNBld=101,Celld=103;
ADD NRCELLRELATION: NrCellld=101,Mcc="460", Mnc="88", gNBld=101,Celld=104;
ADD NRCELLRELATION: NrCellld=101,MCc="460", Mnc="88", gNBld=101,Cellld=105;
ADD NRCELLRELATION: NrCelld=101,Mcc="460", Mnc="88", gNBld=101,Cellld=106;
ADD NRCELLRELATION: NrCelld=102, Mcc="460", Mnc="88", gNBld=101,Celld=101;
ADD NRCELLRELATION: NrCellld=102,Mcc="460", Mnc="88" , gNBld=101,Cellld=103;
ADD NRCELLRELATION: NrCellld=102,Mcc="460", Mnc="88", gNBld=101,Celld=104;
ADD NRCELLRELATION: NrCellld=102, Mcc="460" , Mnc="88", gNBld=101,Cellld=105;
ADD NRCELLRELATION: NrCellld=102, Mcc="460", Mnc="88", gNBId=101,Cellld=106;
ADD NRCELLRELATION: NrCelld=103, Mcc="460", Mnc="88", gNBld=101,Celld=101;
ADD NRCELLRELATION: NrCellld=103,Mcc="460", Mnc="88", gNBld=101,Celld=102;
ADD NRCELLRELATION: NrCellld=103,Mcc="460", Mnc="88", gNBld=101, Cellld=104;
ADD NRCELLRELATION: NrCelld=103,MCc="460", Mnc="88", gNBld=101,Cellld=105;
ADD NRCELLRELATION: NrCellld=103, Mcc="460", Mnc="88", gNBld=101,Celld=106;
ADD NRCELLRELATION: NrCellld=104,McC="460", Mnc="88" , gNBld=101,Celld=101;
ADD NRCELLRELATION: NrCeld=104, Mcc="460",Mnc="88", gNBld=101,Cellld=102;
ADD NRCELLRELATION: NrCellld=104,Mcc="460", Mnc="88", gNBld=101,Cellld=103;
ADD NRCELLRELATION: NrCelld=104, Mcc="460", Mnc="88" , gNBld=101,Cellld=105;
ADD NRCELLRELATION: NrCelld=104, Mcc="460", Mnc="88", gNBld=101,Cellld=106;
ADD NRCELLRELATION: NrCellld=105, Mcc="460", Mnc="88" , gNBld=101,Celld=101;
ADD NRCELLRELATION: NrCellld=105,Mcc="460", Mnc="88", gNBld=101,Cellld=102;
ADD NRCELLRELATION: NrCelld=105,Mcc="460", Mnc="88", gNBld=101, Celld=103;
  ADD NRCELLRELATION: NrCelld=105,Mcc="460" , Mnc="88", gNBld=101, Celd=104;
ADD NRCELLRELATION: NrCellld=105, Mcc="460" , Mnc="88", gNBld=101,Cellld=106;
 ADD NRCELLRELATION: NrCellld=106,Mcc="460" , Mnc="88", gNBld=101,Celld=102;
ADD NRCELLRELATION: NrCellld=106,Mcc="460", Mnc=88", gNBld=101,Cellld=103;
ADD NRCELLRELATION: NrCelld=106,Mcc="460", Mnc="88", gNBld=101,Cellld=104;
ADD NRCELLRELATION: NrCelld=106,Moc="460", Mnc=""88", gNBld=101,Celld=105;
```

说明

5GStar 中单站和双站的场景都是需要配置邻区关系的，即发生同频切换的两个小区之间需要配置同频邻区关系。

（动画）室分单基站的业务验证

【任务评价】

任务点	考核点		
	初级	中级	高级
配置全局数据	结合课本，配置全局数据	熟悉各命令，配置全局数据	（1）熟悉各命令，配置全局数据 （2）掌握各命令中参数设置的原理
配置设备数据	结合课本，配置设备数据	熟悉各命令，配置设备数据	（1）熟悉各命令，配置设备数据 （2）掌握各命令中参数设置的原理
配置传输数据	结合课本，配置传输数据	熟悉各命令，配置传输数据	（1）熟悉各命令，配置传输数据 （2）掌握各命令中参数设置的原理
配置无线数据	结合课本，配置无线数据	熟悉各命令，配置无线数据	（1）熟悉各命令，配置无线数据 （2）掌握各命令中参数设置的原理

【任务小结】

本任务主要介绍了 5G 室分单基站的配置流程，包括全局数据、设备数据、传输数据和无线数据的配置，并详细阐述了相关参数。通过本任务的学习，学生应该能够独立完成 5G 室分单基站的配置。

【自我评测】

（文档）参考答案

1．配置 gNodeB 小区的时候，在（　　）命令中设置小区发射功率。

A．ADD NRDUCELL　　B．ADD NRDUCELLTRP

C．ADD NRDUCELLCOVERAGE　　D．ADD NRCELL

2．可在旧传输配置模式中增加一条 IP 路由的命令是（　　）。

A．ADD DEVIP　　B．ADD IPRT

C．ADD IPADDR4　　D．ADD IPROUTE4

3．gNodeB 的时钟源的工作模式有（　　）。（多选）

A．自动　　B．手动　　C．自由振荡　　D．快捕

4．在基站的传输配置流程中，底层配置包含（　　）。（多选）

A．物理层　　B．数据链路层　　C．传输层　　D．网络层

5．命令“ADD RRU”和命令“ADD SUBRACK”中的“框号”取值是否相同？为什么？

任务三：基于 5GStar 的 5G 宏站双基站的数据配置与调测实训

【任务目标】

知识目标	（1）掌握宏站双基站的整体数据配置流程 （2）区分宏站和室分的数据配置的不同
技能目标	利用 5GStar 软件配置宏站双基站
素质目标	（1）通过配置 5G 宏站双基站过程，培养学生动手实践和分析问题的能力 （2）正确看待配置过程中出现的故障问题，学习华为在 5G 领域取得的成就，增强民族自豪感和自信心 （3）在排查故障的过程中，提升责任担当意识
重难点	重点：掌握传输数据的配置过程 难点：掌握无线数据的配置过程
学习方法	实操演练法、对比学习法、合作学习法

【情境导入】

工业和信息化部发布的《2021 年通信业统计公报》显示，2021 年我国通信行业保持稳中向好运行态势，电信业务收入稳步提升，累计完成 1.47 万亿元，比上年增长 8.0%。按照上年不变单价计算，全年电信业务总量较快增长，完成 1.7 万亿元，比上年增长 27.8%。

工业和信息化部有关负责人表示，“增长水平不断提升的同时，我国通信业发展质量也在持续增强。以 5G、千兆光纤网为代表的新型基础设施加快构建，网络供给能力不断增强。”。

从网络覆盖水平看，截至 2021 年底，我国累计建成并开通 142.5 万个 5G 基站，建成全球最大 5G 网，实现覆盖所有地级市城区、超过 98%的县城城区和 80%的乡镇镇区。我国 5G 基站总量占全球 60%以上，每万人拥有 5G 基站数达到 10.1 个，比上年末提高近 1 倍。超 300 个城市启动千兆光纤宽带网络建设。

【任务资讯】

5G 宏站数据配置（如图 4-51 所示）和室分数据配置的流程大致一致，主要分为 5 个模块，即硬件部署、配置全局数据、配置设备数据配置、配置传输数据和配置无线数据。

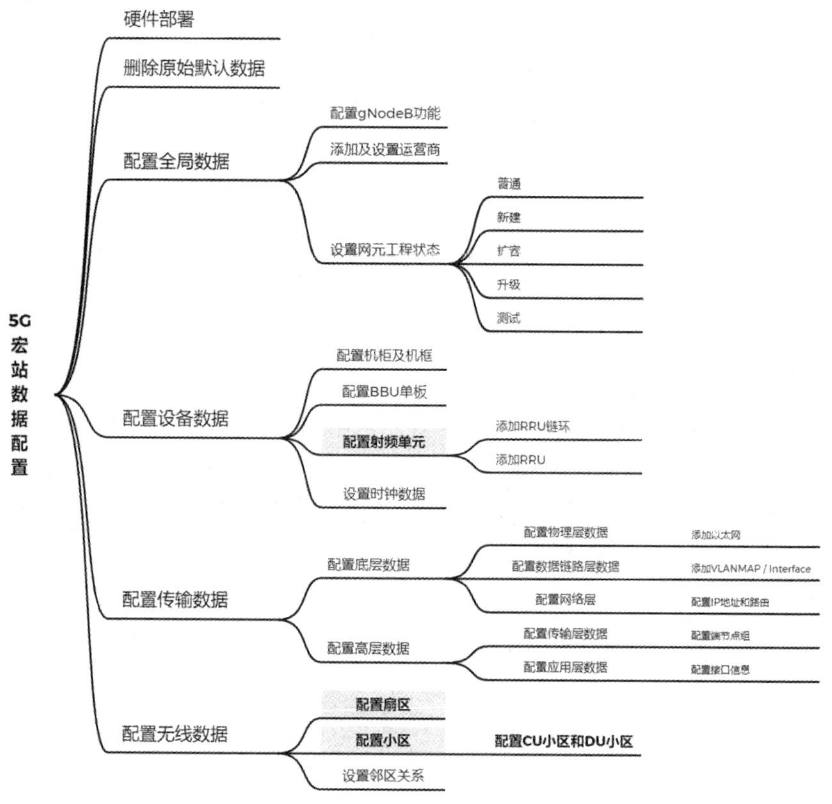

图 4-51 5G 宏站双基站的数据配置脑图

宏站数据配置和室分数据配置的差异体现在配置设备数据和配置无线数据这两个模块。设备数据配置的差异主要体现在射频模块 RRU 的配置上，在宏站 RRU 配置过程中，涉及到的命令是添加 RRU 链环和和 RRU，即 ADD RRUCHAIN 和 ADD RRU；而室分数据配置除此之外，还需要添加 RHUB 链环和 RHUB，即 ADD RRUCHAIN 和 ADD RHUB。宏站和室分的无线数据配置的差异主要体现在扇区和 DU 小区的一些参数配置上。

（视频）宏站双基站硬件部署

【任务实施】

4.3.1 硬件部署

gNodeB101 的硬件部署和 gNodeB102 的硬件部署分别如图 4-52 和图 4-53 所示。在页面左上角基站处可以切换 gNodeB101 和 gNodeB102。

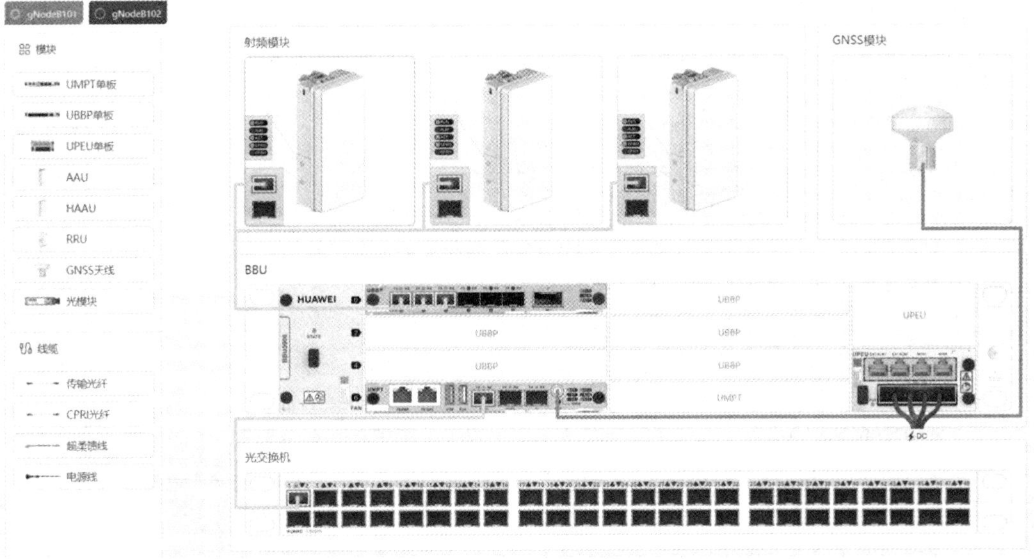

图 4-52　gNodeB101 的硬件部署

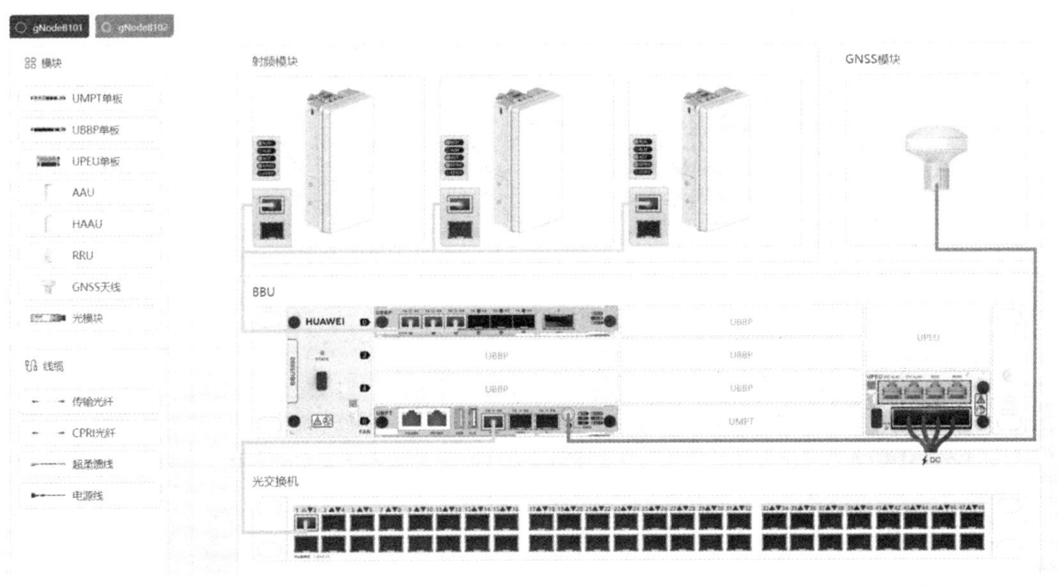

图 4-53　gNodeB102 的硬件部署

4.3.2　配置全局数据

（视频）宏站双基站配置全局数据

全局数据命令框如表 4-9 所示。

表 4-9　全局数据命令框

功能应用	MML 命令
gNodeB 功能	增加应用："ADD APP" 增加基站功能："ADD GNODEBFUNCTION"
运营商	增加运营商信息："ADD GNBOPERATOR" 增加跟踪区："ADD GNBTRACKINGAREA"
网元工程状态	设置网元工程状态："SET MNTMODE"

1. 增加 gNodeB 功能

“ADD GNODEBFUNCTION”命令用于增加 gNodeB 功能，如图 4-54 所示。

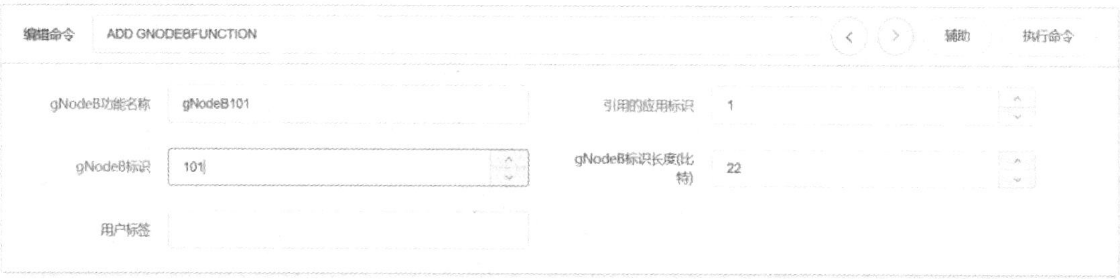

图 4-54 增加 gNodeB 功能

gNodeB101 的代码如下：

```
ADD GNODEBFUNCTION: gNodeBFunctionName="5GStar",ReferencedApplicationld=1, gNBld=101;
```

gNodeB102 的代码如下：

```
ADD GNODEBFUNCTION: gNodeBFunctionName="5GStar",ReferencedApplicationld=1, gNBld=102;
```

说明

5GStar 目前只支持独立组网模式。

2. 增加 gNodeB 的运营商信息

“ADD GNBOPERATOR”命令用于增加 gNodeB 的运营商信息，如图 4-55 所示。

图 4-55 增加 gNodeB 的运营商信息

gNodeB101 的代码如下：

```
ADD GNBOPERATOR: Operatorld=0, OperatorName="HUAWEI",Mcc="460",Mnc="88", NrNetworking
选项=SA;
```

gNodeB102 的代码如下：

```
ADD GNBOPERATOR: Operatorld=0, OperatorName="HUAWEI", Mcc="460",Mnc="88",NrNetworking
选项=SA;
```

说明

5GStar 目前只支持独立组网模式。

3. 增加 gNodeB 的跟踪区域信息

“ADD GNBTRACKINGAREA”命令用于增加 gNodeB 的跟踪区域信息，如图 4-56 所示。

编辑命令　ADD GNBTRACKINGAREA　辅助　执行命令

跟踪区域标识　0　跟踪区域码　101

图 4-56　增加 gNodeB 的跟踪区域信息

gNodeB101 的代码如下：

```
ADD GNBTRACKINGAREA: TrackingAreald=0, Tac=101;
```

gNodeB102 的代码如下：

```
ADD GNBTRACKINGAREA: TrackingAreald=0, Tac=102;
```

说明

（1）gNodeB 最多可以配置 108 条 GNBTRACKINGAREA 记录；

（2）“跟踪区域码”（Tracking Area Code，TAC）用于核心网界定寻呼消息的发送范围，一个跟踪区可能包含一个或多个小区。

4. 设置网元工程状态

“SET MNTMODE”命令用于设置网元工程状态，如图 4-57 所示。

编辑命令　SET MNTMODE　辅助　执行命令

工程状态　INSTALL(新建)　工程状态设置起始时间　2000-01-01 00:00:00

工程状态设置结束时间　2037-12-31 23:59:59　工程状态设置说明

图 4-57　设置网元工程状态

gNodeB101 和 gNodeB102 的代码如下：

```
SET MNTMODE:MNTMODE=TESTING, ST=2000&01&01&00&00&00,ET=2037&12831&23&59&59;
```

说明

（1）只有工程状态为“NORMAL(普通)”时不需要设置时间，其他状态均需要设置时间。

（2）网元的工程状态可以设置成“NORMAL(普通)”“INSTALL(新建)”“EXPAND(扩容)”“UPGRADE(升级)”“TESTING(调测)”等。

（3）基站初始的网元工程状态是调试状态。

4.3.3 配置设备数据

设备数据是 gNodeB 的硬件参数，其流程和室分基站一样，配置设备数据涉及的命令如表 4-10 所示。设备数据需要严格按照基站规划拓扑进行设置，协商参数取值如表 4-11 所示。

表 4-10　配置设备数据涉及的命令

功能应用		MML 命令
机柜和 BBU	机柜及机框参数	增加机柜：“ADD CABINET” 增加机框：“ADD SUBRACK”
	BBU 单板参数	增加单板：“ADD BRD”

续表

功能应用		MML 命令
射频单元		增加 RRU 链环："ADD RRUCHAIN" 增加射频单元："ADD RRU"
时钟数据	GPS 参考时钟	增加 GPS："ADD GPS" 设置参考时钟源模式："SET CLKMODE" 设置基站时钟同步模式："SET CLKSYNCMODE"
	IEEE 1588 V2 参考时钟	增加 IP 时钟链路："ADD IPCLKLINK" 设置参考时钟源模式："SET CLLMODE" 设置基站时钟同步模式："SET CLKSYNCMODE"

4-11 协商参数取值

协商参数名称	取值
机框型号	BBU5900
风扇单板槽号	16
基带单板槽号	0
主控单板槽号	6
基带工作制式	NR
电源单板槽号	19
RRU 链环组网方式	链形
RRU 链环头光口	0
RRU 链环协议类型	eCPRI
射频单元 RRU 位置	0 柜 60-62 框（101 和 102）
射频单元收发通道数	4
射频单元工作制式	NR_ONLY

1. 增加机柜

"ADD CABINET 命令"用于增加机柜，如图 4-58 所示。

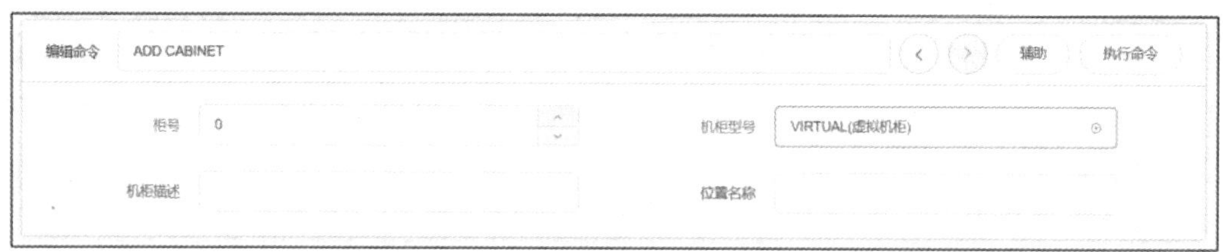

图 4-58 增加机柜

gNodeB101 和 gNodeB102 的代码如下：

```
ADD CABINET:CN=0,TYPE=VIRTUAL;
```

说明

5G 场景当前支持配置 BTS5900、DBS5900、BBU3910，现网开站时一般此处都配置为"VIRTUAL"。

2. 增加机框

"ADD SUBRACK"命令用于增加机框，如图 4-59 所示。

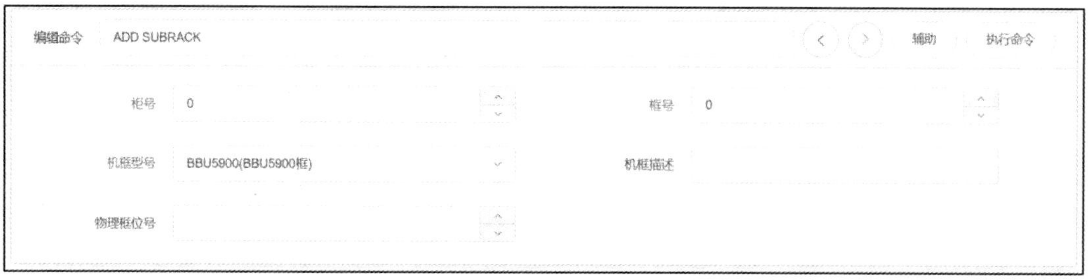

图 4-59　增加机框

gNodeB101 和 gNodeB102 的代码如下：

```
ADD SUBRACK: CN=0, SRN=0,TYPE=BBU5900;
```

说明

（1）在命令“ADD CABINET”中定义机框所在的柜号；

（2）当增加 BBU 机框时，框号应该设置为 0 或 1，5GStar 支持配置 0。

（3）5GStar 场景中，只支持“机框型号”配置为“BBU5900(BBU5900 框)”。

3．增加单板

“ADD BRD”命令用于在 BBU 框中增加一块单板，BBU 框中需要增加风扇单板、基带单板、主控单板及电源单板。增加主控单板如图 4-60 所示，增加基带单板如图 4-61 所示，增加风扇单板如图 4-62 所示，增加电源单板如图 4-63 所示。

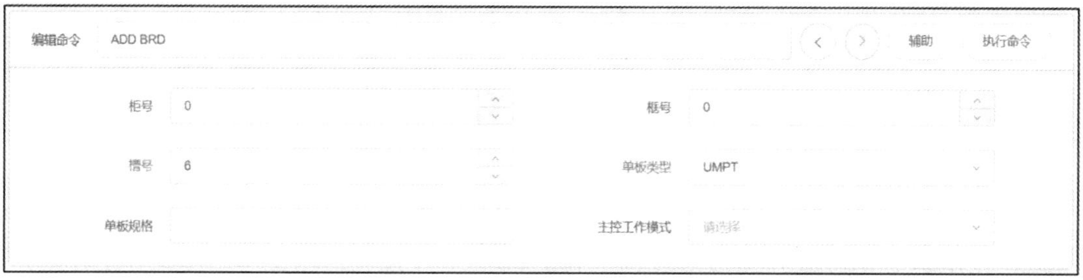

图 4-60　增加主控单板

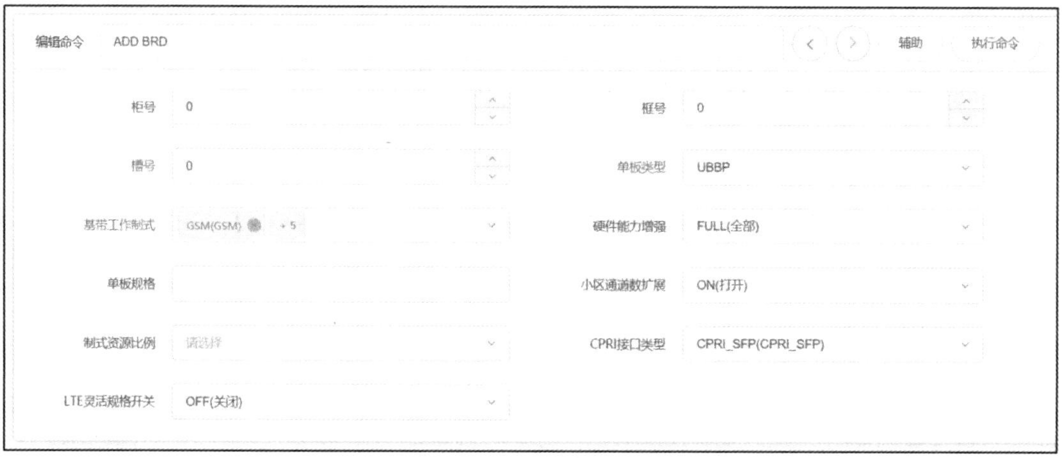

图 4-61　增加基带单板

编辑命令 ADD BRD 辅助 执行命令

柜号 0 框号 0

槽号 16 单板类型 FAN

图 4-62 增加风扇单板

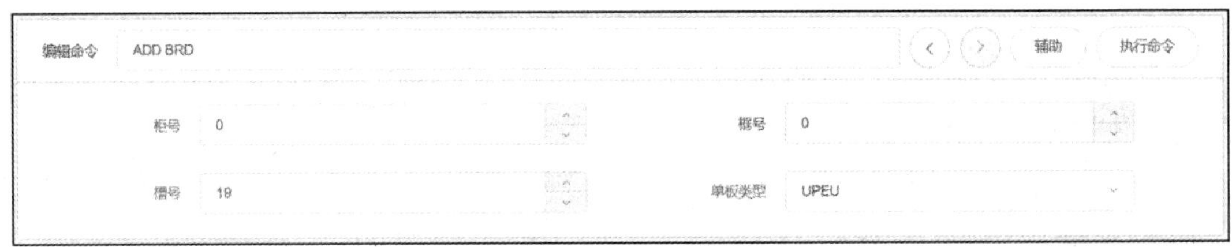

图 4-63 增加电源单板

gNodeB101 的代码如下：

```
ADD BRD: SN=6,BT=UMPT;
```

gNodeB102 的代码如下：

```
ADD BRD: SN=6,BT=UMPT;
```

说明

（1）增加主控单板后，基站会自动重启，时间为 3min~5min。

（2）在 5G 场景中，“单板类型”只支持“UMPT”。

（3）增加主控单板、基带单板、风扇单板和电源单板的命令都是一样的，区别是选择的槽号不同：6、7 号槽位为主控单板，0~5 号槽位为基带单板，16 号槽位为风扇单板，18、19 号槽位为电源单板。

gNodeB101 的代码如下：

```
ADD BRD: SN=0, BT=UBBP,BBWS=NR-1;
```

gNodeB102 的代码如下：

```
ADD BRD: SN=0, BT=UBBP, BBWS=NR-1;
```

说明

（1）5GStar 目前支持半宽 UBBPg 单板，所以“单板类型”选择“UBBP”。

（2）全宽类型的 UBBPfw1 单板的“单板类型”选择“UBBP-W”。

（3）目前 5GStar 只支持半宽类型单板。

（4）一般的基站配置是 3 个小区，每个小区有 1 个 AAU，而安装的 3 个 AAU 可以不挂在一块基带单板上，但是挂在不同基带单板上时需要增加多条基带单板的添加命令。

gNodeB101 和 gNodeB102 的代码如下：

```
ADD BRD: SN=16, BT=FAN;ADD BRD: SN=19,BT=UPEU;
```

4. 增加 RRU 链环

“ADD RRUCHAIN”命令用于增加 RRU 链环，如图 4-64 所示。

（视频）宏站双基站配置设备数据-2

编辑命令 ADD RRUCHAIN 辅助 执行命令

链环号	0	组网方式	CHAIN(链型)
备份模式	COLD(冷备份)	接入方式	LOCALPORT(本端端口)
链/环头柜号	0	链/环头框号	0
链/环头槽号	0	链/环头光口号	0
链/环头子端口号	0	协议类型	eCPRI(eCPRI)
严重误码秒门限	1E-6(1E-6)	CPRI线速率(吉比特/秒)(吉比特/秒)	AUTO(自协商)
速率协商自定义开关	OFF(关闭)	预留带宽	NULL(NULL)

图 4-64 增加 RRU 链环

gNodeB101 的代码如下：

```
    ADD RRUCHAIN: RCN=0, TT=CHAIN, BM=COLD,AT=LOCALPORT,HSRN=0, HSN=0,HPN=0,PROTOCOL=eCPRI,
CR=AUTO,
    USERDEFRATENEGOSW=OFF;
    ADD RRUCHAIN:RCN=1, TT=CHAIN, BM=COLD,AT=LOCALPORT, HSRN=0, HSN=0,HPN=1,PROTOCOL=eCPRI,
CR=AUTO,
    USERDEFRATENEGOSW=OFF;
    ADD RRUCHAIN: RCN=2,TT=CHAIN, BM=COLD, AT=LOCALPORT, HSRN=0,HSN=0,HPN=2,PROTOCOL=eCPRI,
CR=AUTO,
    USERDEFRATENEGOSW=OFF;
```

gNodeB102 的代码如下：

```
    ADD RRUCHAIN: RCN=0, TT=CHAIN, BM=COLD,AT=LOCALPORT,HSRN=0, HSN=0,HPN=0,PROTOCOL=eCPRI,
CR=AUTO,
    USERDEFRATENEGOSW=OFF;
    ADD RRUCHAIN:RCN=1, TT=CHAIN, BM=COLD,AT=LOCALPORT, HSRN=0, HSN=0,HPN=1,PROTOCOL=eCPRI,
CR=AUTO,
    USERDEFRATENEGOSW=OFF;
    ADD RRUCHAIN: RCN=2,TT=CHAIN, BM=COLD,AT=LOCALPORT, HSRN=0, HSN=0,HPN=2,PROTOCOL=eCPRI,
CR=AUTO,
    USERDEFRATENEGOSW=OFF;
```

说明

（1）射频设备为 AAU、HAAU 时，增加链/环使用的命令也是“ADD RRUCHAIN”，当前场景使用 AAU 设备。

（2）当增加 RRU 链环时，若为链，则需保证链/环头柜号、链/环头框号、链/环头槽号对应的基带板必须已配。

（3）需要注意协议类型。若射频硬件使用 AAU、HAAU，则协议类型为 eCPRI；若射频硬件使用 RRU、pRRU，则协议类型为 CPRl。

（4）添加多条 RRU 链时，不同的链环号不能重复。

5．增加射频单元

“ADD RRU”命令用于增加射频单元（AAU 或 RRU），如图 4-65 所示，增加射频单元之前必须先使用“ADD RRUCHAIN”命令增加射频单元的链/环。

编辑命令 ADD RRU 辅助 执行命令

柜号	0	框号	60
槽号	0	拓扑位置	TRUNK(主链环)
RRU链/环编号	0	RRU在链中的插入位置	0
RRU类型	AIRU	射频单元工作制式	NO(NR_ONLY)
RRU名称		接收通道个数	0
发射通道个数	0	驻波比告警后处理开关	OFF(关闭)
驻波比告警后处理门限(0.1)	30	驻波比告警门限(0.1)	20

图 4-65 增加射频单元

gNodeB101 的代码如下：

```
    ADD RRU: CN=0, SRN=60, SN=0,TP=TRUNK, RCN=0, PS=0, RT=AIRU,RS=NO, RXNUM=0,TXNUM=0,
MNTMODE=NORMAL,
    RFDCPWROFFALMDETECTSW=OFF,RFTXSIGNDETECTSW=OFF;
    ADD RRU: CN=0,SRN=61, SN=0,TP=TRUNK, RCN=1, PS=0, RT=AIRU,RS=NO,RXNUM=0,TXNUM=0,
MNTMODE=NORMAL,
    RFDCPWROFFALMDETECTSW=OFF,RFTXSIGNDETECTSW=OFF;
    ADD RRU: CN=0,SRN=62,SN=0, TP=TRUNK, RCN=2,PS=0, RT=AIRU,RS=NO,RXNUM=0,TXNUM=0,
MNTMODE=NORMAL,
    RFDCPWROFFALMDETECTSW=OFF,RFTXSIGNDETECTSW=OFF;
```

gNodeB102 的代码如下：

```
    ADD RRU: CN=0, SRN=60, SN=0, TP=TRUNK,RCN=0, PS=0,RT=AIRU,RS=NO, RXNUM=0,
TXNUM=0,MNTMODE=NORMAL,
    RFDCPWROFFALMDETECTSW=OFF,RFTXSIGNDETECTSW=OFF;
    ADD RRU: CN=0, SRN=61,SN=0, TP=TRUNK,RCN=1, PS=0,RT=AIRU,RS=NO, RXNUM=0, TXNUM=0,
MNTMODE=NORMAL,
    RFDCPWROFFALMDETECTSW=OFF,RFTXSIGNDETECTSW=OFF;
    ADD RRU: CN=0,SRN=62, SN=0,TP=TRUNK, RCN=2, PS=0,RT=AIRU,RS=NO,RXNUM=0,TXNUM=0,
MNTMODE=NORMAL,
    RFDCPWROFFALMDETECTSW=OFF,RFTXSIGNDETECTSW=OFF;
```

说明

（1）射频设备为 AAU、HAAU 时，增加射频单元使用的命令也是“ADD RRU”，宏站 S1 站型使用 AAU 设备。

（2）不同射频的区别主要在于 RRU 类型和接收/发射通道数，其原理和室分基站一样。

6．增加 GPS 时钟链路

“ADD GPS”命令用于增加 GPS 时钟链路（见图 4-66），作为 gNodeB 的外部时钟源。

（视频）双基站配备数

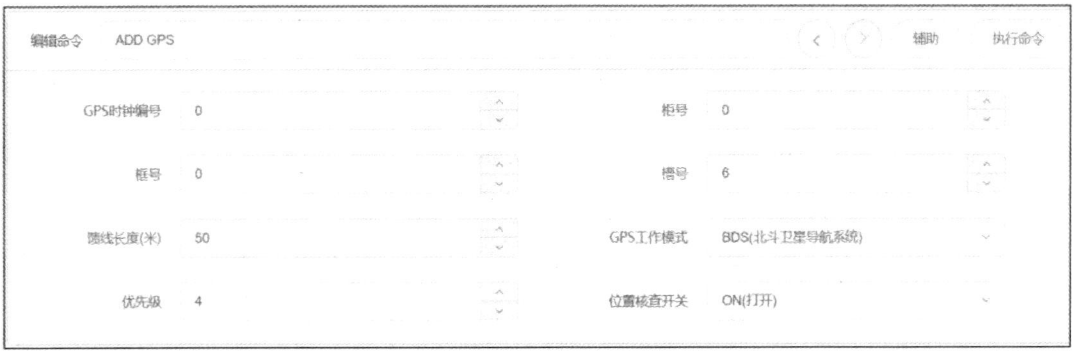

图 4-66　增加 GPS 时钟链路

gNodeB101 的代码如下：

```
ADD GPS: SRN=0,SN=6,MODE=BDS;
```

gNodeB102 的代码如下：

```
ADD GPS: SRN=0, SN=6, MODE=BDS;
```

说明

通常而言，GPS 参考时钟和 IEEE1588 V2 参考时钟选择其一即可，此处以 GPS 为例。

7. 设置系统时钟

“SET CLKSYNCMODE”和“SET CLKMODE 命令”分别用于设置时钟源同步模式和工作模式，如图 4-67 和图 4-68 所示。

图 4-67　设置时钟源同步模式

图 4-68　设置时钟源工作模式

gNodeB101 和 gNodeB102 的代码如下：

```
SET CLKMODE: MODE=MANUAL,CLKSRC=GPS, SRCNO=0;
SET CLKSYNCMODE:CLKSYNCMODE=TIME;
```

4.3.4 配置传输数据

宏站双基站的传输数据的配置流程与室分单基站的一样，如图 4-26 所示，并采用新的传输模式，增加 Interface 接口，将物理层的柜号、框号、槽号及传输端口号等资源打包映射到 Interface 接口中，上层的 IP 地址和路由配置仅需引用 Interface 接口，Interface 接口中还可以直接设置 VLAN 信息，传输配置的具体命令如表 4-12 所示，协商参数取值如表 4-13 所示。

表 4-12 传输配置的具体命令

功能块	MML 命令
全局参数	传输配置模型采用新模型：“SET GTRANSPARA”
物理层	增加以太网端口：“ADD ETHPORT”
数据链路层	规划基于接口配置 VLAN: “ADD INTERFACE”
网络层	增加设备 IP 地址:“ADD IPADDR4” 增加 IP 路由:“ADD IPROUTE4”
传输层	增加端节点组：“ADD EPGROUP” 增加 SCTP 本端对象：“ADD SCTPHOST” 增加端节点组的 SCTP 本端：“ADD SCTPHOST2EPGRP” 增加 SCTP 对端对象：“ADD SCTPPEER” 增加端节点组的 SCTP 对端：“ADD SCTPPEER2EPGRP” 增加用户面本端对象：“ADD USERPLANEHOST” 增加用户面对端对象：“ADD USERPLANEPEER” 增加端节点组的用户面本端：“ADD UPHOST2EPGRP” 增加端节点组的用户面对端：“ADD UPPEER2EPGRP”
应用层 （接口信息）	NG 配置：“ADD GNBCUNG” Xn 配置：“ADD GNBCUXN”

说明

宏站站型为 S111+S111 的 gNodeB 传输数据使用传输新模型，需要配置 NG、Xn 接口。

表 4-13 协商参数取值

协商参数名称	取值
以太网端口号	1
以太网端口属性	光口
以太网端口速率	10G
以太网端口双工模式	全双工
业务 VLAN 标识	gNodeB101：101 gNodeB102：102
gNodeB 业务 IP 地址	gNodeB101：192.168.101.2 gNodeB102：192.168.102.2
业务网关 IP 地址	gNodeB101：192.168.101.1 gNodeB102：192.168.102.1
UPF 地址	gNodeB101：10.10.10.20 gNodeB102：10.10.10.20
AMF 地址	gNodeB101：10.10.10.10 gNodeB102：10.10.10.10

1. 全局参数设置

首先，使用命令“SET GTRANSPARA”设置新的传输模式，如图 4-69 所示；然后，在运行传输命令之前，使用“SET DHCPSW”命令关闭 DHCP 远端维护通道自动建立开关功能，如图 4-70 所示。

（视频）宏站双基站配置传输数据-1

编辑命令　SET GTRANSPARA　辅助　执行命令

参数	值	参数	值
回切时间(秒)		ARP老化时间(分)	
远端维护通道主备回切开关	请选择	SCTP故障实时上报开关	请选择
控制端口负荷分担开关	请选择	控制端口侦听模式	请选择
IP图帧超限告警开关	请选择	VLAN标识(‰)	
转发模式	请选择	DNS周期(小时)	
端节点对象自动配置开关	请选择	端节点对象配置模式	
端口模式自适应开关	请选择	直连IPSec优先匹配开关	请选择
传输配置模式	NEW(新模式)		

图 4-69　设置新的传输模式

图 4-70　关闭 DHCP 远端维护通道自动建立开关功能

gNodeB101 和 gNodeB102 的代码如下：

```
SET GTRANSPARA:TRANSCFGMODE=NEW;
```

gNodeB101 和 gNodeB102 的代码如下：

```
SET DHCPSW: SWITCH=DISABLE;
```

2. 增加以太网端口

“ADD ETHPORT”命令用于增加一个以太网传输端口，配置以太网端口的速率、双工模式及端口属性等参数，如图 4-71 所示。

编辑命令　ADD ETHPORT　辅助　执行命令

参数	值	参数	值
柜号	0	框号	0
槽号	6	子板类型	BASE_BOARD(基板)
端口号	1	端口标识	66
端口属性	FIBER(光口)	最大传输单元(字节)	1500
速率	10G(10G)	双工模式	FULL(全双工)
ARP代理	DISABLE(禁用)	流控	OPEN(启动)
MAC层错帧率超限告警产生门限(‰)	10	MAC层错帧率超限告警恢复门限(‰)	8

图 4-71　增加以太网端口

gNodeB101 的代码如下：

```
    ADDETHPORT:CN=0, SRN=0,SN=6,SBT=BASE_BOARD, PN=1,PORTID=66, PA=FIBER, MTU=1500,
SPEED=10G, DUPLEX=FULL,ARPPROXY=DISABLE, FC=OPEN, FERAT=10, FERDT=8,
    RXBCPKTALMOCRTHD=1500,RXBCPKTALMCLRTHD=1200,FIBERSPEEDMATCH=DISABLE;
```

gNodeB102 的代码如下：

```
    ADD ETHPORT:CN=0,SRN=0, SN=6, SBT=BASE_BOARD, PN=1, PORTID=66, PA=FIBER,MTU=1500,
SPEED=10G, DUPLEX=FULL,ARPPROXY=DISABLE, FC=OPEN, FERAT=10,FERDT=8,
    RXBCPKTALMOCRTHD=1500,RXBCPKTALMCLRTHD=1200,FIBERSPEEDMATCH=DISABLE;
```

3. 增加 Interface 接口

“ADD INTERFACE”命令用于增加 Interface 接口，如图 4-72 所示。

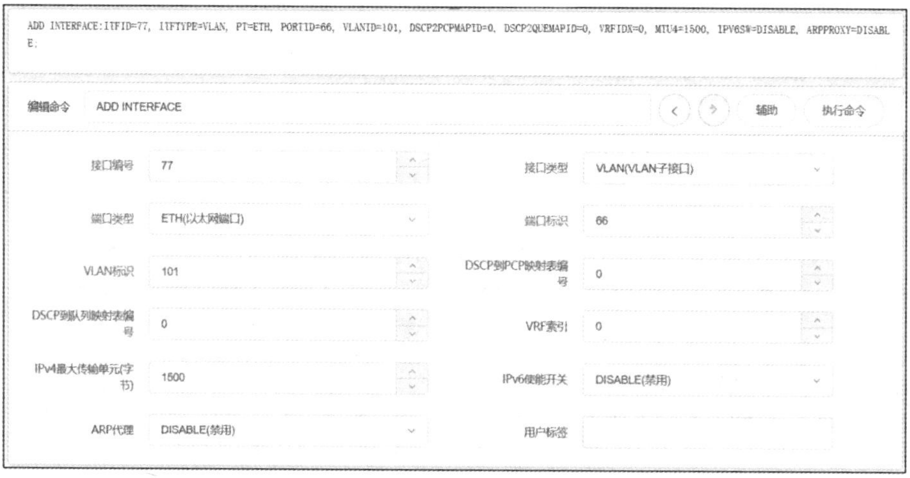

图 4-72 增加 Interface 接口

gNodeB101 的代码如下：

```
    ADD INTERFACE:ITFID=77,ITFTYPE=VLAN,PT=ETH, PORTID=66,VLANID=101,IPV6SW=DISABLE;
```

gNodeB102 的代码如下：

```
    ADD INTERFACE:ITFID=77,ITFTYPE=VLAN, PT=ETH, PORTID=66,VLANID=102, IPV6SW=DISABLE;
```

说明

（1）接口编号可以任意设置，但需要与 IPADDR4 引用一致。

（2）VLAN 标识需要匹配协商参数。

（3）若传输网络没有配置 VLAN，则需要修改接口类型为 NORMAL，接口类型为 ETH。

4. 增加设备 IP 地址

“ADD IPADDR4”命令用于增加设备 IP 地址，如图 4-73 所示。

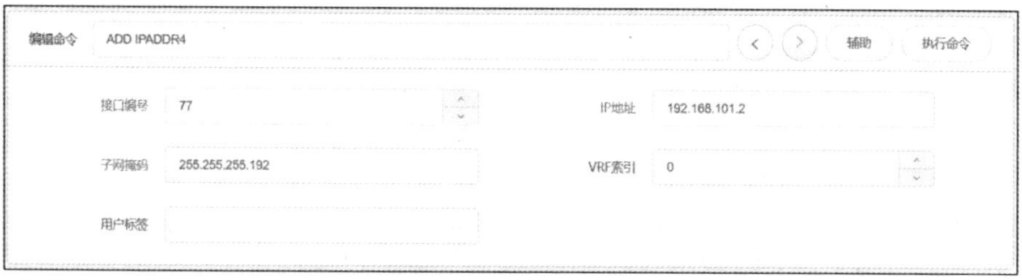

图 4-73 增加设备 IP 地址

gNodeB101 的代码如下：

```
ADD IPADDR4:ITFID=77, IP="192.168.101.2",MASK="255.255.255.0", USERLABEL="for NG&XN";
```

gNodeB102 的代码如下：

```
ADD IPADDR4:ITFID=77,IP="192.168.102.2",MASK="255.255.255.0", USERLABEL="for NG&XN";
```

说明

（1）不同端口上的同一路由域内的 IP 地址不能处于同一网段，同一端口上的 IP 地址可以处于同一个网段。

（2）以太网端口、以太网聚合组端口、以太网 CI 端口支持的最大设备 IP 数为 8，PPP 端口、MP 端口支持的最大设备 IP 数为 7。

（3）配置的 IP 地址请参考协商参数。

（4）接口编号应匹配“ADD INTERFACE”中的接口编号。

5. 增加静态 IP 路由

“ADD IPROUTE4”命令用于增加静态 IP 路由，如图 4-74 所示。

编辑命令 ADD IPROUTE4 辅助 执行命令

路由索引	101	VRF索引	0
目的IP地址	10.10.10.0	子网掩码	255.255.255.0
路由类型	NEXTHOP(下一跳)	下一跳IP地址	192.168.101.1
MTU开关	OFF(关闭)	优先级	60
用户标签		是否强制执行	YES(是)

图 4-74 增加静态 IP 路由

gNodeB101 的代码如下：

```
    ADD IPROUTE4: RTIDX=101, DSTIP="10.10.10.0",
    DSTMASK="255.255.255.0",RTTYPE=NEXTHOP, NEXTHOP="192.168.101.1",MTUSWITCH=OFF,
FORCEEXECUTE=YES;
    ADD IPROUTE4: RTIDX=102, DSTIP="192.168.102.0",
    DSTMASK="255.255.255.0",RTTYPE=NEXTHOP, NEXTHOP="192.168.101.1",MTUSWITCH=OFF,
FORCEEXECUTE=YES;
```

gNodeB102 的代码如下：

```
ADD IPROUTE4: RTIDX=101,DSTIP="10.10.10.0",DSTMASK="255.255.255.0",RTTYPE=NEXTHOP,
NEXTHOP="192.168.102.1",MTUSWITCH=OFF,FORCEEXECUTE=YES;
ADD IPROUTE4: RTIDX=102,DSTIP="192.168.101.0",DSTMASK="255.255.255.0",RTTYPE=NEXTHOP,
NEXTHOP="192.168.102.1",MTUSWITCH=OFF,FORCEEXECUTE=YES;
```

说明

（1）在一个基站内可以配置多条路由，在同一路由域内，目的 IP 地址相同、子网掩码相同的路由的优先级不能相同，而在 5GStar 中仅需配置业务的路由。

（2）根据业务需求，可以配置主机路由、网段路由、默认路由，图 4-74 中使用“10.10.10.0”

的网段路由来匹配 AMF 和 UPF 的 IP 地址。

（3）因为需要配置 Xn 接口，所以需要配置去往 Xn 对端基站的路由。

6．增加端节点组

gNodeB 传输层主要按照 End-Point（端节点）方式配置端节点组与本端、对端的端节点，首先应该增加端节点组，端节点配置如图 4-75 所示。

（视频）宏站双基站配置传输数据-2

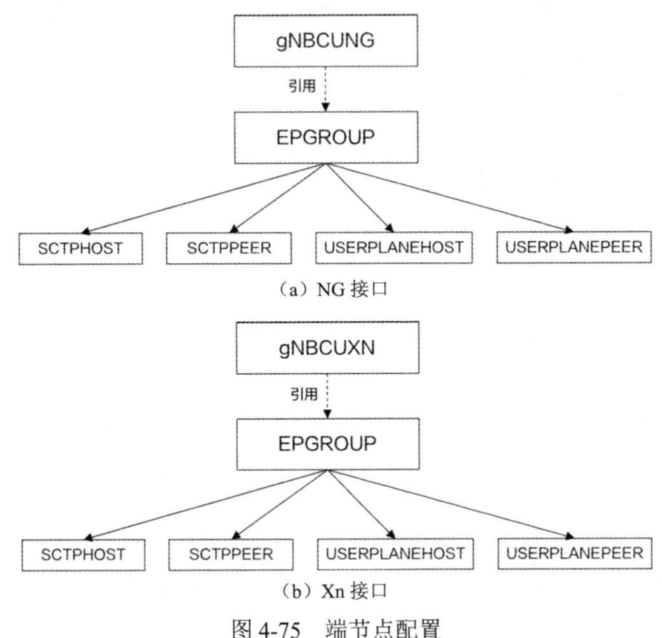

图 4-75　端节点配置

1）增加端节点组

“ADD EPGROUP”命令用于增加端节点组，如图 4-76 所示。

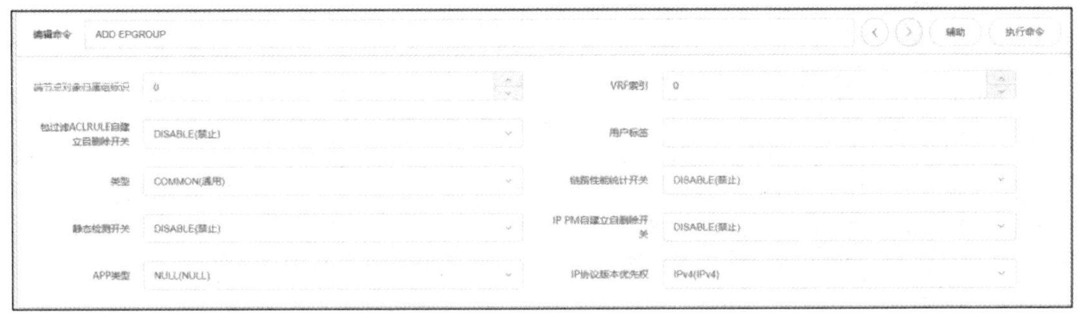

图 4-76　增加端节点组

gNodeB101 和 gNodeB102 的代码如下：

```
ADD EPGROUP:EPGROUPID=0,USERLABEL="for NG",STATICCHK=ENABLE,IPPMSWITCH=DISABLE,APPTYPE=NULL;
ADD EPGROUP:EPGROUPID=1,USERLABEL="for XN",STATICCHK=ENABLE,IPPMSWITCH=DISABLE,APPTYPE=NULL;
```

说明

EPGROUPID 为 0 和 1 的两个组分别用于创建 NG 和 Xn 接口，可以灵活使用“USERLABEL”命令自定义标签来备注。

2）增加 SCTP 本端对象

“ADD SCTPHOST”命令用于增加 SCTP 本端对象，如图 4-77 所示。

编辑命令 ADD SCTPHOST 辅助 执行命令

SCTP本端标识	0	VRF索引	0
IP协议版本	IPv4(IPv4)	本端第一个IP地址	192.168.101.2
本端第一个IP的IPSec自配置开关	DISABLE(禁止)	本端第二个IP地址	0.0.0.0
本端第二个IP的IPSec自配置开关	DISABLE(禁止)	本端SCTP端口号	38412
简化模式开关	SIMPLE_MODE_OFF(简化模式关闭)	SCTP参数模板标识	0
用户标签			

图 4-77 增加 SCTP 本端对象

gNodeB101 的代码如下：

```
    ADD SCTPHOST: SCTPHOSTID=O, IPVERSION=lPv4,
    SIGIP1V4="192.168.101.2", SIGIP1SECSWITCH=DISABLE, SIGIP2V4="0.0.0.0",SIGIP2SECSWITCH=DISABLE,
PN=38412,
    SIMPLEMODESWITCH=SIMPLE_MODE_OFF, SCTPTEMPLATEID=0;
    ADD SCTPHOST: SCTPHOSTID=1,IPVERSION=IPv4,
    SIGIP1V4="192.168.101.2", SIGIP1SECSWITCH=DISABLE,SIGIP2V4="0.0.0.0",
SIGIP2SECSWITCH=DISABLE,PN=38422,
    SIMPLEMODESWITCH=SIMPLE_MODE_OFF, SCTPTEMPLATEID=0;
```

gNodeB102 的代码如下：

```
    ADD SCTPHOST: SCTPHOSTID=0, IPVERSION=IPv4,SIGIP1V4="192.168.102.2", SIGIP1SECSWITCH=DISABLE,
    SIGIP2V4="0.0.0.0",SIGIP2SECSWITCH=DISABLE,PN=38412,
    SIMPLEMODESWITCH=SIMPLE_MODE_OFF, SCTPTEMPLATEID=0;
    ADD SCTPHOST: SCTPHOSTID=1,IPVERSION=IPv4,
     SIGIP1V4="192.168.102.2", SIGIP1SECSWITCH=DISABLE, SIGIP2V4="0.0.0.0",
SIGIP2SECSWITCH=DISABLE,PN=38422,
    SIMPLEMODESWITCH=SIMPLE_MODE_OFF, SCTPTEMPLATEID=0;
```

3）增加 SCTP 对端对象

“ADD SCTPPEER”命令用于增加 SCTP 对端对象，如图 4-78 所示。

gNodeB101 的代码如下：

```
    ADD SCTPPEER: SCTPPEERID=0, IPVERSION=IPv4, SIGIP1V4="10.10.10.10
"SIGIP1SECSWITCH=DISABLE, SIGIP2V4="0.0.0.0",
    SIGIP2SECSWITCH=DISABLE, PN=38412,SIMPLEMODESWITCH=SIMPLE_MODE_OFF;
    ADD SCTPPEER: SCTPPEERID=1,IPVERSION=IPv4,SIGIP1V4="192.168.102.2", SIGIP1SECSWITCH=DISABLE,
    SIGIP2V4="0.0.0.0",SIGIP2SECSWITCH=DISABLE,PN=38422,SIMPLEMODESWITCH=SIMPLE_MODE_OFF;
```

gNodeB102 的代码如下：

```
    ADD SCTPPEER: SCTPPEERID=0, IPVERSION=IPv4,SIGIP1V4="10.10.10.10",
SIGIP1SECSWITCH=DISABLE, SIGIP2V4="0.0.0.0",
    SIGIP2SECSWITCH=DISABLE,PN=38412,
    SIMPLEMODESWITCH=SIMPLE_MODE_OFF;
    ADD SCTPPEER: SCTPPEERID=1, IPVERSION=IPv4,
```

```
    SIGIP1V4="192.168.101.2", SIGIP1SECSWITCH=DISABLE, SIGIP2V4="0.0.0.0",
SIGIP2SECSWITCH=DISABLE,PN=38422,
    SIMPLEMODESWITCH=SIMPLE_MODE_OFF;
```

图 4-78 增加 SCTP 对端对象

说明

（1）本端 IP 地址、对端 IP 地址、SCTP 端口需要匹配协商参数。

（2）若使用的 SCTP 参数模板标识不为 0，则需要通过“ADD SCTPTEMPLATE”命令增加。

（3）“SCTPHOST ID=0”和“SCTPPEERID=0”用于加入“EPGROUP ID=0”，创建 NG 接口。

（4）“SCTPHOST ID=1”和“SCTPPEER ID=1”用于加入“EPGROUP=1”，创建 Xn 接口。

4）增加用户面本端对象

“ADD USERPLANEHOST”命令用于增加用户面本端对象，如图 4-79 所示。

图 4-79 增加用户面本端对象

gNodeB101 的代码如下：

```
ADD USERPLANEHOST: UPHOSTID=0, IPVERSION=lPv4,LOCIPV4="192.168.101.2", IPSECSWITCH=DISABLE;
```

gNodeB102 的代码如下：

```
ADD USERPLANEHOST: UPHOSTID=0, IPVERSION=IPv4,LOCIPV4="192.168.102.2",IPSECSWITCH=DISABLE;
```

5）增加用户面对端对象

“ADD USERPLANEPEER”命令用于增加用户面对端对象，如图 4-80 所示。

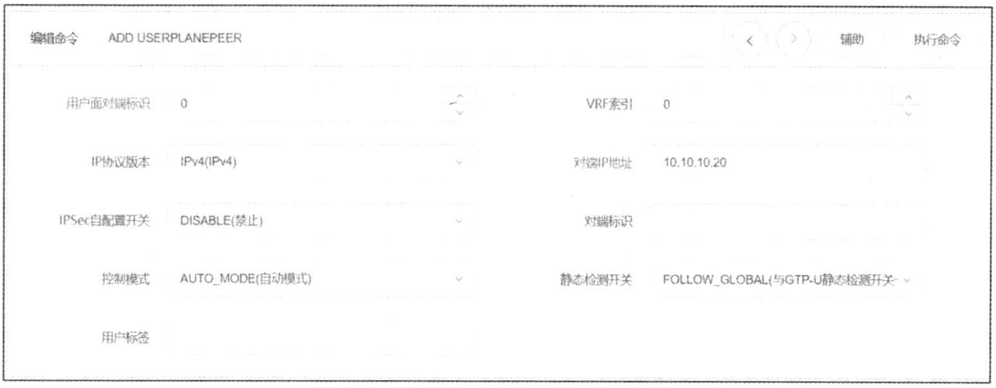

编辑命令	ADD USERPLANEPEER		
用户面对端标识	0	VRF索引	0
IP协议版本	IPv4(IPv4)	对端IP地址	10.10.10.20
IPSec自配置开关	DISABLE(禁止)	对端标识	
控制模式	AUTO_MODE(自动模式)	静态检测开关	FOLLOW_GLOBAL(与GTP-U静态检测开关-
用户标签			

图 4-80 增加用户面对端对象

gNodeB101 的代码如下：

```
ADD USERPLANEPEER: UPPEERID=0, IPVERSION=IPv4,PEERIPV4="10.10.10.20", IPSECSWITCH=DISABLE;
ADD USERPLANEPEER: UPPEERID=1, IPVERSION=IPv4,PEERIPV4="192.168.102.2", IPSECSWITCH=DISABLE;
```

gNodeB102 的代码如下：

```
ADD USERPLANEPEER: UPPEERID=0, IPVERSION=IPv4,PEERIPV4="10.10.10.20", IPSECSWITCH=DISABLE;
ADD USERPLANEPEER: UPPEERID=1,IPVERSION=IPv4,PEERIPV4="192.168.101.2", IPSECSWITCH=DISABLE;
```

说明

（1）本端 IP 地址、对端 IP 地址需要匹配协商参数。

（2）用户面本端 IP 地址是基站的业务地址，用户面对端 IP 地址是 UPF 地址。

（3）NG 接口的用户面本端和 Xn 接口的用户面本端的参数一样，可以共用，所以只需要创建一个 USERPLANEHOST。

（4）“USERPLANEHOST ID=0”和“USERPLANEPEER ID=0”用于加入“EPGROUP ID=0”，创建 NG 接口。

（5）“USERPLANEHOST ID=0”和“USERPLANEPEER ID=1”用于加入“EPGROUP=1”，创建 Xn 接口。

6）将控制面和用户面的本端或对端分别加入端节点组

将控制面本端、控制面对端、用户面本端、用户面对端分别加入端点节组，命令分别是“ADD SCTPHOST2EPGRP”“ADD SCTPPEER2EPGRP”“ADD UPHOST2EPGRP”“ADD UPPEER2EPGRP”，如图 4-81 所示。

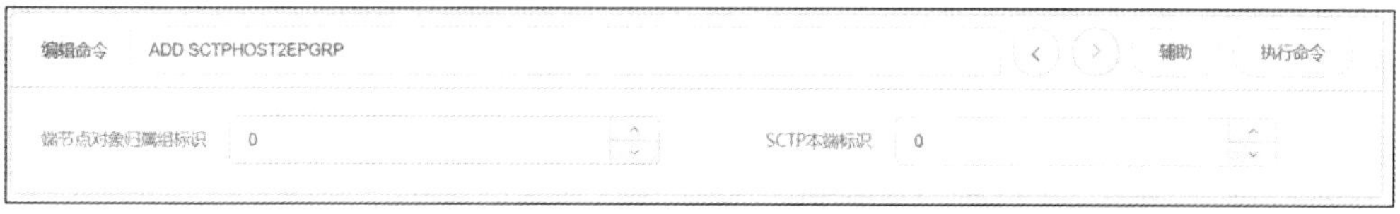

编辑命令	ADD SCTPHOST2EPGRP		
端节点对象归属组标识	0	SCTP本端标识	0

（a）

编辑命令	ADD SCTPPEER2EPGRP		
端节点对象归属组标识	0	SCTP对端标识	0

（b）

图 4-81 控制面和用户面的本端和对端分别加入端节点组

编辑命令 ADD UPHOST2EPGRP 辅助 执行命令
端节点对象归属组标识 0 SCTP对端标识 0

（c）

编辑命令 ADD UPPEER2EPGRP 辅助 执行命令
端节点对象归属组标识 0 用户面对端标识 0

（d）

图 4-81 控制面和用户面的本端和对端分别加入端节点组（续）

gNodeB101 与 gNodeB102 NG 接口端节点组的代码如下：

```
ADD SCTPHOST2EPGRP: EPGROUPID=0, SCTPHOSTID=0;
ADD SCTPPEER2EPGRP: EPGROUPID=0, SCTPPEERID=0;
ADD UPHOST2EPGRP: EPGROUPID=0,UPHOSTID=0;
ADD UPPEER2EPGRP:EPGROUPID=0,UPPEERID=0;
```

gNodeB101 与 gNodeB102 XN 接口端节点组的代码如下：

```
ADD SCTPHOST2EPGRP: EPGROUPID=1, SCTPHOSTID=1;
ADD SCTPPEER2EPGRP: EPGROUPID=1, SCTPPEERID=1;
ADD UPHOST2EPGRP: EPGROUPID=1, UPHOSTID=0;
ADD UPPEER2EPGRP:EPGROUPID=1,UPPEERID=1;
```

说明

注意与 EPGROUPID 的关联关系要正确。

7. 配置接口信息

命令“ADD GNBCUNG”和“ADD GNBCUXN”分别用于增加 NG 接口和 Xn 接口，如图 4-82 所示。

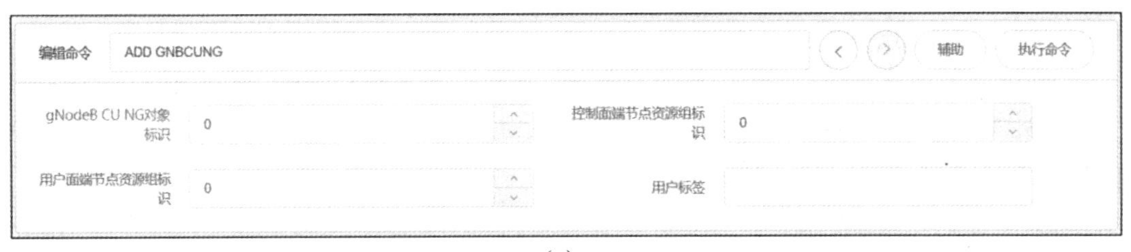

（a）

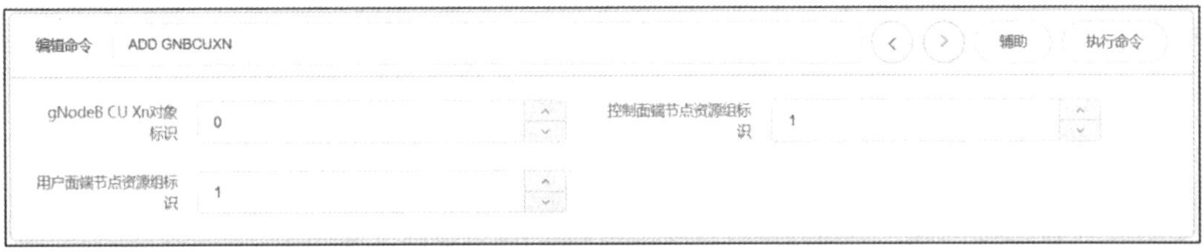

编辑命令 ADD GNBCUXN 辅助 执行命令
gNodeB CU Xn对象标识 0 控制面端节点资源组标识 1
用户面端节点资源组标识 1

（b）

图 4-82 增加 NG 接口和 Xn 接口

gNodeB101 和 gNodeB102 的代码如下：

```
ADD GNBCUNG: gNBCuNgId=0,CpEpGroupId=0, UpEpGroupId=0;
ADD GNBCUXN: gNBCuXnId=0,CpEpGroupId=1, UpEpGroupId=1;
```

说明

控制面端节点资源组、用户面端节点资源组标识都是黑色的参数，是需要填写的，还需要填写对应的端节点组标识（该端节点组已添加了控制面用户名本端和对端信息）。

4.3.5 配置无线数据

宏站双基站的无线数据配置流程和配置命令与室分单基站的一样，如图 4-37 和表 4-7 所示，无线数据配置协商参数如表 4-14 所示。

表 4-14 无线数据配置协商参数

协商参数名称	取值
DU 小区双工模式	TDD
小区标识	101/102
频带	N78
DU 小区下行频点	630000
DU 小区上/下行带宽	100MHz/100MHz
子载波间隔	30kHz
时隙配比	8：2
时隙结构	6：4：4
全球同步信道号（CSCN）	7812

1. 增加扇区

（视频）宏站双基站配置无线数据-1

“ADD SECTOR”命令用于增加扇区及扇区天线，如图 4-83 所示。

编辑命令 ADD SECTOR 辅助 执行命令
扇区编号 101 扇区名称
位置名称 用户标签
天线方位角(0.1度) 65535 天线数 0
是否创建默认扇区设备 FALSE(否)

图 4-83 增加扇区及扇区天线

gNodeB101 的代码如下：

```
ADD SECTOR:SECTORID=101, SECNAME="SECO" ,ANTNUM=0,CREATESECTOREQM=FALSE;
ADD SECTOR: SECTORID=102, SECNAME="SECO",ANTNUM=0,CREATESECTOREQM=FALSE;
ADD SECTOR: SECTORID=103, SECNAME="SECO",ANTNUM=0,CREATESECTOREQM=FALSE;
```

gNodeB102 的代码如下：

```
ADD SECTOR: SECTORID=104, SECNAME="SECO" , ANTNUM=0,CREATESECTOREQM=FALSE;
```

```
ADD SECTOR: SECTORID=105, SECNAME="SECO",ANTNUM=0,CREATESECTOREQM=FALSE;
ADD SECTOR: SECTORID=106, SECNAME="SECO" , ANTNUM=0,CREATESECTOREQM=FALSE;
```

说明

关于天线数的说明：AAU、HAAU对应的天线数固定为0，RRU、pRRU对应的天线数为设备的通道数。

2. 增加扇区设备

“ADD SECTOREQM”命令用于增加扇区设备，如图4-84所示。

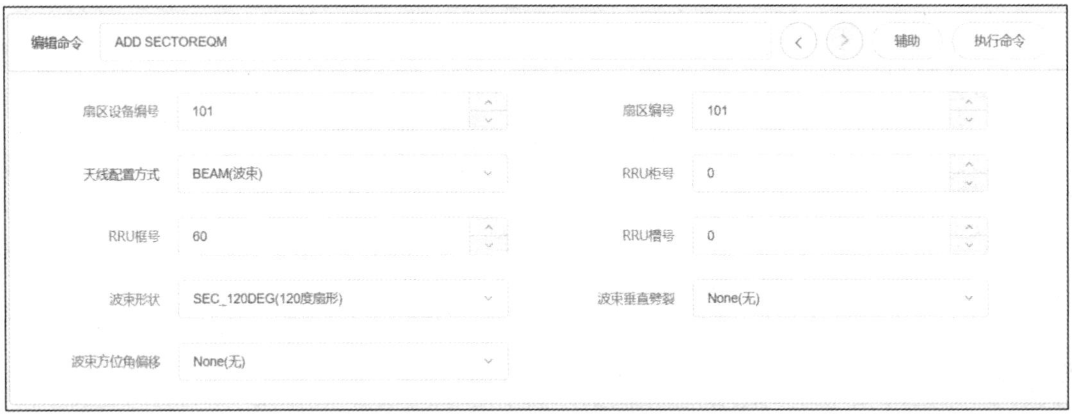

编辑命令	ADD SECTOREQM		辅助	执行命令
扇区设备编号	101	扇区编号	101	
天线配置方式	BEAM(波束)	RRU柜号	0	
RRU框号	60	RRU槽号	0	
波束形状	SEC_120DEG(120度扇形)	波束垂直劈裂	None(无)	
波束方位角偏移	None(无)			

图4-84 增加扇区设备

gNodeB101的代码如下：

```
    ADD SECTOREQM: SECTOREQMID=101, SECTORID=101,ANTCFGMODE=BEAM,
    RRUCN=0, RRUSRN=60,RRUSN=0,BEAMSHAPE=SEC_120DEG, BEAMLAYERSPLIT=None,
BEAMAZIMUTHOFFSET=None;
    ADD SECTOREQM: SECTOREQMID=102,SECTORID=102,ANTCFGMODE=BEAM,
    RRUCN=0, RRUSRN=61,RRUSN=0,BEAMSHAPE=SEC_120DEG, BEAMLAYERSPLIT=None,
BEAMAZIMUTHOFFSET=None;
    ADD SECTOREQM: SECTOREQMID=103, SECTORID=103,ANTCFGMODE=BEAM,
    RRUCN=0, RRUSRN=62,RRUSN=0,BEAMSHAPE=SEC_120DEG, BEAMLAYERSPLIT=None,
BEAMAZIMUTHOFFSET=None;
```

gNodeB102的代码如下：

```
    ADD SECTOREQM: SECTOREQMID=104, SECTORID=104,ANTCFGMODE=BEAM,
    RRUCN=0, RRUSRN=60,RRUSN=0,BEAMSHAPE=SEC_120DEG, BEAMLAYERSPLIT=None,
BEAMAZIMUTHOFFSET=None;
    ADD SECTOREQM:SECTOREQMID=105, SECTORID=105,ANTCFGMODE=BEAM,RRUCN=0,RRUSRN=61,
RRUSN=0,BEAMSHAPE=SEC_120DEG, BEAMLAYERSPLIT=None,BEAMAZIMUTHOFFSET=None;
    ADD SECTOREQM: SECTOREQMID=106, SECTORID=106,ANTCFGMODE=BEAM, RRUCN=0,RRUSRN=62,RRUSN=0,
    BEAMSHAPE=SEC_120DEG, BEAMLAYERSPLIT=None,BEAMAZIMUTHOFFSET=None;
```

说明

（1）天线配置方式需要匹配射频硬件，AAU和HAAU的天线配置方式为“BEAM（波束）”，RRU和pRRU的天线配置方式为“ANTENNAPORT（天线端口）”。

（2）如果MML命令“ADD SECTOR”中的参数“是否创建默认扇区设备”设置为“FALSE（否）”，那么执行MML命令“ADD SECTOREQM”，用于增加扇区设备及扇区设备对应的天线；

（3）在当前版本中，波束形状、波束垂直劈裂、波束方位角偏移为固定配置。

（视频）宏站双基站配置无线数据-2

3. 增加 DU 小区

“ADD NRDUCELL”命令用于增加 DU 小区，如图 4-85 所示。

编辑命令　ADD NRDUCELL　　　辅助　执行命令

参数	值	参数	值
NR DU小区标识	101	NR DU小区名称	NRDUCELL1
双工模式	CELL_TDD(TDD)	小区标识	101
物理小区标识	101	频带	N78(n78)
上行频点	0	下行频点	630000
上行带宽	CELL_BW_100M(100M)	下行带宽	CELL_BW_100M(100M)
小区半径(米)	1000	子载波间隔(KHz)	30KHZ(30)
循环前缀长度	NCP(普通循环前缀)	时隙配比	8_2_DDDDDDDSUU(单周期8:2时隙配比)
时隙结构	SS55(SS55)	RAN通知区域标识	65535
LampSite小区标识	NO(宏小区)	跟踪区域标识	0
TA偏移量	25600TC(25600Tc)	SSB频域位置描述方式	SSB_DESC_TYPE_GSCN(全局同步信道号)
SSB频域位置	7812	SSB周期(毫秒)	MS20(20)
SIB1周期(毫秒)	MS20(20)	NR DU小区组网模式	NORMAL_CELL(普通小区)
系统消息配置策略标识	0	根序列逻辑索引	101
PRACH频域起始位置	65535	高速小区标识	LOW_SPEED(低速小区)

图 4-85　增加 DU 小区

gNodeB101 的代码如下：

```
    ADD NRDUCEL L: NrDuCellld=101, NrDuCellName="NRDUCELL1",DuplexMode=CELL_ TDD,
Celld=101, PhysicalCelld=101,
    FrequencyBand=N78, DINarfcn=630000, UlBandwidth=CELL_ BW_ _100M,DIBandwidth=CELL_ BW_
_100M, SlotAssignment=8_ 2_ DDDDDDDSUU,SlotStructure=SS55, TrackingAreald=0,
SsbFreqPos=7812,LogicalRootSequencelndex=0;
    ADD NRDUCELL: NrDuCellld=102, NrDuCellName="NRDUCELL 2",DuplexMode=CELL_ TDD,
Celld=102, PhysicalCellld=102,
    FrequencyBand=N78, DINarfcn=630000, UIBandwidth=CELL_ _BW_ _100M,DIBandwidth=CELL_
_BW_ 100M, SlotAssignment=8_ 2_ DDDDDDDSUU,SlotStructure=SS55, TrackingAreald=0,
SsbFreqPos=7812,LogicalRootSequencelndex=0;
    ADD NRDUCELL : NrDuCellld=103, NrDuCellName="NRDUCELL3",DuplexMode=CELL__TDD,
Celld=103, PhysicalCellld=103,
```

```
    FrequencyBand=N78, DINarfcn=630000, UIlBandwidth=CELL_BW_100M,
DIBandwidth=CELL_BW_10OM, SlotAssignment=8_2_DDDDDDDSUu,SlotStructure=SS55,
TrackingAreald=0,SsbFreqPos=7812,LogicalRootSequencelndex=0;
```

gNodeB102 的代码如下：

```
    ADD NRDUCELL: NrDuCellld=104,NrDuCellName="NRDUCELL4",DuplexMode=CELL_TDD,Cellld=104,
PhysicalCellld=104,
    FrequencyBand=N78, DINarfcn=630000, UIBandwidth=CELL_BW_10OM,DIBandwidth=CELL_BW_10OM,
SlotAssignment=8_2_DDDDDDDSUu,SlotStructure=SS55,TrackingAreald=0, SsbFreqPos=7812,
    LogicalRootSequencelndex=0;
    ADD NRDUCELL: NrDuCellld=105, NrDuCelName="NRDUCELL5", DuplexMode=CELL_TDD, CeIlld=105,
PhysicalCelld=105,
    FrequencyBand=N78, DINarfcn=630000, UlBandwidth=CELL_BW_10OM,DIBandwidth=CELL_BW_10OM,
SlotAssignment=8_2_DDDDDDDSUu,SlotStructure=SS55,TrackingAreald=0, SsbFreqPos=7812,
LogicalRootSequencelndex=0;
    ADD NRDUCELL: NrDuCelld=106, NrDuCellName="NRDUCELL6", DuplexMode=CELL_TDD,Cellld=106,
PhysicalCellld=106,
    FrequencyBand=N78, DINarfcn=630000,
UlBandwidth=CELL_BW_10OM,DIBandwidth=CELL_BW_10OM,SlotAssignment=8_2_DDDDDDDSUu,SlotStructu
re=SS55, TrackingAreald=0, SsbFreqPos=7812,LogicalRootSequencelndex=0;
```

4. 增加 DU 小区的 TRP

“ADD NRDUCELLTRP”命令用于增加 DU 小区的 TRP，如图 4-86 所示。

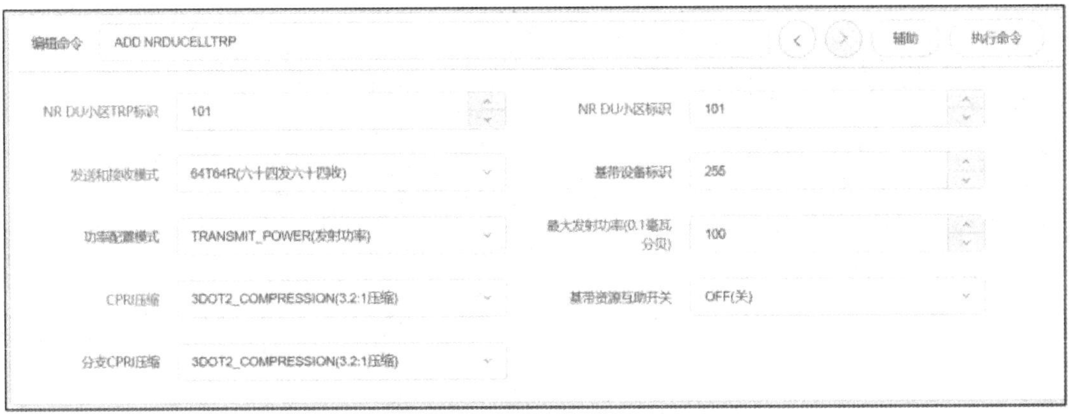

图 4-86 增加 DU 小区的 TRP

gNodeB101 的代码如下：

```
    ADD NRDUCELLTRP: NrDuCellTrpld=101,NrDuCellld=101,TxRxMode=64T64R,
PowerConfigMode=TRANSMIT_POWER,MaxTransmitPower=100,
CpriCompression=NO_COMPRESSION,BbResMutualAidSw=ON;
    ADD NRDUCELLTRP: NrDuCellTrpld=102, NrDuCellld=102,TxRxMode=64T64R,
PowerConfigMode=TRANSMIT_POWER,MaxTransmitPower=100,CpriCompression=NO_COMPRESSION,BbResMut
ualAidSw=ON;
    ADD NRDUCELLTRP: NrDuCellTrpld=103, NrDuCellld=103,TxRxMode=64T64R,
PowerConfigMode=TRANSMIT_POWER,MaxTransmitPower=100,
CpriCompression=NO_COMPRESSION,BbResMutualAidSw=ON;
```

gNodeB102 的代码如下：

```
    ADD NRDUCELLTRP: NrDuCellTrpld=104, NrDuCellld=104,TxRxMode=64T64R,
PowerConfigMode=TRANSMIT_POWER, MaxTransmitPower=100,
```

```
CpriCompression=NO_COMPRESSION,BbResMutualAidSw=ON;
    ADD NRDUCELLTRP: NrDuCellTrpld=105,
NrDuCellld=105,TxRxMode=64T64R,PowerConfigMode=TRANSMIT_POWER,MaxTransmitPower=100,CpriComp
ression=NO_COMPRESSION,BbResMutualAidSw=ON;
    ADD NRDUCELLTRP:NrDuCellTrpld=106,
NrDuCellld=106,TxRxMode=64T64R,PowerConfigMode=TRANSMIT_POWER,MaxTransmitPower=100,CpriCompr
ession=NO_COMPRESSION,BbResMutualAidSw=ON;
```

说明

发送和接收模式需要匹配硬件的实际通道能力，如 64T64R 的 AAU，此参数就要配置为 64T64R(六十四发、六十四收)。

5. 增加 DU 小区覆盖区

“ADD NRDUCELLCOVERAGE” 命令用于增加 DU 小区覆盖区，如图 4-87 所示。

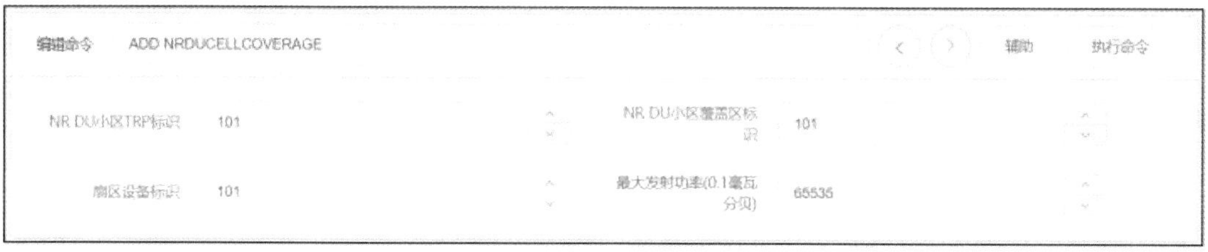

图 4-87　增加 DU 小区覆盖区

gNodeB101 的代码如下：

```
ADD NRDUCELLCOVERAGE: NrDuCellTrpld=101,NrDuCellCoverageld=101,SectorEqmld=101;
ADD NRDUCELLCOVERAGE: NrDuCellTrpld=102,NrDuCellCoverageld=102,SectorEqmld=102;
ADD NRDUCELLCOVERAGE:NrDuCellTrpld=103, NrDuCellCoverageld=103,SectorEqmld=103;
```

gNodeB102 的代码如下：

```
ADD NRDUCELLCOVERAGE: NrDuCellTrpld=104, NrDuCellCoverageld=104,SectorEqmld=104;
ADD NRDUCELLCOVERAGE: NrDuCellTrpld=105,NrDuCellCoverageld=105,SectorEqmld=105;
ADD NRDUCELLCOVERAGE: NrDuCellTrpld=106,NrDuCellCoverageld=106,SectorEqmld=106;
```

6. 增加小区

“ADD NRCELL” 命令用于增加小区（即 CU 小区），如图 4-88 所示。

图 4-88　增加小区

gNodeB101 的代码如下：

```
    ADD NRCELL: NrCellld=101,CellName="NRCELL1",Cellld=101,FrequencyBand=N78,
DuplexMode=CELL_TDD;
```

```
    ADD NRCELL: NrCellld=102,CellName="NRCELL2", Cellld=102,FrequencyBand=N78,
DuplexMode=CELL_TDD;
    ADD NRCELL: NrCelld=103,CelName="NRCELL3", Celld=103,FrequencyBand=N78,
DuplexMode=CELL_TDD;
```

gNodeB102 的代码如下：

```
    ADD NRCELL : NrCellld=104,CellName="NRCELL4",Cellld=104,FrequencyBand=N78,
DuplexMode=CELL_TDD;
    ADD NRCELL: NrCelld=105,CellName="NRCELL5",Cellld=105,FrequencyBand=N78,
DuplexMode=CELL_TDD;
    ADD NRCELL : NrCellld=106, CellName="NRCELL6", Cellld=106,FrequencyBand=N78,
DuplexMode=CELL__TDD;
```

7. 创建同频邻区关系

（视频）宏站双基站配置无线数据-3

同频邻区关系如图 4-49 所示，“ADD NRCELLRELATION”命令用于创建同频邻区关系，如图 4-89 所示。

编辑命令	ADD NRCELLRELATION	辅助	执行命令
NR小区标识	101	移动国家码	460
移动网络码	88	gNodeB标识	101
小区标识	102	小区偏移量(分贝)	DB0(0DB)
辅小区盲配置标记	FALSE(否)	邻区重选偏置(分贝)	DB0(0DB)
禁止切换标识	PERMIT_HO(允许切换)	禁止删除标识	PERMIT_ANR_RMV(允许自动邻区关系算法

图 4-89　创建同频邻区关系

gNodeB101 的代码如下：

```
ADD NRCELLRELATION: NrCellld=101, Mcc="460", Mnc="88", gNBld=101,Celld=102;
ADD NRCELLRELATION: NrCellld=101,Mcc="460", Mnc="88", gNBld=101,Cellld=103;
ADD NRCELLRELATION: NrCelld=102,Mcc="460" , Mnc="88", gNBId=101,Celld=101;
ADD NRCELLRELATION: NrCellld=102,MCC="460", Mnc="88", gNBld=101,Cellld=103;
ADD NRCELLRELATION: NrCellld=103,Mcc="460",Mnc="88", gNBld=101,Cellld=101;
ADD NRCELLRELATION: NrCellld=103, Mcc="460", Mnc="88", gNBld=101,Cellld=102;
```

gNodeB102 的代码如下：

```
ADD NRCELLRELATION: NrCelld=104,MCc="460", Mnc="88", gNBlId=102,Cellld=105;
ADD NRCELLRELATION: NrCelld=104,Mcc="460", Mnc="88", gNBlId=102,Cellld=106;
ADD NRCELLRELATION: NrCellld=105, MCc="460",Mnc="88", gNBld=102,Cellld=104;
ADD NRCELLRELATION: NrCellld=105, Mcc="460", Mnc="88", gNBld=102,Cellld=106;
ADD NRCELLRELATION: NrCellld=106, Mcc="460", Mnc="88", gNBld=102,Cellld=104;
ADD NRCELLRELATION: NrCellld=106, McC="460", Mnc="88", gNBld=102,Celld=105;
```

8. 站间邻区关系

“ADD NREXTERNALNCELL”和“ADD NRCELLRELATION”命令用于创建站间邻区及站间邻区关系，如图 4-90 和图 4-91 所示。

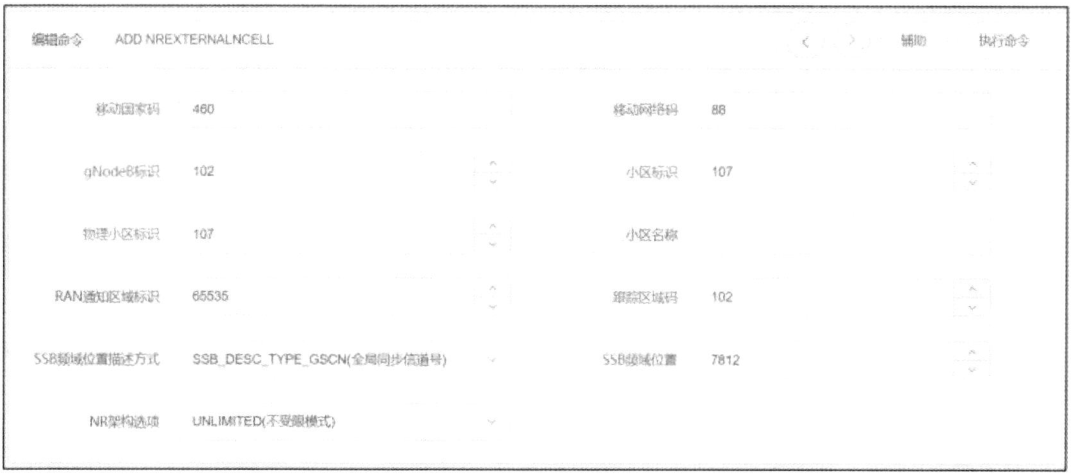

编辑命令	ADD NREXTERNALNCELL		辅助 执行命令
移动国家码	460	移动网络码	88
gNodeB标识	102	小区标识	107
物理小区标识	107	小区名称	
RAN通知区域标识	65535	跟踪区域码	102
SSB频域位置描述方式	SSB_DESC_TYPE_GSCN(全局同步信道号)	SSB频域位置	7812
NR架构选项	UNLIMITED(不受限模式)		

图 4-90　创建站间邻区

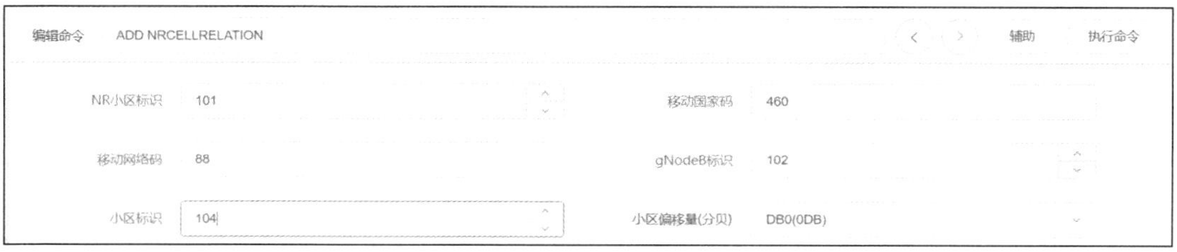

编辑命令	ADD NRCELLRELATION		辅助 执行命令
NR小区标识	101	移动国家码	460
移动网络码	88	gNodeB标识	102
小区标识	104	小区偏移量(分贝)	DB0(0DB)

图 4-91　创建站间邻区关系

gNodeB101 的代码如下：

```
    ADD NREXTERNALNCELL: Mcc="460", Mnc="88", gNBld=102,Celd=104,PhysicalCelld=104,
Tac=102,SsbDescMethod=SSB_DESC_TYPE_GSCN,SsbFreqPos=7812;
    ADD NREXTERNALNCELL:Mcc="460", Mnc="88", gNBld=102,Cellld=105,PhysicalCellld=105,
Tac=102,SsbDescMethod=SSB_DESC_TYPE_GSCN,SsbFreqPos=7812;
    ADD NREXTERNALNCELL:Mcc="460" , Mnc="88", gNBld=102,Celld=106,PhysicalCelld=106,
Tac=102,SsbDescMethod=SSB_DESC_TYPE_GSCN,SsbFreqPos=7812;
    ADD NRCELLRELATION: NrCelld=101, Mcc="460" , Mnc="88", gNBld=102,Cellld=104;
    ADD NRCELLRELATION: NrCelld=101, Mcc="460", Mnc="88", gNBld=102,Cellld=105;
    ADD NRCELLRELATION: NrCelld=101, MCC="460",Mnc="88", gNBld=102,Cellld=106;
    ADD NRCELLRELATION: NrCelld=102,Mcc="460", Mnc="88", gNBld=102,Cellld=104;
    ADD NRCELLRELATION: NrCellld=102,Mcc="460",Mnc="88", gNBld=102,Cellld=105;
    ADD NRCELLRELATION: NrCellld=102,MCC="460",Mnc="88", gNBId=102,Cellld=106;
    ADD NRCELLRELATION: NrCellld=103, Mcc="460", Mnc="88", gNBlId=102,Celld=104;
    ADD NRCELLRELATION: NrCellld=103, Mcc="460",Mnc="88", gNBld=102,Cellld=105;
    ADD NRCELLRELATION: NrCelld=103, Mcc="460",Mnc="88", gNBld=102,Cellld=106;
```

gNodeB102 的代码如下：

```
    ADD NREXTERNALNCELL: Mcc="460", Mnc="88", gNBld=101,Celld=101,PhysicalCellld=101,
Tac=101,SsbDescMethod=SSB_DESC_TYPE_GSCN,SsbFreqPos=7812;
    ADD NREXTERNALNCELL: McC="460", Mnc="88", gNBld=101, Cellld=102,
PhysicalCellld=102,Tac=101,SsbDescMethod=SSB_DESC_TYPE_GSCN,SsbFreqPos=7812;
    ADD NREXTERNALNCELL: McC="460", Mnc="88", gNBld=101,Celld=103,PhysicalCellld=103,
Tac=101,SsbDescMethod=SSB_DESC_TYPE_GSCN,SsbFreqPos=7812;
    ADD NRCELLRELATION: NrCelld=104,MCc="460", Mnc="88", gNBId=101,Celld=101;
```

```
ADD NRCELLRELATION: NrCellld=104, MCc="460", Mnc="88", gNBld=101,Cellld=102;
ADD NRCELLRELATION: NrCellld=104, MCC="460", Mnc="88", gNBld=101,Cellld=103;
ADD NRCELLRELATION: NrCellld=105, Mcc="460", Mnc="88", gNBld=101,Cellld=101;
ADD NRCELLRELATION: NrCellld=105,McC="460",Mnc="88", gNBId=101,Cellld=102;
ADD NRCELLRELATION: NrCelld=105, Mcc="460", Mnc="88", gNBld=101,Cellld=103;
ADD NRCELLRELATION: NrCellld=106,McC="460", Mnc="88", gNBId=101,Celld=101;
ADD NRCELLRELATION: NrCeld=106, Mcc="460", Mnc="88", gNBld=101,Cellld=102;
ADD NRCELLRELATION: NrCelld=106,McC="460", Mnc="88", gNBld=101, Cellld=103;
```

说明

5GStar 中双站场景需要配置外部小区，即需要发生同频切换的两个小区，但是这两个小区是不同基站的，因此需要配置外部小区，还需要配置同频邻区。

9. 激活小区

“ACT NRCELL”命令用于激活小区，如图 4-92 所示。

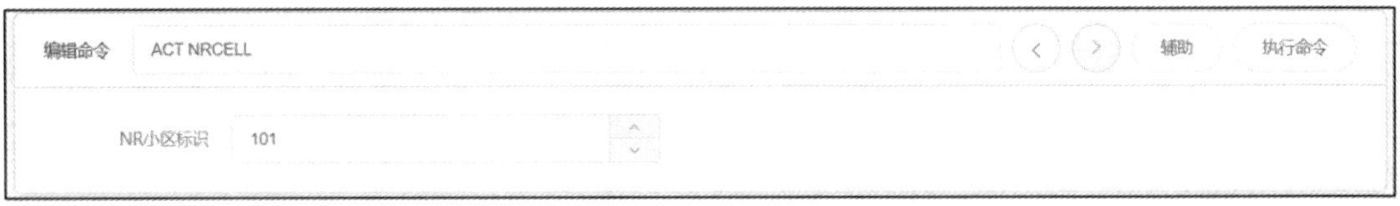

图 4-92　激活小区

gNodeB101 的代码如下：

```
ACT NRCELL: NrCelld=101;ACT NRCELL: NrCellld=102;ACT NRCELL: NrCellld=103;
```

gNodeB102 的代码如下：

```
ACT NRCELL: NrCellld=104;ACT NRCELL: NrCelld=105;ACT NRCELL: NrCellld=106;
```

说明

该命令执行成功不代表小区已经激活，需要通过“DSPNRCELL”命令来查询，并确认 NR 小区是否已成功激活对应的 DU 小区，也要保证能够正常工作。

【任务评价】

任务点	考核点		
	初级	中级	高级
配置全局数据	结合课本，配置全局数据	熟悉各命令，配置全局数据	（1）熟悉各命令，配置全局数据 （2）掌握各命令中参数设置的原理
配置设备数据	结合课本，配置设备数据	熟悉各命令，配置设备数据	（1）熟悉各命令，配置设备数据 （2）掌握各命令中参数设置的原理
配置传输数据	结合课本，配置传输数据	熟悉各命令，配置传输数据	（1）熟悉各命令，配置传输数据 （2）掌握各命令中参数设置的原理
配置无线数据	结合课本，配置无线数据	熟悉各命令，配置无线数据	（1）熟悉各命令，配置无线数据 （2）掌握各命令中参数设置的原理

【任务小结】

本任务主要介绍了 5G 宏站双基站的配置流程，包括全局数据、设备数据、传输数据和无线数据的配置，并对相关参数进行了详细阐述。通过本任务的学习，学生应该能够独立完成 5G 宏站双基站的配置。

（文档）参考答案

【自我评测】

1．BBU 中的主控单板可以配置在（　　）上。（多选）

A．SLOT4　　B．SLOT5　　C．SLOT6　　D．SLOT7

2．在基站的传输配置流程中，高层配置包含（　　）。（多选）

A．物理层配置　　B．传输层配置

C．数据链路层配置　　D．应用层配置

3．下列接口中，gNodeB 之间的接口是（　　）。

A．Xn　　B．X2　　C．S1　　D．NG

4．列举完成 gNodeB 的 X2 接口配置（X2 接口自建立场景）所需的传输配置命令。

5．列举 NSA 组网场景中，gNodeB 在传输侧需要配置的链路。

项目五

工程安全规范

项目简介

我国的通信事业飞速发展，网络规模容量不断扩大，技术层次不断提高。随着我国信息产业的发展，对网络技术的安全性、可靠性、运行的稳定性等方面都提出了更高、更新的要求，通信施工企业的生产方式和组织结构也发生了深刻的变化。以工程项目质量管理为核心的企业生产、经营、管理体制已基本形成，施工企业逐步规范化，工程安全规范管理在施工企业中显现出越来越重要的地位，工程项目质量的管理工作已越来越为人们所重视。工程质量关系到企业的兴旺，国家和民族的未来，工程安全规范是确保工程质量的头等大事之一。

任务一：工程安全规范总则

【任务目标】

知识目标	（1）了解现场安全管理的个人职责 （2）了解现场作业安全的基本知识 （3）了解现场作业的设备安全、环保规范
技能目标	（1）掌握通信工程的安全管理内容 （2）掌握 EHS 管理体系的各级职责
素质目标	（1）用正确的思想引导生产，培养安全意识责任重大 （2）培养学生自主学习能力、独立完成业务能力 （3）培养学生团队协作能力，建立岗位及职业责任感
重难点	重点：掌握现场作业安全的基本知识 难点：掌握现场作业的设备安全规范、环保规范
学习方法	自主学习法、探究学习法、合作学习法

【情境导入】

由于当前通信发展的需要，施工周期较紧，经初验试运行合格后，交由维护部门投入使用，有的施工单位在施工过程中偷工减料、弄虚作假。

例如，光缆不按设计要求深度埋设，不按要求做沟坎保护，管道底板强度不够。这类问题在试运行中无法显现，在终验中也很难发现，但在交付后使用一段时间，各种问题就会接踵而来。

又如程控交换机进行软件测试时，调测人员为省时省力，对常用的、重要的数据命令都进行逐一测试，而对个别尚未开放或新开发的业务功能及日常维护中很少用到的数据命令不进行测试，在软件测试签收本上以"OK"交差。竣工验收时不可能对每条数据命令进行验证，交付使用后，需要用到这些命令时，就会暴露问题。

从上述的两例不难看出，忽视工程安全规范、施工过程中的质量检查和控制，在施工过程中未严肃、认真排除一切有害于工程质量的因素，违反施工规范要求是很难保证工程质量的。由于工程项目施工是一个极其复杂的综合过程，不同的工程项目具有不同的生产流动、结构类型、质量要求、施工方法、建设周期、自然条件等情况，设计、材料、施工工艺、操作方法、技术措施、管理制度等因素均会直接影响工程质量，而施工是形成工程项目实体的过程，也是形成最终产品质量的重要阶段，所以施工阶段的工程安全规范是工程质量控制的重点。

【任务资讯】

（图片）工程安全总则

5.1.1 通信工程安全管理内容

为加强通信建设工程安全生产监督管理，保障人民群众生命和财产安全，明确安全生产责任，防止和减少生产安全事故，根据《中华人民共和国安全生产法》《建设工程安全生产管理条例》《生产安全事故报告和调查处理条例》等法律、法规，结合通信建设工程的特点，我国制定了《通信建设工程安全生产管理规定》。规定中明确指出，通信建设工程安全生产管理，坚持安全第一、预防为主、综合治理的方针，强化和落实单位主体责任，建立单位负责、职工参与、政府监管、行业自律和社会监督的机制。通信工程建设、勘察、设计、施工、监理等安全生产责任主体必须遵守安全生产法律、法规和本规定，执行保障生产安全的国家标准、行业标准，推进安全生产标准化建设，确保通信工程建设安全生产，依法承担安全生产责任。

工程施工安全作业图如图 5-1 所示。

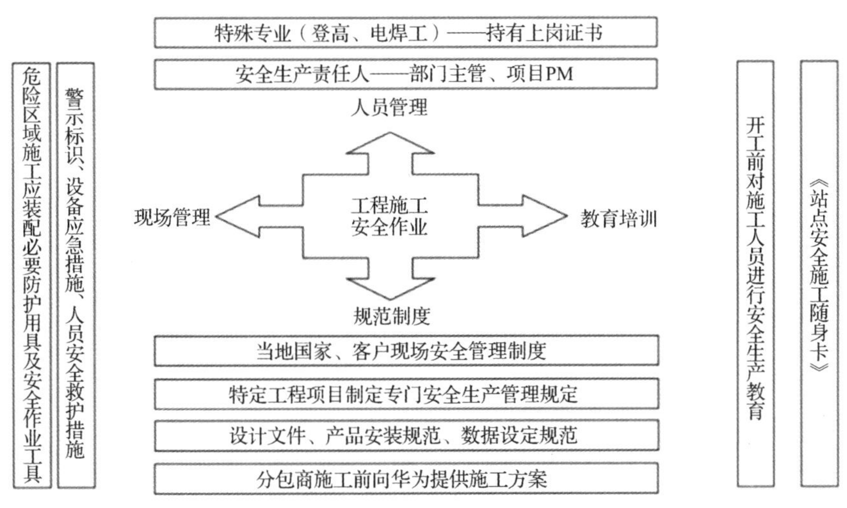

图 5-1 工程施工安全作业图

工程安全规范的总体原则是以工程施工安全作业为核心，坚持安全第一、预防为主、综合治理的指导思想。施工安全的总则是从人员管理、教育培训、规范制度以及现场管理这些方面进行展开的。

1. 一般安全

一般安全是指在实施通信工程时，要以国家安全生产工作条例为基本安全管理要求，在施工前对所有的人员进行安全培训和教育，并做好施工技术交底工作，要求所有的施工人员都要以保证通信工程的安全施工为己任，正确规范地操作施工。

2. 现场安全

通信工程的施工现场是最容易发生安全事故的地方，因此保证现场安全是安全管理中的重要内容，施工方应该成立专门的安全管理小组，将责任落实到人，加强安全管理教育和安全监督，及时发现安全隐患并予以排除。

3. 消防安全

在通信工程施工中需要用到较多的电缆等施工材料，这些施工材料一般都将塑料作为外包，因此必须要做好消防安全管理，尤其是仓库和施工材料堆放处，要保证消防设施的齐全。

4. 用电安全

电力是工程施工中不可缺少的重要能源，但多属于临时用电，很多设施都需要暴露在外，因此需要加强电力系统的安全管理，加强人员教育，非专业人员不得随意操作电力设备，以免因为误操作而引起安全事故。

5. 其他方面

除了上述的安全内容以外，还需要做好其他相关的安全管理工作。例如，在作业场地做好标志工作，即在工作地点或其附近必须设置安全标志，安全标志在白天可用红旗，夜间用红灯，必要时应设围栏，或用绳索围起，但在铁路或桥梁和机场附近不得使用红旗或红灯，应使用符合市政部门规定的标志。在通信工程施工中，若需要砍伐树木，不得随意砍伐，以免对当地环境造成破坏，或影响其他工作的开展，应该先与当地相关部门进行沟通，经过同意并办理相关批准手续之后才能按照主管部门的意见进行树木砍伐，以免给通信工程的施工带来不便。

科普小讲堂

通信工程的潜在危险源：

- 路由复测
- 挖沟（管道沟、顶管）
- 作业坑
- 立、换、折电杆
- 新设、更换拉线
- 铺管、顶管
- 敷设光电缆
- 清刷管道及铺放管道
- 敷设持续管道光电缆
- 架设接续架空光电缆
- 敷设水底光电缆
- 安装局内光电缆
- 敷设通信管道
- 吹缆
- 埋设标石
- 电路割接
- 安装终端设备
- 调测
- 高原、沼泽、严寒等
- 安装杆上支持物，公电设备、架设吊线

5.1.2 EHS 管理体系

1. EHS 管理体系的概念

EHS 管理体系是环境管理体系（EMS）和职业健康、安全管理体系（OHSMS）的整合。EHS 是环境（Environment）、健康（Health）、安全（Safety）的英文首字母缩写。EHS 管理体系是为管理 EHS 风险服务的，也是 EHS 管理的一种方法。

OHSMS 的潜在效益包括减少伤害、事故、污染物、废物、经营成本和潜在不利因素，提高施工企业的可造性、信誉和可信度。在业务规划、研究及设计初期，该管理体系有助于将经营管理和 EHS 管理相结合，推动经营目标和 EHS 目标的统一。它着眼于整个过程的效果和效率，以及提高 EHS 业绩和管理水平所带来的长期利益。

在工程安全管理中，无论从 EHS 的工程层面还是管理层面来看，EHS 的三要素都是互相制约和互相支持的。EHS 方针是企业在环境、职业健康、安全保护方面的指导方向和行动原则，也是一切活动的驱动力，它涉及全体员工和其他方面，每位员工应理解并遵照执行。EHS 关注的问题是生产的环境保护、员工的身体健康、员工的人身安全、企业的设备安全，这也是 EHS 管理的目标。

（图片）
EHS 管理体系

2. EHS 管理体系的管理理念

EHS 管理体系的管理理念是先进的，这也正是它值得在企业管理中深入推行的原因，其管理理念如下。

1）领导承诺的理念

企业对社会的承诺、对员工的承诺，以及领导对资源保证和法律责任的承诺是 EHS 管理体系顺利实施的前提。领导承诺由以前的被动方式转变为主动方式，体现了管理思想的转变。承诺由企业最高管理者在体系建立前提出，在广泛征求意见的基础上，以正式文件的方式对外公开发布，有利于相关方面的监督。承诺要传递到企业内部和外部，逐渐形成自主承诺、改善条件、提高管理水平的思维方式。

2）以人为本的理念

企业在开展各项工作和管理活动的过程中，始终贯穿以人为本的思想，以保护人的生命为前提，各项工作才得以顺利进行。人的生命和健康是无价的，不能以牺牲人的生命和健康为代价来换取利益。

3）安全第一、预防为主的理念

我国安全生产的方针是“安全第一，预防为主”。EHS 管理体系始终秉持所有事故都是可以预防的理念。事故的发生往往由人的不安全行为、机械设备的不良状态、环境因素和管理上的缺陷等引起。部分管理体系没有系统化和规范化的预防机制，缺乏连续性，而 EHS 管理体系系统地建立了预防机制，如果能切实推行，那么就能建立起长效机制。

（图片）工程
安全要素

4）持续改进、可持续发展的理念

EHS 管理体系贯穿了持续改进和可持续发展的理念、建立了定期审核和评审的机制。审核的目的是改进不符合的项目。体系始终处于持续改进的趋势，按照 PDCA 循环模式运行可以实现可持续发展。

5）全员参与的理念

安全工作是全员的工作，是全社会的工作。EHS 管理体系秉持全员参与的理念，在确定各岗位职责时要求全员参与，在进行危害辨识时要求全员参与，在进行人员培训时要求全员参与，在进行审核时要求全员参与。通过全员参与形成 EHS 文化，使 EHS 理念深入员工的思想深处，并转化为员工的日常行为。

3. EHS 管理体系的各级职责

1）总经理的职责

（1）承担全面管理公司环境、职业健康和安全管理体系的责任；

（2）为公司环境、职业健康和安全管理体系的建立提供必要的人力、财力、物资，并任命为 EHS 管理者代表；

（3）负责 EHS 管理体系方针的制订、修订和组织评审；

（4）贯彻执行 EHS 相关的法律法规，负责公司环境、职业健康和安全管理等投入资金的审批。

（5）定期召开 EHS 管理评审会议。

2）分管 EHS 的副总经理的职责

（1）确认公司制定的 EHS 管理体系的重要环境因素是否符合实际情况；

（2）组织 EHS 管理委员，审核公司的 EHS 管理体系目标、指标及管理方案；

（3）组织文件制订、程序制订，并进行审批，负责工作的分解和落实；

（4）组织审核内部 EHS 管理体系，并撰写管理体系实际运行状况的见解报告；

（5）确保正常、有效地运行整个环境体系；

（6）协调体系运行过程中的矛盾；

（7）向总经理汇报 EHS 管理体系的运行情况以供评审，为 EHS 管理体系的改进提供依据。

3）EHS 分管经理的职责

（1）监督所属部门的环境运行状况；

（2）审批基准文件；

（3）负责 EHS 管理体系方针的起草、审议并参与评审；

（4）对 EHS 管理体系的重要环境因素进行审核并对目标制定、指标制定的可行性进行研讨；

（5）制定分公司的 EHS 管理体系的目标、指标及管理方案；

（6）向副总经理汇报 EHS 管理体系的运行情况以供评审，为 EHS 管理体系的改进提供依据；

（7）定期召开公司环境、职业健康、安全管理会议，督促、检查公司环境和职业健康的安全管理工作。

4）环保部负责人的职责

（1）识别部门的环境因素；

（2）实施公司的环境管理方案和实施细则；

（3）制订和实施内部环保培训计划；

（4）负责环境信息方面的接受和处理工作；

（5）撰写和修订相应的环保文件，并管理本部门所有的环保文件；

（6）及时纠正所有不符合要求的环保工作；

（7）撰写、管理部门的环保记录；

（8）管理废弃物的分类、暂存；

（9）汇总全厂水、电的实绩，并上报分管经理。

5）卫生部负责人的职责

（1）负责分公司各生产车间工艺卫生技术的管理，并负责相关文件的起草、审核；

（2）建立、完善职业病预防和控制技术；

（3）建立、健全分公司职工的健康档案，并负责档案的管理；

（4）建立、完善安全技术资料档案；

（5）负责分公司的医疗紧急救助、及时抢救伤员及事故发生后的应急响应。

6）安全部负责人的职责

（1）监督本单位各级领导、各职能部门贯彻执行国家的安全生产方针、政策、法令、规程、条例等；

（2）贯彻落实安全第一、预防为主、文明生产的方针，深入施工现场，掌握安全生产动态，对存在的隐患提出处理意见并督促检查、落实情况，及时向上级领导汇报，并提出安全工作的改进意见；

（3）监督安全技术措施的审批；

（4）参与合同评审、施工组织设计及安全技术措施的会审，参与工程中间验收和竣工验收；

（5）参与重大事故的调查处理；

（6）协助和检查职工安全教育及要害工种人员的上岗和资格培训工作。

7）应急响应负责人的职责

（1）负责分公司的应急响应预案文件的起草、制订、审核；

（2）负责分公司应急预案的定期演练和人员培训；

（3）负责应急装备、消防设施的日常管理工作；

（4）督促本部门管理人员深入现场以检查应急装备和消防措施。

（图片）工程交付安全口诀

【任务实施】

1．查阅中华人民共和国通信行业标准《数字移动通信（TDMA）设备安装工程验收规范》《通信设备安装抗震设计规范》《移动通信基站防雷与接地设计规范》等**通信工程实施过程中关于整体安全规范**的相关内容，每个同学课前在课程平台提出 1 个关于工程安全规范的问题，其他同学积极思考按时回答，加强线上互动。

2．课程平台上发布“通信设施安装规范与民用建筑施工规范有什么区别？”等问题，组织学生课前讨论，了解通信设备施工过程中的重、难点问题。

3．教师针对同学们课程平台上的问答情况进行点评，引导学生重视工程规范，培养严谨认真的工作态度。

【任务评价】

任务点	考核点		
	初级	中级	高级
通信工程安全管理内容	学习国家关于工程安全规范的相关管理规定	掌握通信工程安全管理内容	掌握通信工程安全管理内容对于不同企业的含义
EHS 管理体系	掌握 EHS 管理体系的基本概念	掌握 EHS 管理体系的管理理念	掌握 EHS 管理体系对于不同企业的理念含义

【任务小结】

通信工程的安全管理工作与普通安全管理工作有着本质区别，普通安全管理主要是为了预防可能威胁到人们生命财产安全的因素而采取的有目的、有计划的一系列预防活动。通信工程的安全管理是针对人们在通信工程建设中所产生的安全问题开展的，是利用各种有效资源、充分发挥管理人员智慧制定的施工策划和活动控制方案，是为了达到安全生产目的而开展的。

在通信工程施工建设中，只有保证施工安全，施工质量才能得到保障，安全管理水平也能得以提升。因此，通信工程安全管理工作不容忽视，不仅是保证工程施工安全、减少施工事故的重要举措，而且能加快通信工程的施工进度、增加施工企业的社会经济效益，是确保通信工程日后运营安全、信息传输稳定的重要举措。

（文档）参考答案

【自我评测】

1．结合我国通信建设工程的特点，国家制定了《______________规定》。

2．通信工程安全管理包括__________、__________、__________、__________、__________五方面的内容。

3．EHS 管理体系是__________和__________的整合。

4．EHS 管理体系对______种岗位职责做出了明确规定。

5．EHS 管理体系在组织开展各项工作和管理活动的过程中，始终贯穿着__________的思想。

任务二：个人安全与现场安全

【任务目标】

知识目标	（1）了解现事故紧急处理的基本知识 （2）了解安全标识的基本知识 （3）了解现场作业设备安全的基础知识
技能目标	（1）掌握事故紧急处理的一般流程 （2）掌握个人防护用品的正确使用方法 （3）掌握偏远地区、高空作业、铁塔作业的安全规范
素质目标	（1）安全生产第一位，培养学生牢固的安全意识 （2）培养学生自主学习能力、独立完成业务能力 （3）培养学生团队协作能力，建立岗位及职业责任感
重难点	重点：掌握安全标识的识别及生产过程中的具体应对措施 难点：掌握实际生产过程中个人及现场施工的安全操作
学习方法	自主学习法、探究学习法、合作学习法

【情境导入】

（视频）来自学长的工作分享-1

每个工作人员都是健康和安全的第一责任人，工作中的行为不能将周边人员置于危险境地，应遵守安全规范，接受专业的岗位培训，不应妨碍或误用安全设施。在工作中遇到受伤等意外情况时，应立即报告。在操作机器高空作业前服用药物致使身体状况不佳时，也必须及时告知上级。最重要的个人职责就是确保施工安全。

某省通信工程公司在某市进行程控交换设备扩容工程，施工当天上午在布放电源柜的直流电源线时，由于原有电源线塞得很满，新布放的线很难穿过，施工人员就小心翼翼地将新电源线固定在一把长螺丝刀上，并用绝缘胶带包裹长螺丝刀的裸露金属部分，完成了新电源线穿插作业。

这时他发现新电源线的接线柱与相邻的接线柱缝隙太小且有点歪，于是用螺丝刀撬动缝隙。万万没想到由于用力过猛，螺丝刀突然滑脱，使得螺丝刀上的绝缘层被电源接线柱划破，而螺丝刀戳到了机壳上，致使 48V 电源短路，中断了交换机的电源，使得 1 万门的交换机瘫痪。值班人员更换保险后供电，恢复数据，重新运行交换机，一共耗时 13min。

【任务资讯】

（图片）
施工前的准备工作

（视频）
个人、现场安全

5.2.1 个人安全

1. 事故紧急处理

一旦发生事故，应立即向基站的工程师、项目经理报告，需要专业技术支持时，应立即拨打紧急求助电话，尽量让有急救资质或者有经验的人员来实施急救，避免对受伤人员造成二次伤害，不要轻易移动受伤人员。

1）事故紧急处理原则

根据《国家电网公司通信系统突发事件处置应急预案》和《国家电网电力通信系统处置突发事件应急工作规范》的要求，在公司通信系统发生突发事件后，所属通信运行维护单位应迅速成立突发事件现场应急指挥部，突发事件现场应急指挥部应下设突发事件现场处置工作组，成员包括通信运行维护单位及设备厂家等通信专业技术人员。

突发事件处置按照“先生产业务、后其他业务，先上级业务、后下级业务，先隔离、后处置，先抢通、后修复”的原则，认真执行现场处置方案流程，严格履行工作职责，迅速调动所需通信资源，保障应急指挥的通信畅通，防止通信原因导致事故影响的范围扩大。同时，要防止引发新的突发事件，保证电力通信系统的正常运行。

信息通信应急预案体系是公司应急预案体系的重要组成部分，由专项应急预案和现场处置方案构成。

公司各级单位网络安全与信息通信应急预案体系由本单位信息通信职能管理部门负责组织和编制，编制过程应以《国家电网公司应急预案管理办法》为依据，遵循“横向到边、纵向到底、上下对应、内外衔接”的原则，突出实际性、实用性和实效性，并结合各自职责范围、工作实际和应急管理的工作需要。

专项应急预案应包括应急组织架构、风险和危害程度分析、事件分级、预警发布流程、应急响应措施、信息报送程序等内容。现场处置方案应包括故障现象描述、现场处置人员通讯录、方案启动条件、主要操作过程、预期效果、处置要求、运行方式等内容。

（PPT）个人安全

2）事故应急处置流程

（1）先期处置

采取相应措施，防止事态进一步扩大，根据预判情况及时向上级主管领导汇报。发生通信业务电路中断时，应尽快组织迂回路由，恢复重要生产业务的电路，并下达临时运行方式。现场应急处置时，应首先保证调度指挥业务，然后恢复安全生产业务，最后恢复信息管理业务。

（2）应急处置

当电力通信系统发生突发事件可能影响到生产业务电路时，当地通信调度应立即向相关部门通报突发事件信息，并根据现场处置方案，组织开展应急处置工作。

突发事件现场应急指挥部组长及有关人员接到突发事件启动指令后，应立即到达突发事件现场，并按照现场处置方案组织、指挥、协调突发事件的应急处置工作。

突发事件现场应急指挥部组长应根据事件发展情况、现场状态、影响范围等及时向突发事件处置领导小组报告。

（3）结束应急处置

现场应急处置完毕后，现场抢修人员须确认电力通信系统业务电路已恢复至正常运行状态，系统稳定运行 30min 可视为故障隐患已彻底排除，方可向通信调度申请结束应急处置程序，经批准后方可撤离现场。

通信调度接到结束应急处置申请时，确认业务电路恢复正常，经突发事件现场应急指挥部同意，方可下达现场撤离命令。

（4）事件汇报

事件报告分为紧急报告和详细报告。紧急报告是指突发事件发生后口头汇报突发事件的简要情况；详细报告是指在完成突发事件处理后，以书面形式提交的全过程报告。

现场处置工作组应在第一时间向上级指挥部报告现场应急响应情况、现场人员、设备受损程度，评估现场应急处置的困难和效率。报告频率应为每 30min 一次，出现重大变化应立即汇报。

突发事件现场应急指挥部根据现场处置情况，评估业务迂回和故障排除时间，准确掌握现场处置进度，向上级报告。报告频率应为每 30min 一次，出现重大变化应立即汇报。

（5）事后评估

应急状态结束后，突发事件现场应急指挥部应组织以下评估工作。

① 根据突发事件处置情况，形成详细现场处置报告。

② 组织事后分析研究，总结现场处置经验和教训，制订反事故措施，并下发执行。

③ 督促突发事件涉及单位及时改进和完善突发事件的现场处置、应急救援、应急抢修等相关措施。

（6）注意事项

现场人员到各通信机房应遵守机房管理规定和《国家电网公司电力安全工作规程》等规章制度，确保处置过程中的人身安全和通信设备安全。

开展故障抢修工作时应听从指挥，并有专人监护，工作时分工明确、避免抢修过程中造成其他运行设备的中断，使故障范围扩大。

相关单位和现场通信维护单位后勤保障部门对赶赴现场处理突发事件的人员应提供必要的交通保障。

安全措施到位，满足现场检修需求，不准擅自挪动检修现场的所有安全防护设施。

事故紧急处理图如图 5-2 所示。

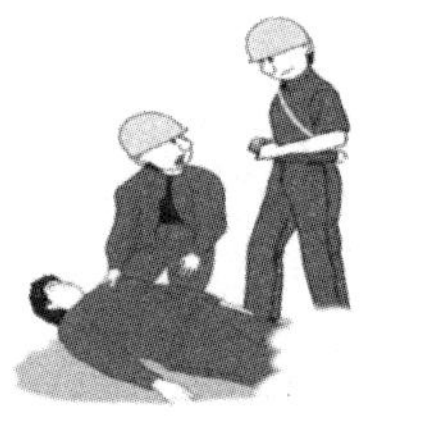

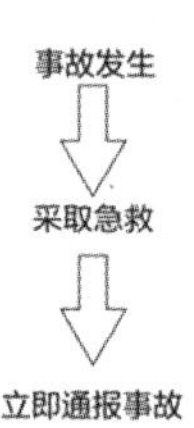

说明：
一旦发生事故，立即向华为站点工程师/项目经理报告。
若需要专业帮助，请立即拨打紧急求助电话。
尽量让有急救资质(经验)的人员实施急救，避免进一步伤害。
不要轻易移动受害人，以防其受到进一步伤害。

图 5-2　事故紧急处理图

2. 安全标志

（图片）
安全标志

安全标志是向工作人员警示工作场所或周围环境的危险状况，指导人们采取合理行为的标志。安全标志能够提醒工作人员预防危险，从而避免事故发生。当危险发生时，能够指导人们尽快逃离，或者指导人们采取正确、有效、得力的措施，对危害加以遏制。安全标志的类型要与警示内容相吻合，而且设置位置要正确、合理，否则难以真正发挥其警示作用。

安全标志使用招牌、颜色、照明标志、声信号等方式来表明存在信息或指示安全健康。安全标志主要分为禁止标志、警告标志、指令标志、提示标志四类，还有补充标志。安全标志图如图 5-3 所示。

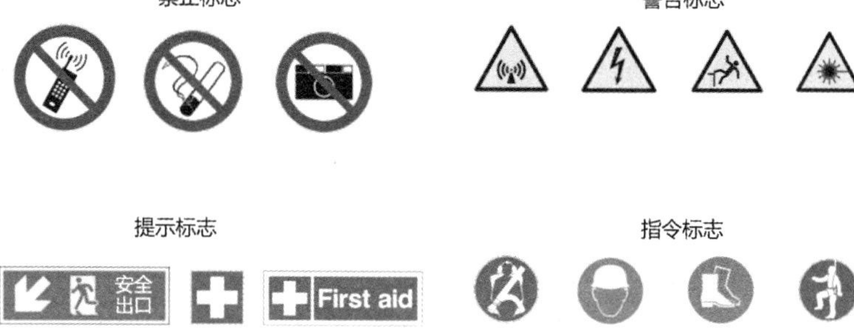

图 5-3　安全标志图

1）禁止标志

禁止标志的含义是制止人们的某些行动。禁止标志的几何图形是带斜杠的圆环，其中圆环与斜杠相连，圆环和斜杠用红色，图形符号用黑色，背景用白色。

我国规定的禁止标志共有 40 个，如禁放易燃物、禁止吸烟、禁止通行、禁止烟火、禁止用水灭火、禁带火种、运转时禁止加油、禁止跨越、禁止乘车、禁止攀登等。

2）警告标志

警告标志的含义是警告人们可能发生的危险。警告标志的几何图形是黑色的正三角形、黑色符号和黄色背景。

我国规定的警告标志共有 39 个，如注意安全、当心触电、当心爆炸、当心火灾、当心腐蚀、当心中毒、当心机械伤人、当心伤手、当心吊物、当心扎脚、当心落物、当心坠落、当心车辆、当心弧光、当心冒顶、当心瓦斯、当心塌方、当心坑洞、当心电离辐射、当心裂变物质、当心激光、当心微波、当心滑跌等。

3）指令标志

指令标志的含义是必须遵守。指令标志的几何图形是圆形，背景为蓝色，图形符号为白色。

指令标志共有 16 个，如必须戴安全帽、必须穿防护鞋、必须系安全带、必须戴防护眼镜、必须戴防毒面具、必须戴护耳器、必须戴防护手套、必须穿防护服等。

4）提示标志

提示标志的含义是示意目标的方向。提示标志的几何图形是方形，背景为绿色，图形符号及文字为白色。

提示标志共有 8 个，如紧急出口、避险处、应急避难场所、可动火区、击碎板面、急救点、应急电话、紧急医疗站。

3. 个人防护用品

1）概念

个人防护用品是对作业人员采取的个人防护性技术措施，专指个人佩戴的装具等。个人防护用品是根据生产工作的实际需要分发给个人的，每个作业人员在生产工作中都应正确地使用。

2）个人防护用品的分类

（1）预防飞来物的安全帽、安全鞋、防护镜、面罩等。

（2）防止与高温、锋利、带电等物体接触时受到伤害的各类防护手套、防护鞋等。

（3）对辐射热进行屏蔽防护的全套防护服。

（4）对放射性射线进行屏蔽防护的防护镜、防护面具等专用防护用品。

（5）对作业环境中的粉尘、毒物或噪声进行屏蔽防护的口罩、面具或耳塞。

3）个人防护用品管理的基本要求

（1）使用单位应建立个人防护用品健全的购买、验收、保管、发放、使用、更换、报废等管理制度，并应按照个人防护用品的使用要求，在使用前对其防护功能进行必要的检查。

（2）使用单位应到定点经营单位或生产企业购买个人防护用品。购买的个人防护用品须经本单位的安全技术部门验收。

（3）使用单位应为作业人员免费提供符合国家规定的个人防护用品，不得以货币或其他物品替代应当配备的个人防护用品。

（4）使用单位应教育本单位作业人员，按照个人防护用品使用规则和防护要求正确使用个人防护用品。

4）个人防护用品的使用规定

凡是从事常规作业或在一般作业环境中作业的人员，应按其主要作业的工种和劳动环境配备个人防护用品，如安全帽、防护服、防护鞋、防听器、护目器、面罩、防护手套等。配备的个人防护用品在从事其他工种作业时或在其他劳动环境中不能适用时，应另配或借用所需的其他个人防护用品，使用期限可适当延长。

特种作业人员应按其主要作业的工种和劳动环境配备个人防护用品，如电绝缘鞋、绝缘手套、防酸碱用品、防静电鞋和防静电工作服。用人单位采购、配备和使用的特种个人防护用品必须具有安全生产许可证、产品合格证和安全鉴定证。使用单位应建立和健全个人防护用品的采购、验收、保管、发放、使用、更换、报废等管理制度。

个人防护用品图如图 5-4 所示。

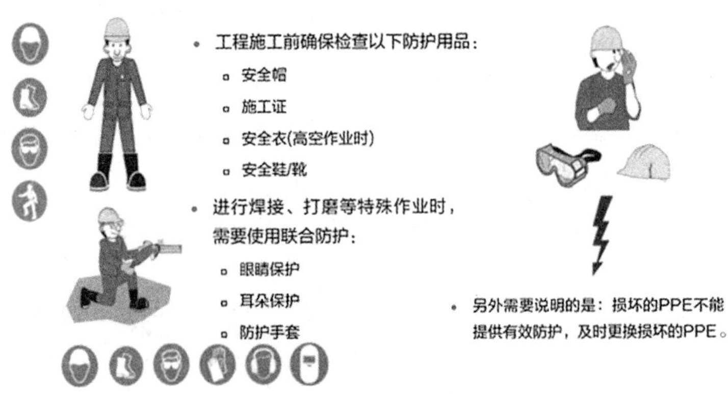

（a）

图 5-4 个人防护用品图

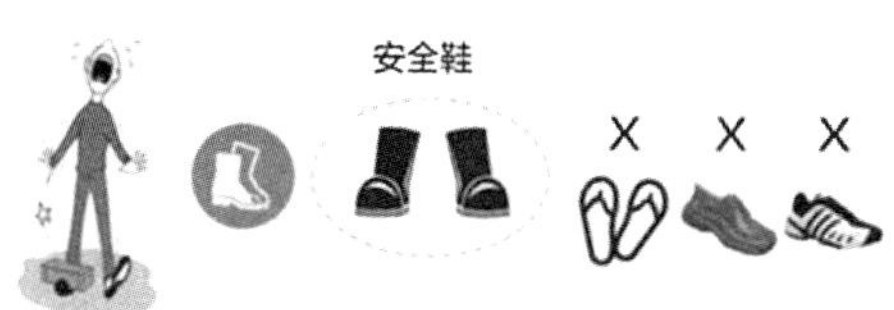

说明：
橡胶安全鞋有绝缘保护作用，主要用于电力、通信、水力清砂、露天作业等岗位。

说明：
在基准面2m以上作业须系安全带。

（b）

图 5-4　个人防护用品图（续）

5.2.2　现场安全

（PPT）现场安全

1. 偏远区域作业

高风险作业时，作业人员应充分利用同伴的帮助。督导或经理必须了解其工作路线、工作区域和工作任务。若在预定时间未与作业人员取得联系，则应启动紧急应案，应准备充足的水、食物等。车辆在偏远区域必须符合使用要求，定期维护，配备轮胎、紧急电话（卫星/移动）等，出发前测试并准备充足的电池等。出发前检查所有安全设备，如灭火器、急救箱、工具包等，以适应工作需要，并定期维护。还应携带充足的衣服，以在低温、高温、大风、雪、太阳等环境中保护身体。

1）在铁路沿线施工作业

作业人员不许在铁路路基或桥梁上坐、卧、吃饭；不许在铁轨上或铁轨之间行走，因工作需要在路基上行走时，来了火车必须避让；携带较长工具、材料时，一定要与铁轨顺行；跨越铁路时，必须注意铁路的信号和来往的火车，不准强行跨越；跨越铁路架线时，应将线条（或电缆）立即拉紧，并牢固地捆扎在电杆上，以防下垂；在拆除跨越铁路的线条（或电缆）时，应在铁路附近剪断，并迅速撤离铁路。

2）在江河、口岸边施工作业

作业人员在未弄清河水深度时，不准冒然入水或涉水渡河；需要涉渡小溪时，应以竹杆探测行进；在船只和木排上作业时，须熟悉水性，并备有救生用具；洪水暴发时，禁止游泳过河；在冰的承载力不够或冰融化季节，禁止在冰上行走。

3）在野外施工作业

作业人员在地势高低不平的地方，切勿冒然下跳：地面被积雪覆盖时，应用棍棒试探行进；攀登山岭时，不得踩活动的石块或裂缝、松动的土方边缘，应事先了解作业地区有无毒蛇、野兽及有毒植物，注意防范并佩戴防护用具，勿食不知名的野菜、野果；在水田中施工作业时，须穿长胶鞋，以防蚂蟥伤害，支搭帐篷时，应选择安全、适宜的位置，以防山洪、泥石流和野兽危害；在林区或荒山上或有可燃物地区，禁止吸烟；因施工需要动用明水时，必须制定严密措施并备有消防设备。

2. 高空作业

高空作业是指高度为 2m 及以上、有可能坠落的高处作业。高空作业有一定的级别划分，有一级高空作业、二级高空作业、三级高空作业和特级高空作业。一级高空作业是指作业高度为 2～

5m 的作业；二级高空作业是指作业高度为 5～15m 的作业；三极高空作业是指作业高度为 15～30m 的作业；而特级高空作业是指作业高度为 30m 以上的作业。

1）引起高空作业坠落的客观危险因素（GB/T 3608-2008《高处作业分级》）

（1）阵风风力五级（风速 8.0m/s）以上；

（2）平均气温等于或低于 5℃的作业环境；

（3）接触冷水温度等于或低于 12℃的作业；

（4）作业场所有冰、雪、霜、水、油等易滑物；

（5）作业场所光线不足，能见度差；

（6）作业活动范围与危险电压带电体的距离过小；

（7）立足处不是平面或只有很小的平面，即任一边小于 500mm 的矩形平面、直径小于 500mm 的圆形平面或具有类似尺寸的其他形状的平面，致使作业人员无法维持正常姿势；

（8）存在有毒气体或空气中含氧量低于 19.5%的作业环境；

（9）可能会引起各种灾害事故的作业环境和抢救突然发生的各种灾害事故。

2）高空作业的安全要求

（1）高空作业人员在施工、维护时，必须头戴安全帽，脚穿绝缘防滑鞋，确保各种劳动防护用品合格并齐全，才可操作。

（2）高空作业人员使用的工具应随手装入工具袋中，垂直交叉作业时，应增设防护物体打击的隔离层。应用绳索吊送上下传递物件，严禁抛掷。容易散落的工具如扳手，可在使用之前进行安全技术处理（将活动销固定）。

（3）高空作业人员在转移作业位置时不得失去保护，手扶的构件必须牢固。

（4）作业人员应沿脚钉或爬梯攀登铁塔。在间隔大的部位转换作业位置时，应增设临时扶手，不得沿单根构件上爬或下滑。

（5）杆、塔上应避免上下交叉作业，如确需上下交叉作业或多人在一处作业时，应相互照应，密切配合。

（6）在霜冻、雨雪后进行高空作业时，应采取防滑措施。

（7）作业人员如有身体不适，不得勉强上塔。酒后不上塔。

3）高空作业安全举例

图 5-5 中的作业人员没有挂安全绳，所以是不合规的。正确的做法是除了穿安全衣，还要配备安全绳。工具要远离边缘区域，以防工具跌落，砸伤下面的人员。

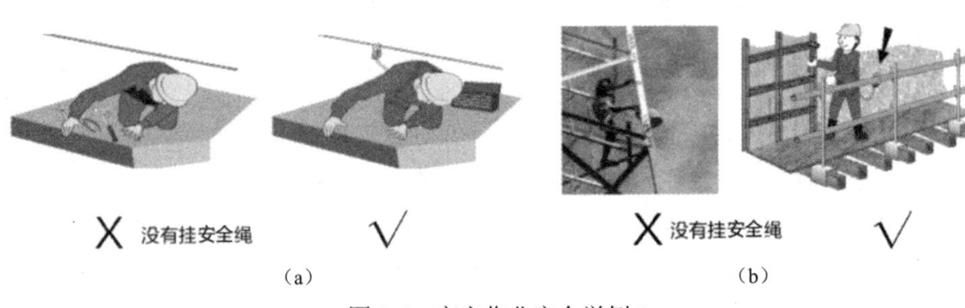

（a）　（b）

图 5-5　高空作业安全举例 1

图 5-6 中高空作业的时候，因为东西掉落可能会砸伤他人，所以正确的做法是必须要设置警示牌，配备看护人员。

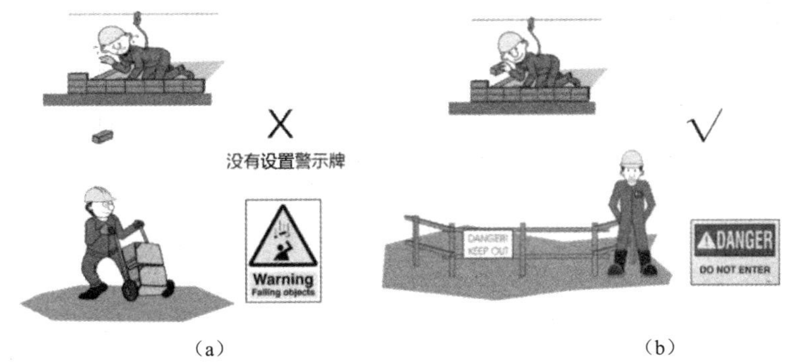

（a）　（b）

图 5-6　高空作业安全举例 2

图 5-7 中的高空作业必须使用工作平台，如梯子等，同时为了保证安全，必须有人扶梯。另外，在高空边缘作业时，必须要穿戴安全衣，远离边缘区域，安全衣和安全带缺一不可。

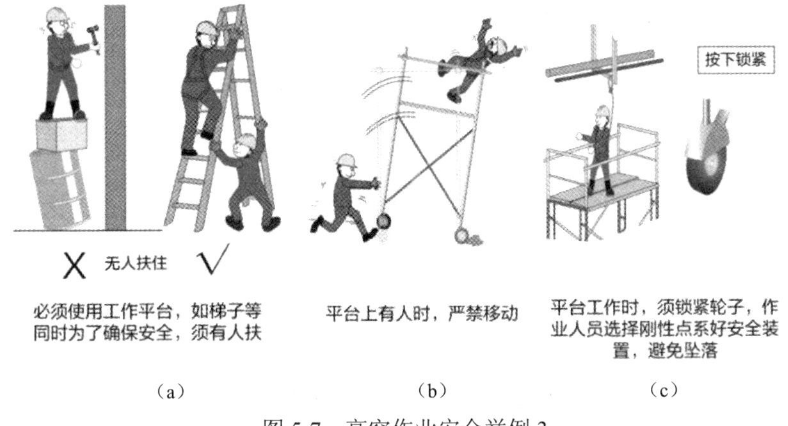

（a）　（b）　（c）

图 5-7　高空作业安全举例 3

3. 铁塔作业

铁塔作业是高空作业中的特殊且重要情况。在通信铁塔高空作业的作业人员可能面临高空坠落事故和高空坠物伤及地面人员事故，违章作业、违章指挥会造成人身伤亡和财产损失。为此，作业人员在通信铁塔高空作业时，必须遵守现场作业的安全操作规范。作业人员必须配备符合国家规定的劳动安全防护用品、安全警示标志、防护围栏、安全帽、安全绳、应急救生器具、红白布带等，不允许单独一人爬塔工作，必须要有看护人员陪同，必须在爬塔前穿戴和检查安全衣，确保系索系在两个不同点。携带的工具应装在包内，避免掉落。铁塔作业的安全防护用品如图 5-8 所示。

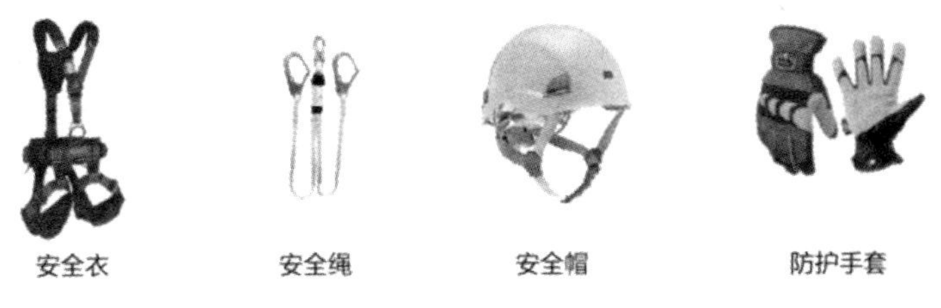

图 5-8　铁塔作业的安全防护用品

（1）在登塔作业前，必须进行安全风险告知和施工安全交底，作业人员须清楚工作内容和程序，明确分工，并经现场安全负责人检查，确认安全后才能允许上塔施工。高空作业的工具应由使用人员每月进行检查。安全带必须经过检验部门的拉力试验，安全带的腰带、钩环、铁链必须正常，用完后必须放在规定的地方，不得与其他杂物放在一起。作业人员的安全帽必须符合国家标准。

（2）在登塔作业中，作业人员无论时间长短必须佩戴安全防护绳，并且将安全绳的挂钩牢牢固定在铁塔构件上。上塔过程采取一步一脚爬梯，双手接替，抓紧爬梯两侧护手，防止踩空，不准跨档攀爬。感觉比较累时，应选择休息平台或安全的地方进行短暂休息，稍恢复体力再进行攀爬；休息时应双手扶稳护栏，扣好安全绳保险，防止跌落。登高作业人员上下铁塔时，禁止随身携带笨重物件，笨重物件应用绳子吊上或吊下。轻便物件和测试仪表应装在工具袋内，总质量不得超过 5kg。工具盒器材不得从高空抛下（麻绳除外），应用绳子放下。由高空抛下物件时，必须上下呼应进行。上下铁塔时人与人之间距离应不小于 3m，攀爬速度宜慢速行进。高空作业时不准闲聊、嬉闹，严禁单手攀爬。工具、螺栓必须放在专用的工具袋内，上下传递必须使用绳索，严禁抛扔。

（3）作业后要求每天施工结束后，安全责任人和现场负责人应对现场进行全面检查，确认现场安全后才能收工。工程完工后须先将施工现场和住房周围的废物、垃圾清理干净，再逐项撤除安全警示标志和防护围栏，确认没有安全隐患后方可撤场。

【任务实施】

1．查阅中华人民共和国通信行业标准《数字移动通信（TDMA）设备安装工程验收规范》《通信设备安装抗震设计规范》《移动通信基站防雷与接地设计规范》等**通信工程实施过程中关于个人安全和现场安全**的相关内容，每个同学在课程平台提出 1 个关于工程安全规范的问题，其他同学积极思考按时回答，加强线上互动。

2．教师针对同学们课程平台上的问答情况进行点评，提高学生安全意识，细节决定成败。

3．根据课上所学内容，每位同学分别完成个人安全、现场安全的脑图，小组自行完成点评。

【任务评价】

任务点	考核点		
	初级	中级	高级
个人安全	（1）掌握紧急事故处理的概念 （2）掌握安全标志的基础概念 （3）掌握个人防护用品的种类	（1）掌握紧急事故处理的一般流程 （2）掌握安全标识的基础使用环境 （3）掌握个人防护用品的具体用途	（1）掌握紧急事故处理在不同企业的应用 （2）辨别实际工作环境中的安全标志 （3）牢记在实际工作环境正确佩戴个人防护用品
现场安全	（1）掌握偏远地区通信作业的基本概念 （2）掌握通信高空作业的基本概念 （3）掌握通信铁塔作业的基本概念	（1）掌握偏远地区通信作业的操作注意事项 （2）掌握通信高空作业的操作注意事项 （3）掌握通信铁塔作业的操作注意事项	（1）灵活应用偏远地区通信作业的操作规范 （2）灵活应用通信高空作业的操作规范 （3）灵活应用通信铁塔作业的操作规范

【任务小结】

施工管理人员和一线施工人员必须牢固树立“安全第一”的思想，正确处理好安全与生产、安全与效益的关系，确保必要的安全投入，保证作业安全。选派重视安全、懂得技术、责任心强、经验丰富的人担任工程项目负责人。既要注重技术又要注重安全，加强全体员工的安全意识、安全技术教育，加强工程中的关键工序负责人的培训。提高安全管理水平，增强安全防护意识。根据不同的季节、不同环境中的施工特点，制订相应的安全保护措施，始终把安全生产放在第一位。

（文档）参考答案

【自我评测】

1. 突发事件应按照“先________、后其他业务，先________、后下级业务，先______、后处置，先_______、后修复”的原则处置。
2. 安全标志分为________、________、________、________四类。
3. 从事常规作业的作业人员的个人防护用品包括_______、_______、_______。
4. 高空作业有一定的级别划分，可分为______个等级。
5. 铁塔工作是在通信安全里面必不可少的环境，铁塔工作不允许_______爬塔工作，必须要有看护人员进行陪同。

任务三：安全设备与环保规范

（视频）设备、环保规范

【任务目标】

知识目标	（1）了解现安全设备的基本知识 （2）了解环保规范的基本知识
技能目标	（1）掌握光纤安装的安全要求 （2）掌握射频安装的安全要求 （3）掌握天线安装的安全要求 （4）掌握铁塔安装的安全要求 （5）掌握环保规范的要求
素质目标	（1）提高保护生态环境的实践认知能力 （2）培养学生自主学习能力、独立完成业务能力 （3）培养学生团队协作能力，建立岗位及职业责任感
重难点	掌握设备安装的安全要求
学习方法	自主学习法、探究学习法、合作学习法

【情境导入】

（视频）来自学长的工作分享-2

移动通信是高科技产物，公众对其还缺乏基本的认知，尤其是对于电磁辐射带来的影响。随着生活水平和健康意识的不断提高，公众对自身生存环境的关注和期待也在不断提升。某些媒体常将电磁辐射视为空中无形杀手，将广播、电台、雷达、通信与输变电工频电磁场混为一谈，公众参与的基站环境影响评价表明，公众对于基站的电磁辐射影响有着莫名的恐惧和抵触情绪。另外，基站施工时也确实存在乱挖乱拉和天线杂乱无章等问题，直接造成公众不满而引发投诉。

根据《建设项目环境保护管理条例》，对于对环境有影响的建设项目，国家实行建设项目环境影响评价制度；建设项目需配套建设的环境保护设施必须与主体工程同时设计、同时施工、同时投产使用；建设项目竣工后，建设单位应向审批该建设项目环境影响报告书（表）的环境保护主管部门申请对该建设项目需配套建设的环境保护设施进行竣工和验收。

总的来说，基站建设应以建设“生态城市”“美化环境”为目标，结合社会环境的具体要求，采取与社会公益设施（如交通路灯、园林绿化等）共建的方式，将基站设备融入环境，实现生态的修复和美化，以最终建成资源节约型、环境友好型的基站设施。

【任务资讯】

（PPT）安全设备

5.3.1 安全设备

安全设备主要是指为了保护作业人员等生产经营活动参与者的安全，防止生产安全事故发生及在发生生产安全事故时用于救援而安装使用的机械设备和器械，如矿山使用的自救器、灭火设备，以及各种安全检测仪器，如安全检测系统、瓦斯检测器、测风仪表、氧气检测仪、顶板压力监测仪器等，有的安全设备是作为生产经营装备的附属设备，需要与生产经营装备配合使用，有的则能够在保证安全生产方面独立发挥作用。这些安全设备需要按照国家有关要求在生产经营活动中配备，以确保生产安全和事故救援的顺利进行。在高度城市化的现代社会，安全设备对于保护人类活动的安全尤为重要。福岛核泄漏事故把安全设备的重要性提高到一个空前的高度。安全设备的一个微小瑕疵都可能引发一场空前的人类灾难。

使用安全设备的生产经营单位必须对其进行经常性维护、保养、检测，保证安全设备的正常运转和处于良好的状态。经常性维护、保养、检测情况应当做好记录，并由有关人员签字。记录的内容一般应当包括维护、保养、检测的时间、地点、人员、安全设备的名称，维护、保养、检测的结果，发现的问题及问题的处理情况等。

1. 光纤安装安全

光纤是一种由玻璃或塑料制成的纤维，是光信号的传输通道，是通信系统传输承载网的主要物理材料。

1）裸光纤的安全要求

（1）如果碎片进入皮肤，那么必须将它取出，否则会导致皮肤出现发炎等症状。

（2）要佩戴眼镜等防护用品，经过专业培训的人员才能进行实践操作，如安装、维护光纤。光纤在生产和使用过程中最容易对人的眼睛造成危害。

2）眼睛的安全要求

（1）严禁眼睛直视光纤末端、激光源等，激光源也不得朝向自己和他人的眼睛。

（2）未使用的连接器必须戴帽，不得裸露。

（3）应该绑扎正在使用的光纤末端。

（4）设置警示标志。

（5）激光测试源很危险，不得随意放置。

2. 射频安装安全

1）个人防护措施

（1）眼睛防护：佩戴防护镜是实现眼睛防护最有效的方法，也是激光工作人员防护眼睛损伤的主要措施之一。

（2）皮肤防护：多数激光设备通常不要求对皮肤进行防护，但这些激光设备可能烧伤皮肤或输出的辐射度高于皮肤的最大允许照射量。外科使用的激光器一般为 3B 类和 4 类，输出辐射度或辐射量往往高出最大允许照射量数十倍，甚至数百倍。因此，使用激光设备时必须采取个人防护措施。

（3）呼吸道防护：由于激光危害工程控制技术一般不能排除对呼吸道的危害，因而需要加强呼吸道的防护。

2）激光安全等级

在工程施工中按照激光安全等级制定了以下安全防护措施。

一级：最低的激光能量等级，不会产生辐射危害，无须防护。

二级：可见范围内的低能量激光，在控制暴露的条件下，可以直视。

三级：中等功率的激光能量等级，激光场所应张贴警示标志，应尽量避免人眼与激光处于同一高度，必须佩戴合适的防护镜。

四级：大功率激光和能量等级，封闭所有光路时，需采用远距离遥控操作或电视监控系统，激光器和工作间要分开。

3. 天线安装安全

天线的操作者进入基站必须获得批准，并遵守警告标识和命令。到达或接近天线前，应确保了解安全天线的区域。若上铁塔或上抱杆的操作在天线的 5m 内，则必须在工作前申报。如果需要在非安全区域内工作，那么必须申请切断天线电源。禁止拆开正在运行的射频电缆、连接器等，避免接触射频烧伤。损坏的射频线缆、连接器是有害的射频辐射源，必须及时通报。除了射频电缆，针对基站的其他光纤发射系统，操作者同样需要遵守操作要求。射频工作时，存在一定的辐射，所以工作中一定要遵守射频安全原则。我国颁布了《微波辐射暂行卫生标准规定》，提出一天 8h 连续辐射时，微波辐射容许强度不应超过 38μW/cm^2，一天总计量不应超过 300μW/cm^2，不允许在 5mW/cm^2 的辐射环境下工作。

天线安装的具体要求：

（1）天线安装位置、规格、型号及支撑件必须符合工程设计要求，安装时应用相应的安装件进行固定，并且垂直、牢固，不允许悬空放置。

（2）对于全向吸顶天线或壁挂天线，均要求用天线固定件牢固地安装在天花板或墙壁上，并确认所装天线附近无直接遮挡物，且尽量远离消防喷淋头。在施工条件允许的情况下，天线与铁管、日光灯、消防喷淋头和烟感探头等设备的水平距离应大于 1m，现场条件受限时也应大于 0.5m。吸顶天线不允许与金属天花板吊顶直接接触，需要与金属天花板吊顶接触安装时，接触面间必须添加绝缘垫片。应确保天线与吊顶内的射频馈线连接良好，并用扎带固定。

（3）室内定向板状天线采用壁挂安装方式或定向天线支架的安装方式，要求天线周围无直接遮挡物，天线主瓣方向正对目标覆盖区。

（4）室内天线使用的天线吊挂高度应略低于梁、通风管道、消防管道等障碍物，保证天线的辐射特性。

（5）安装天线的各类支撑件的安装应保持垂直，整齐牢固，无倾斜现象，所有铁件材料都应进行防氧化处理。

（6）天线安装在天花板吊顶内时，仍需通过吊架或支架进行固定，不得随意摆放。天花板无维护口时，应依据设计要求开设维护口。

（7）安装天线的接头时必须使用防水胶带缠绕，并使用塑料黑胶带缠好，胶带应保持平整、少皱、美观。

（8）室外天线与跳线接头应进行防水处理。连接天线的跳线要求做一个“滴水弯”。

（9）对于使用两个单极化天线的双通道室分系统，天线间距控制在 1m 左右，应不小于 0.6m，不大于 1.5m。

4．铁塔安装安全

1）一般铁塔安装

通信铁塔主要用于微波、超短波无线网络信号的传输和发射，一般通信铁塔都属于高危作业，也就是高空作业。通信铁塔的高度一般为 20～30m。铁塔安装的注意事项：分包商铁塔施工方案的安全检查，施工现场材料（机具、用电等）的安全检查，塔台装卸运输的安全检查，塔材储藏与保管，工器具的安全性能检查，电动卷扬机、绞盘摆放应符合安全施工要求，吊运设备器材安全系数要符合要求，地网及接地系统要符合规定，以塔基为中心、以塔高乘 1.1 系数为半径围成施工区，施工区和生活区必须划分明显。

2）天馈系统 AAU

（1）天馈安装吊件应采取保护措施，抱箍安装牢固，仰角调整后应使用双螺母锁死螺栓。

（2）大件设备上塔前，必须确定临时固定方案，且通过现场安全人员审核。

（3）塔下要有专门指挥人员，所有现场人员必须听从指挥人员统一指挥。

（4）高空作业时下方严禁人员走动或进行其他作业。

（5）天馈线必须沿走线架引下，走线架应设在塔中间，以防拉线塔中心偏离，造成倒塌事故。

3）AAU 安装的可靠性检查

AAU 现场安装件检查需要与实际安装场景匹配。

4）AAU 紧固性检查

（1）上、下扣件应保证安装正确，上扣件的标识为 UP，下扣件的标识为 DOWN。注意：武夷模块区分上、下扣件，天山模块不区分上、下扣件。

（2）上下扣件安装应保证朝向正确，箭头朝上。天山模块 AAU5639 上仰安装场景时，下扣件箭头向下。

（3）扣件孔位应保证正确，双螺母应固定并拧紧，严禁在对 AAU 进行调角时，直接松开上扣件，该操作可能会引起 AAU 掉落。

5.3.2 环保规范

（图片）环境保护

通信工程建设过程中应贯彻执行《中华人民共和国环境保护法》，消除或减少通信工程建设对环境的影响，严格控制环境污染，保护和改善生态环境，更好地发挥通信工程建设项目的效益。通信工程建设项目中的环境影响防护对策应与工程建设同时设计、同时施工、同时验收和投产使用，执行“三同时”制度。

1）项目选址的环境保护

通信工程项目选择局（站）址、通信线路路由必须全面考虑项目建设地区的自然环境和社会环境，对选址或选线地区的地理、地形、地质、水文、气象、名胜古迹、城乡规划、土地利用、工农业布局、自然保护区现状及其发展规划等因素进行调查研究，并在收集建设地区的大气、水体、土壤、植被等基本环境要素的基础上进行综合分析论证，制定最佳规划设计方案。产生电磁波辐射的通信工程建设项目的选址应按照相关标准的规定进行，以防止项目建成运行时电磁辐射源对周围环境产生有害影响。

2）项目建设的环境保护

通信电（光）缆线路施工时，应尽量减轻对线路路由所经地段的环境产生的不利影响。电（光）缆穿越道路，在条件允许时可采用钻孔顶管方法敷缆，有利于安全和环保；线路穿越江、河时，在稳固的桥梁上宜采取桥上敷挂和穿槽道方案，以尽量避免扰动水体。

局（站）建筑物施工建设时，应采取措施减轻噪声对周围环境的影响。噪声量级应符合国家标准 GB 12523-2011《建筑施工场界噪声限值》。施工人员搭建的临时生活设施应符合当地环保部门的要求，防止生活污水和垃圾污染水源，防止破坏自然环境。地处郊区的局（站）生活污水排放应符合国家标准 GB 5084-2021《农田灌溉水质标准》。在局（站）建设开挖地基、挖沟敷设地下管道、电（光）缆线路施工开挖缆沟时，一旦发现地下文物、古迹等，应采取妥善措施并保护现场，并立即向当地政府报告。凡征地建设的通信局（站）应按当地环保部门的规定，在其周围进行绿化，栽种树木、花卉、草地等，以改善周围环境。

分包商施工完成后，必须将现场恢复原貌，将剩余废料全部打包带离现场，市区施工应设有保洁员。建筑垃圾的运输处理应按照所在国家或地区的市政要求，对车厢加盖，防止扬尘洒落。

一定要严格遵守施工过程中的安全规范，安全隐患是酿成事故的根本原因，所以不能心存侥幸。

【任务实施】

1. 查阅国家发布的《通信工程建设环境保护技术暂行规定》，深刻理解环境保护工作纳入建设计划的重要性。结合规定内容，小组讨论并绘制脑图来向大家展示环境保护应该从哪些方面开展实施。

2. 观看保护生态环境相关视频，分小组展开列举至少 3 种在生产过程中需注意的环保项目。

【任务评价】

任务点	考核点		
	初级	中级	高级
安全设备	（1）掌握光纤安装的安全一般要求 （2）掌握射频安装的安全一般要求 （3）掌握天线安装的安全一般要求 （4）掌握铁塔安装的安全一般要求	在岗位实习过程中根据所学内容严格遵守安全要求	应对突发事件时，以科学、规范的行为解决问题
环保规范	（1）了解项目选址的环境保护相关知识 （2）了解项目建设的环境保护相关知识	（1）熟悉项目选址的环境保护相关知识 （2）熟悉项目建设的环境保护相关知识	（1）掌握项目选址的环境保护相关知识 （2）掌握项目建设的环境保护相关知识

【任务小结】

通信工程安全管理主要是指通信工程建设时的生产安全管理，活动的主体对生产安全采取监督管理的方式，工程建设的相关部门对于生产活动安全采取监督管理的方式。但是，通信工程建设活动主体的安全管理是指工程设计部门对生产安全的管理、工程的施工单位对生产安全的管理和工程的监督部门对施工方的管理与检测等。

通信工程安全管理有利于防止或减少通信工程建设安全事故的发生，保障人民群众的生命和财产安全。目前，通信工程的安全管理不能缺少监理单位的参与，在施工过程中监理工程师的作用很重要，他能及时发现工程中的安全隐患，并要求施工单位及时整改、消除，有效地防止或减少安全事故的发生，从而保障广大人民群众的生命和财产安全。

通信工程安全管理有利于提高通信建设工程的安全生产管理水平。国家通过对工程安全生产实施三重监控，即政府的安全生产监管、施工单位自身的安全控制及监理单位的安全监理，不仅能有效地防止和避免安全事故的发生，而且通过监理单位的介入实现施工现场安全生产的实时监督管理，使得通信工程安全生产的管理水平不断提高。

通信工程安全管理有利于通信建设工程安全生产保证机制的形成，使参与工程建设的各方重视安全生产工作，逐步完善安全生产管理体系，从而保证通信建设市场领域的安全生产。

【自我评测】

（文档）
参考答案

1. 裸光纤的碎片进入皮肤时，必须____________________。
2. 激光安全等级划分可分为__________个等级。
3. 天线实操，操作者进入基站必须要获得__________，并遵守______________和________。
4. 通信铁塔都属于________________，也就是________________。
5. 通信工程建设项目中的环境影响防护对策应与工程建设同时________、同时________、同时______________，执行“三同时”制度。

项目六

5G 基站的维护与故障处理

项目简介

故障处理不是一朝一夕的事情，故障的监控和处理要纳入日常工作，有计划地推动。故障处理是经验的积累，要多看、多问、多思考，勤查、勤记、勤实践，排查每个告警、每个故障，最后会发现告警可能是由一个很简单、很轻微的问题导致的，发现这个问题需要的时间和精力是故障处理能力的体现。在处理 5G 基站故障的过程中，首先要学会如何定位故障，具备 5G 基站的日常操作和维护能力，学会看拓扑图、面板图，查看告警、定位信息，牢记常用的 MML 使用命令，然后掌握告警分类及每类告警发生的原因和处理思路，最后结合大量的实践操作解决告警。

任务一：5G 基站的日常操作维护

【任务目标】

知识目标	（1）掌握 5G 基站的维护方式及 LMT 客户端、U2020 客户端的基本操作 （2）熟悉常用的 MML 命令及告警查询方式
技能目标	（1）登录 LMT 和 U2020 客户端，通过不同方式进行基站维护 （2）通过离线 MML，操作基础 MML 命令
素质目标	了解基站运维工程师的岗位职责和能力要求，注重职业道德、职业规范、职业精神的培养
重难点	重点：通过拓扑图进行设备管理和 MML 命令操作 难点：常用的 MML 命令的含义
学习方法	行为导向法、任务驱动法、合作学习法

【情境导入】

随着国家无线网络信息的发展，5G 网络作为一种具有高科技含量的网络模式被广泛接受，成为未来网络发展的主要方向。5G 基站数量日趋增加，如何提高维护效率是运营商迫切需要解决的问题。

【任务资讯】

1. 基站的维护方式

5G 操作维护系统结构分为本地维护（近端维护）与远端维护两部分，5G 基站的维护方式如图 6-1 所示。

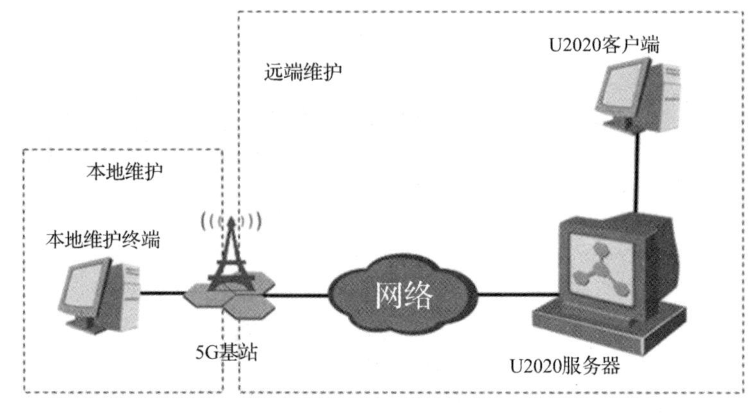

（PPT）5G 基

维护方式

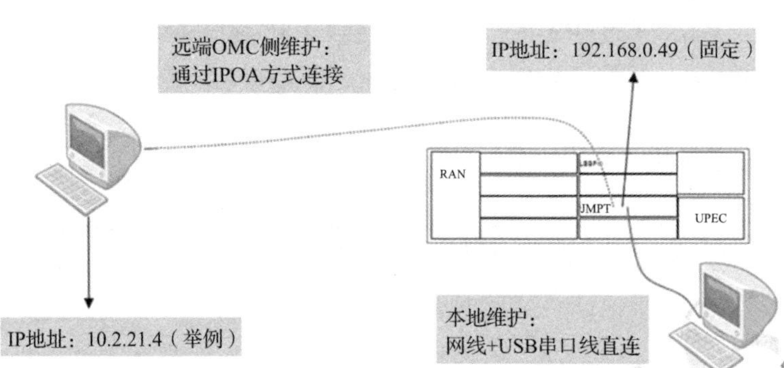

（PPT）UMP

单板

图 6-1　5G 基站的维护方式

本地维护和远端维护的特点与应用场景如表 6-1 所示。

表 6-1　本地维护和远端维护的特点与应用场景

操作维护系统结构	本地维护	远端维护
特点	主要由本地维护终端与 5G 基站组成，操作维护地的本地维护终端与 5G 基站在同一个机房中，并采用近端直连 5G 基站的方式进行维护，主要用于辅助开站、近端定位、故障排除	主要由 U2020 客户端、U2020 服务器、5G 基站组成，操作维护地的 U2020 客户端不在 5G 基站的机房中，需要通过传输 IP 网络远程访问设备并进行设备维护
应用场景	（1）在 5G 基站开站的过程中，当省公司集中开站的传输数据未到位时，可使用本地维护终端开站 （2）当 5G 基站与 U2020 服务器之间通信中断时，可使用本地维护终端进行近端定位与排查 （3）当 5G 基站发出告警信息时，如要求在近端更换单板等，可使用本地维护终端辅助定位与排除故障	（1）避免上站操作，减少人力、物力投入 （2）可以同时管理多套设备，如批量执行设备命令，批量升级软件等 （3）可以完成端到端设备的信令跟踪操作 （4）可以统计网络中设备的 KPI 指标，对网络性能进行监控
配套软件	LMT	U2020

1）近端连接

维护计算机通过网线和 USB 与 5G 基站直连，UMPT 主控单板的 USB 维护接口（出厂默认）与维护计算机的 IP 地址需要在同一网段，计算机与主控板的连接方式如图 6-2 所示。

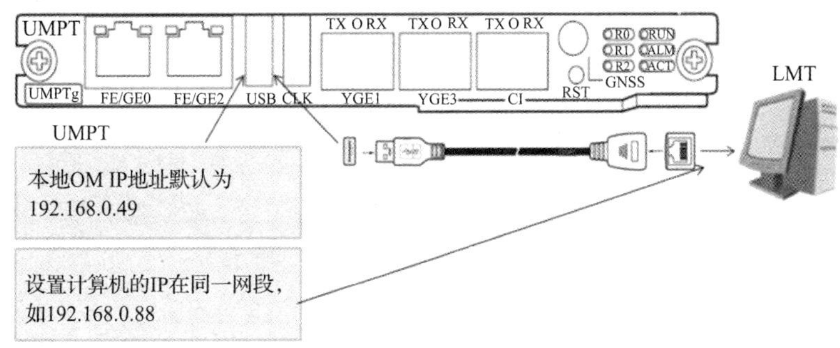

图 6-2　计算机与主控板的连接方式

连通网络以后，通过浏览器进入近端维护页面并登录，IP 地址为 192.168.0.49。默认用户名为 admin，默认密码为 hwbs@com，输入验证码后，单击“登录”按钮，近端登录的 LMT 设置如图 6-3 所示。

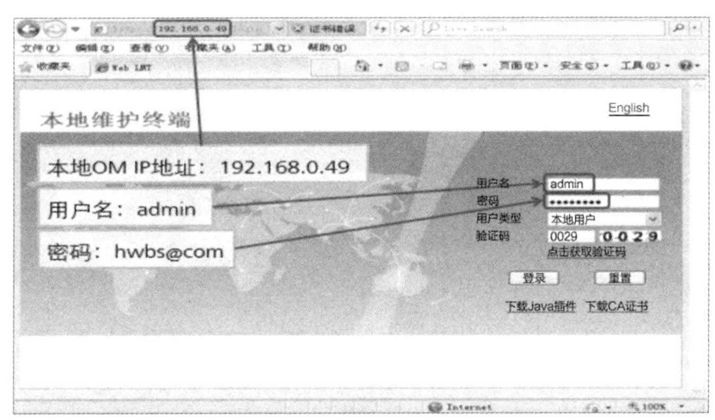

图 6-3　近端登录的 LMT 设置

登录之后，页面右上角为菜单栏，中间为当前维护状态，下面为常用功能模块，近端登录的 LMT 界面如图 6-4 所示。

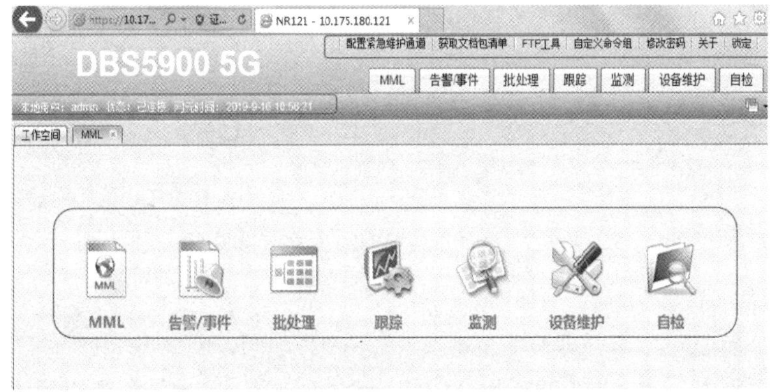

图 6-4　近端登录的 LMT 界面

本地维护终端（Local Maintenance Terminal，LMT）的主要功能为调测、日常维护、故障排除，其工具为本地维护终端、跟踪回顾工具、监控回顾工具。使用网页模式，免安装，方便快捷，LMT 的主要工具如图 6-5 所示。

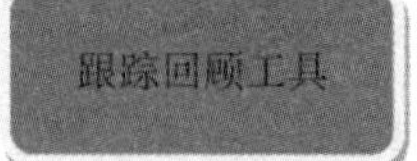

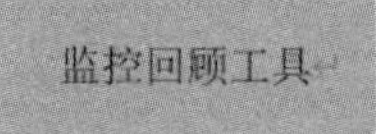

图 6-5 LMT 的主要工具

2）远端连接

使用内网打开项目给定的网址，通过运营商的 4A 管控平台，在线登录 U2020 客户端，用户名与密码由管理员分配，远端维护的 U2020 客户端如图 6-6 所示。

远端维护的 U2020 客户端界面如图 6-7 所示。

图 6-6 远端维护的 U2020 客户端

图 6-7 远端维护的 U2020 客户端界面

2. 设备管理

在远程维护的 U2020 客户端界面单击“主拓扑”按钮后，单击“查找”按钮，可以在“关键字”文本框内输入小区名称、gNodeBID、IP 地址等查找基站，通过主拓扑查找基站如图 6-8 所示。

（PPT）5G 基站设备管理

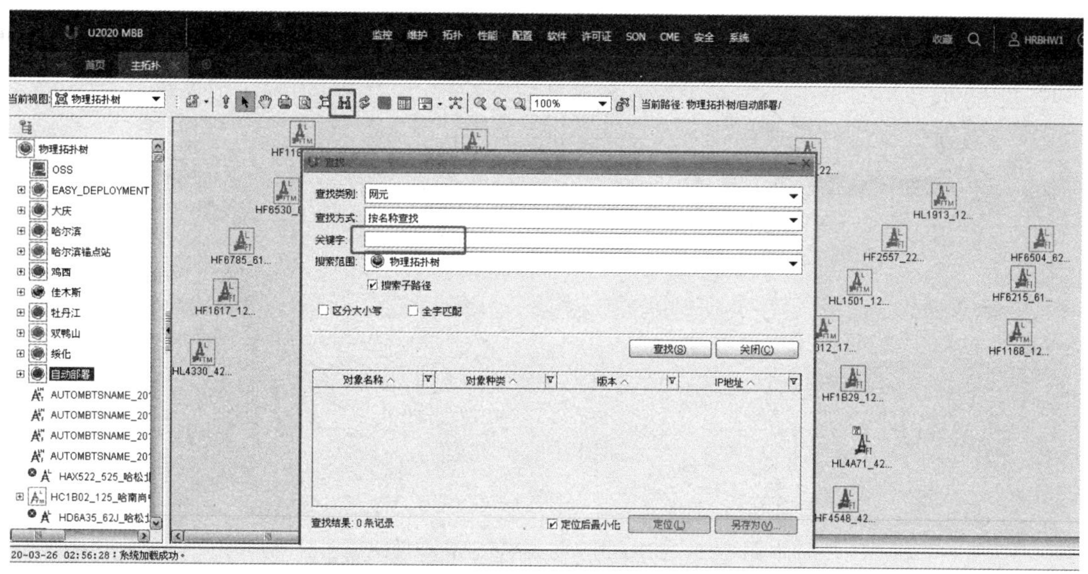

图 6-8　通过主拓扑查找基站

在“主拓扑”的下拉菜单中右击“网元”并选择“设备维护”选项（见图 6-9），可以查看 RRU 及 RRU 链路状态。

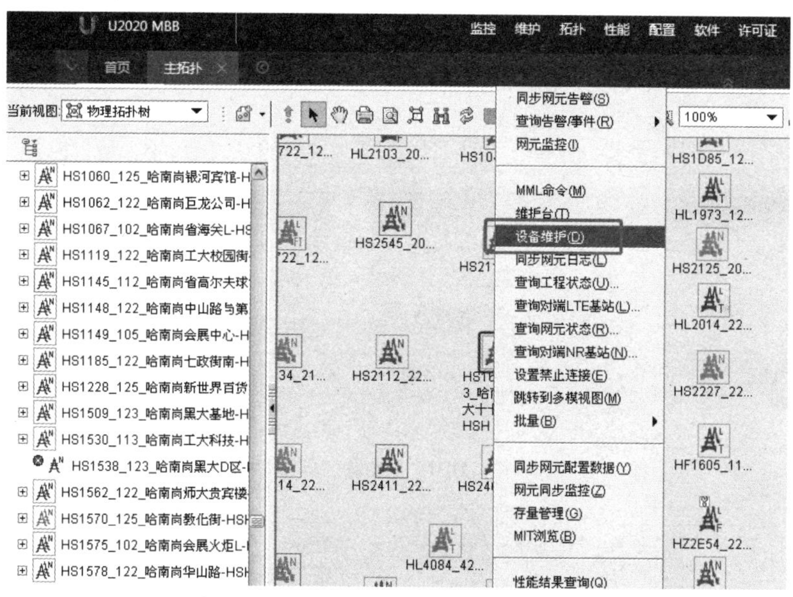

图 6-9　右击“网元”并选择“设备维护”选项

选择“设备维护”选项后可以看到 BBU 光口与 AAU 设备和链路状态，如图 6-10 所示。

单击“光口”按钮后可以看到“查询光/电模块信息”选项，如图 6-11 所示。

双击左下侧的“VIRTUAL:0”选项可以查看 BBU 主设备的面板状态，如图 6-12 所示。

单击任一单板按钮，可以查看单板信息，如图 6-13 所示。

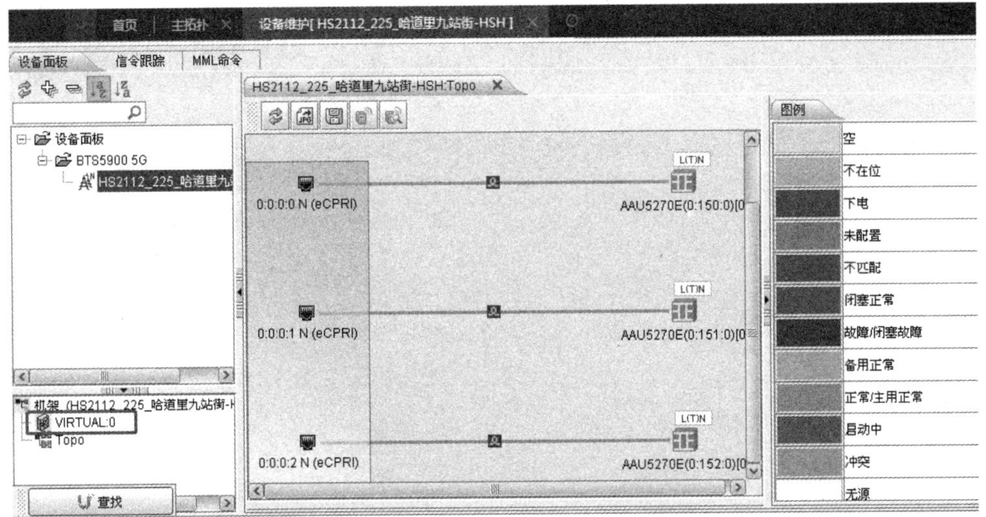

图 6-10 BBU 光口与 AAU 设备和链路状态

图 6-11 查询光/电模块信息

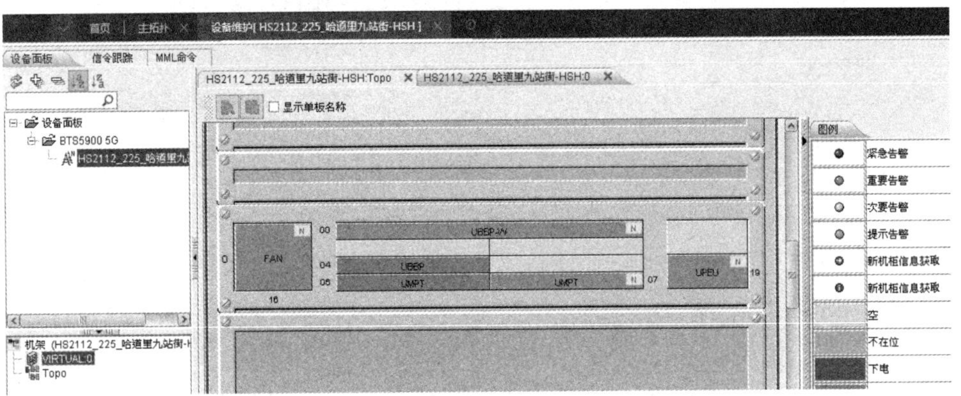

图 6-12 BBU 主设备的面板状态

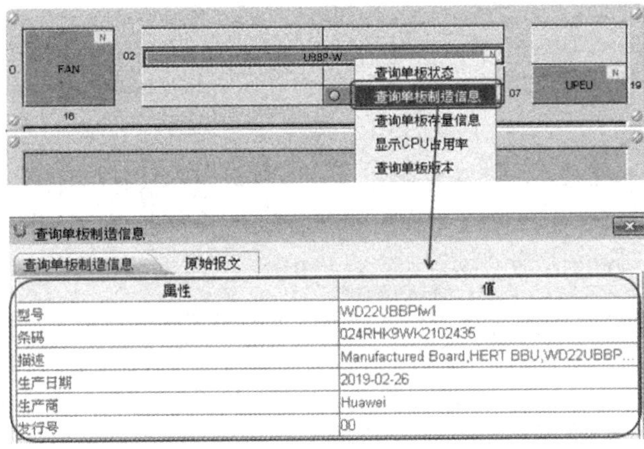

属性	值
型号	WD22UBBPfw1
条码	024RHK9WK2102435
描述	Manufactured Board,HERT BBU,WD22UBBP...
生产日期	2019-02-26
生产商	Huawei
发行号	00

图 6-13 查看单板信息

单击“维护”按钮，选择“MML 命令”选项，进入“MML 命令”界面，按照图 6-14，先在文本框内输入网元名称，再单击加号按钮添加网元对象，把网元打上对号，最后输入 MML 命令。

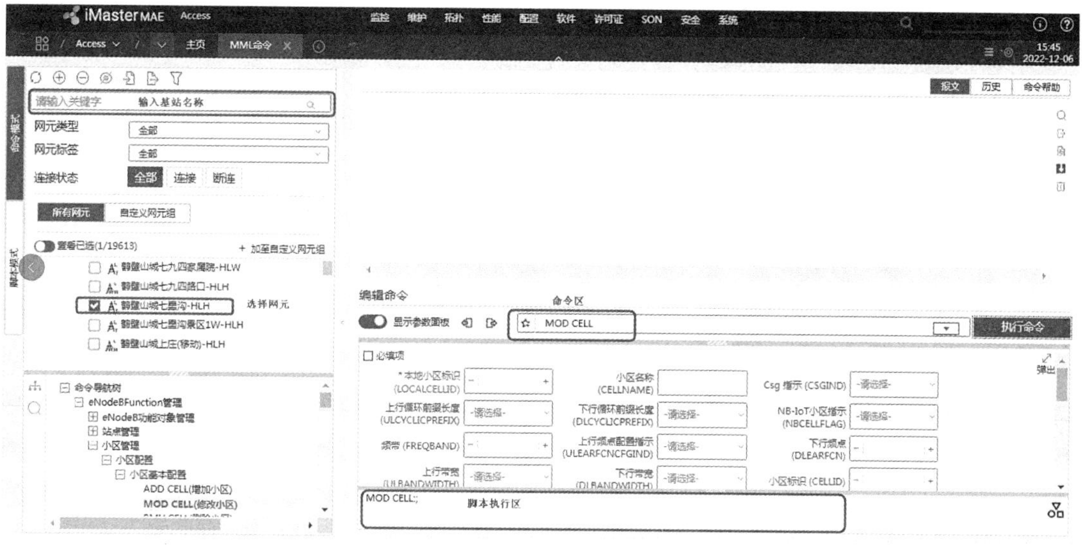

图 6-14 MML 命令界面

3. 常用 MML 命令

MML（Man Machine Language）命令采用“动作+对象”的格式，具体为“命令字: 参数名称=参数值”，命令字是必需的，但参数名称和参数值不是必需的，根据具体 MML 命令而定。包含命令字和参数的 MML 命令示例为“DSP BRD: CN=0, SRN=0, SN=6”，仅包含命令字的 MML 命令示例为“LST VER:”。

1）MML 命令的常用操作类型

MML 命令的常用操作类型如表 6-2 所示。

表 6-2 MML 命令的常用操作类型

动作英文缩写	动作含义	动作英文缩写	动作含义
LST	查询静态数据	DSP	查询动态信息
ADD	增加	RMV	删除
MOD	修改	SET	设置
ACT	激活	DEA	去激活
BLK	闭塞	UBL	解闭塞
DLD	下载	ULD	上载

MML 命令可以对 eNodeB 单板进行操作、维护。

2）基站单板支持的操作及相应的命令

（1）复位 gNodeB 单板：“RST BRD”。

（2）增加或删除 gNodeB 单板：“ADD/RMV BRD”。

（3）查询时钟当前状态：“DSP CLKSTAT”。

（4）查询 RRU 状态：“DSP RRU”。

（5）打开 RRU 仿真机框（视图操作）。

（6）闭塞或解闭塞 gNodeB 单板：“BLK/UBL BRD”。

（PPT）常用的 MML 命令

（7）查询 gNodeB 单板状态：“DSP BRD”。

（8）查询 gNodeB 单板的活动告警：“LST ALMAF”。

（9）查询 gNodeB 单板的版本：“DSP BRDVER”。

（10）查询 gNodeB 单板的 CPU 占用率（视图操作）。

（11）查询 SCTP 链路状态：“DSP SCTPLNK”。

（12）查询光模块信息：“DSP SFP”。

在文本框内输入“DSP BRD”查询 gNodeB 单板状态，单击“执行命令”按钮，如图 6-15 所示。

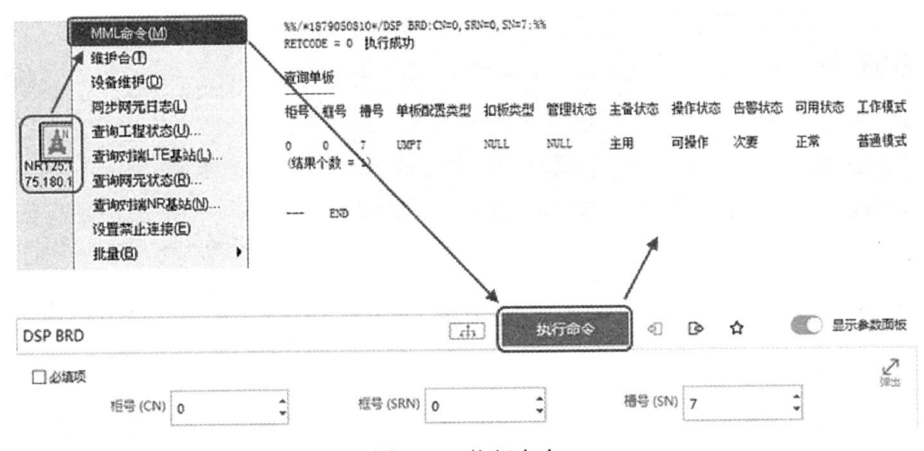

图 6-15 执行命令

单板状态表如表 6-3 所示。

表 6-3 单板状态表

类型	单板状态	说明
主备状态	主用	单板处于主用状态
	备用	单板处于备用状态
	无	单板没有主、备用状态之分
可用状态	不在位	单板已配置，但未插入
	未配置	单板未配置，但已插入
	不一致	配置和插入的单板类型不一致
	启动中	单板正处于启动中
	故障	单板存在致命告警
	无	单板没有出现以上状态
操作状态	可用	单板能支持业务建立
	不可用	单板尚不能支持业务建立
管理状态	闭塞	单板不支持业务建立
	未闭塞	单板支持业务建立
	无	单板不可管理

3）5G 基站维护的常用查询 MML 命令

（1）查询告警：“LST ALMAF”。

（2）查询传输端口的配置数据及运行情况：“LST/DSP ETHPORT”。

（3）查询单板运行情况：“DSP BRD”。

（4）查询光模块是否在位及具体收发光值：“DSP SFP”。

（5）查询射频单元的配置数据及运行情况：“LST/DSP RRU”。

（6）查询 GPS 的运行情况：“DSP GPS”。

（7）查询小区的建立情况：“DSP CELL/NRCELL”。

（8）校验配置数据与 license 项的一致性：“CHK DATA2LIC”。

（9）查询 license 项的配置数目、期限：“DSP LICINFO”。

（10）驻波比测试：“STR VSWRTEST”。

4）命令介绍

收发光状态及光功率查询（“DSP SFP”）如图 6-16 所示。

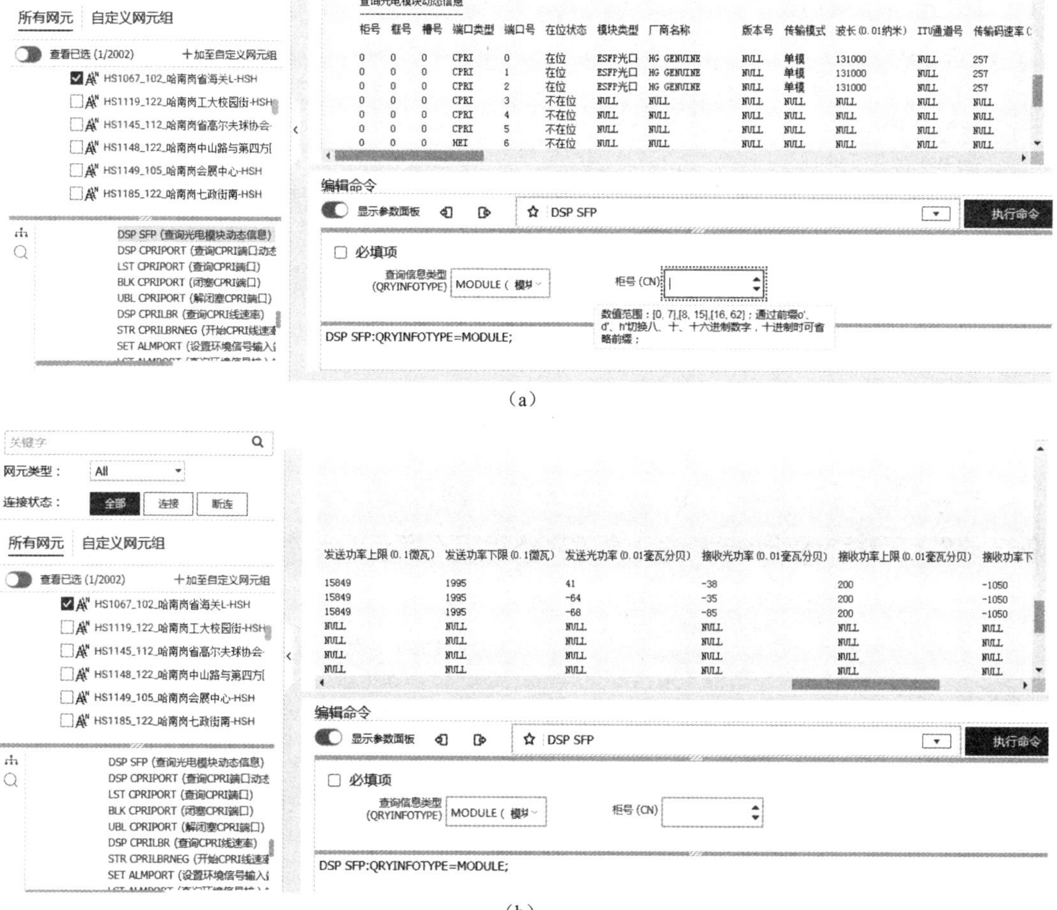

（a）

（b）

图 6-16　收发光状态及光功率查询

查询告警（“LST ALMAF”）如图 6-17 所示。

查询小区的建立情况（“DSP NRCELL”）如图 6-18 所示。

首页 | 主拓扑 × | 设备维护[HS2112_225_哈道里九站街-HSH] × | MML命令-HS2112_225_哈道里九站街-HSH ×

命令导航树
gNodeBFunction管理
传输管理
告警管理
RMV ALMFLT (手动恢复告警)
LST ALMAF (查询活动告警)
LST ALMLOG (查询告警日志)
SET ALMSHLD (设置告警屏蔽标志)
SET ENVALMPARA (设置环境告警配置
SET ALMLVL (设置告警级别)
LST ALMCFG (查询告警配置)
RST ALMCFG (恢复告警配置)
SET ALMFILTER (设置告警过滤参数)
LST ALMFILTER (查询告警过滤参数)
ADD OBJALMSHLD (增加按对象屏蔽
RMV OBJALMSHLD (删除按对象屏蔽
LST OBJALMSHLD (查询按对象告警屏
SET ALMCORRSHLD (设置告警相关性
LST ALMCORRSHLD (查询告警相关性
RST ALMCORRSHLD (重置告警相关性
LST MANRESALM (查询手动恢复告警
SET MANRESALMRPT (设置手动恢复
LST MANRESALMRPT (查询手动恢复

网元名称: HS2112_225_哈道里九站街-HSH　报文　历史　命令帮助

编辑命令
显示参数面板　LST ALMAF　执行命令
必填项　弹出
起始同步号 (SSSN)　终止同步号 (ESSN)
起始流水号 (SCSN)　终止流水号 (ECSN)
柜号 (CN)　框号 (SRN)

（a）

LST ALMAF:;

```
                          2019-07-12 14:57:12
O&M    #2651
%%/*1880507000*/LST ALMAF::%%
RETCODE = 0  执行成功

ALARM  445        故障      重要告警        gNodeB     25952     中继系统
          告警同步号  =  948
            告警名称  =  用户面承载链路故障告警
        告警发生时间  =  2019-07-12 14:54:18
            定位信息  =  用户面本端对象标识=0, 对端IP地址=10.101.14.106, 描述信息=NULL, 业务类型=gNBX2
            附加信息  =  基站制式=L-N, 影响制式=N, 部署标识=AUTODID_20190604_e4afea10-8631-11e9-8000-407d0f6de, 累计时长(s)=90
           附加信息1  =  AF_N=
            根源标记  =  2
        关联标识类型  =  2
                 LCK  =  2102311VBK6TK5900411000001bd
(结果个数 = 1)

---    END
```

（b）

图 6-17　查询告警

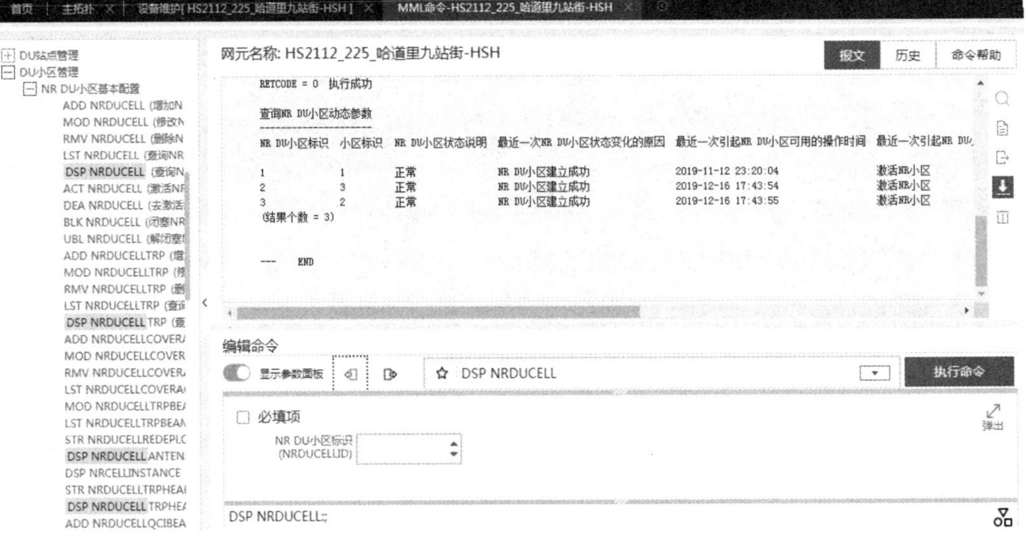

图 6-18　查询小区的建立情况

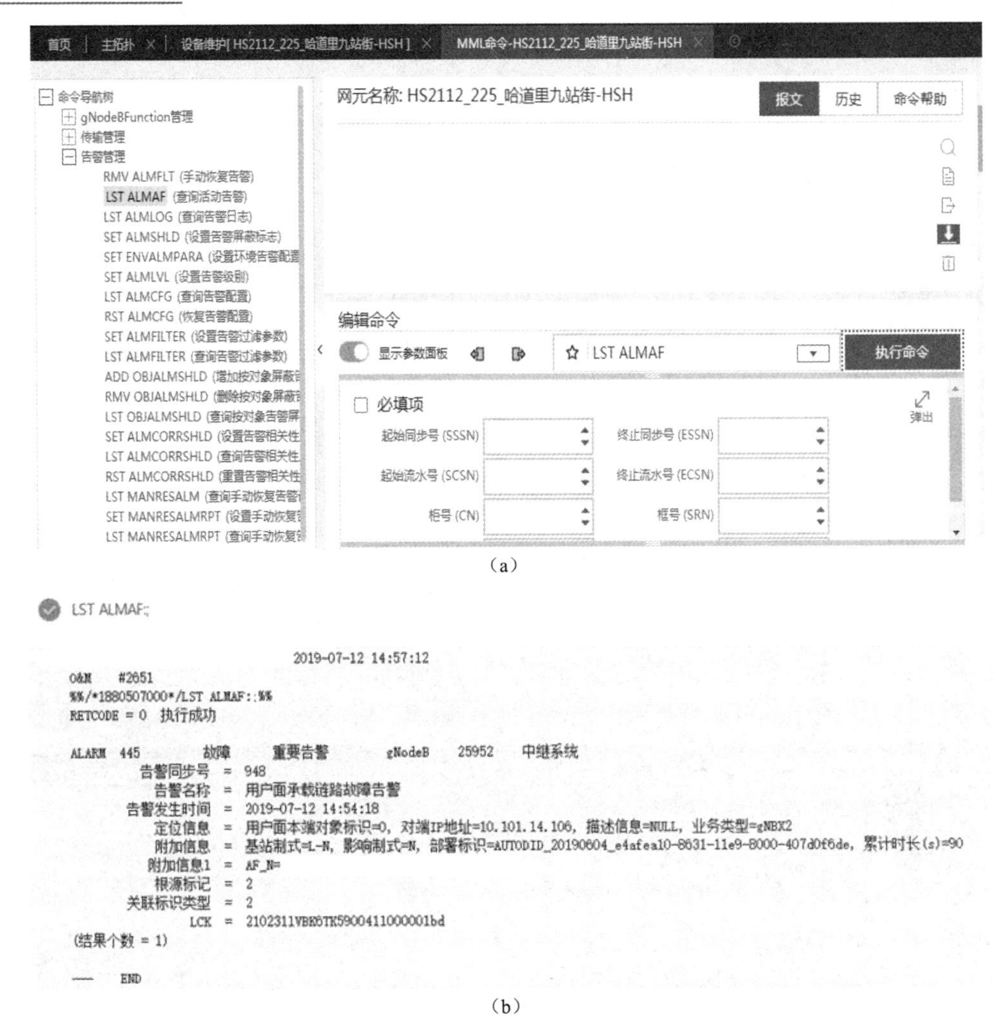

查询小区的功率配置（“LST NRDUCELLTRP”）如图 6-19 所示。

图 6-19　查询小区的功率配置

查询小区的绑定扇区（“LST NRDUCELLCOVERAGE”）如图 6-20 所示。

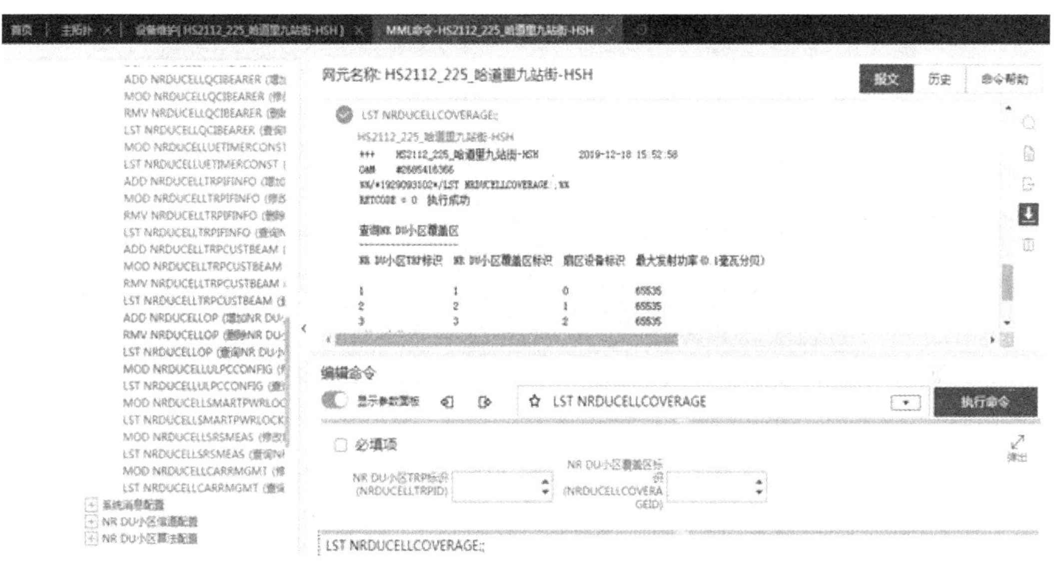

图 6-20　查询小区的绑定扇区

查询设备 IP（“LST IPADDR4”）如图 6-21 所示。

查询基站 VLAN（“LST INTERFACE”）如图 6-22 所示。

查询基站路由的配置信息（“LST IPROUTE4”）如图 6-23 所示。

4．告警监控

在“监控”界面查询“当前告警”或“告警日志”一般有以下三种方法。

（1）先在主菜单中单击“监控”按钮，再选择“当前告警”或“告警日志”选项，查询告警如图 6-24 所示。

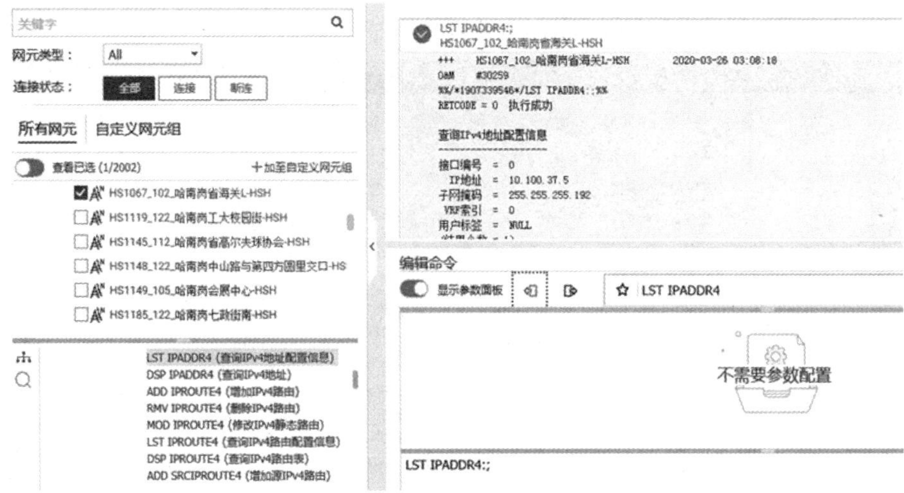

图 6-21 查询设备 IP

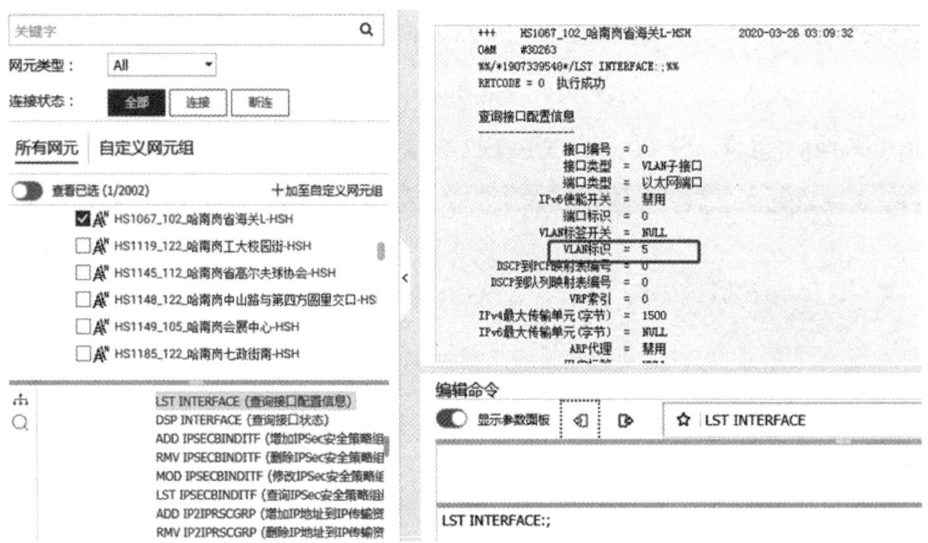

图 6-22 查询基站 VLAN

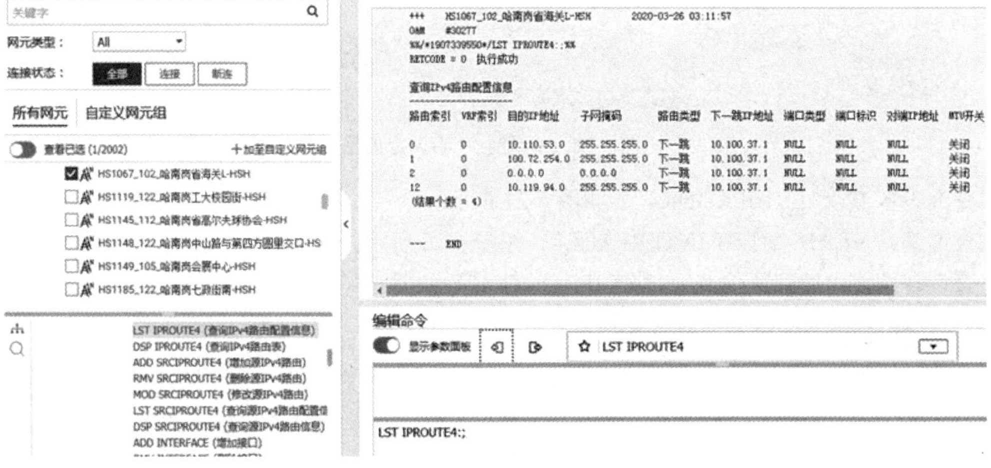

图 6-23 查询基站路由的配置信息

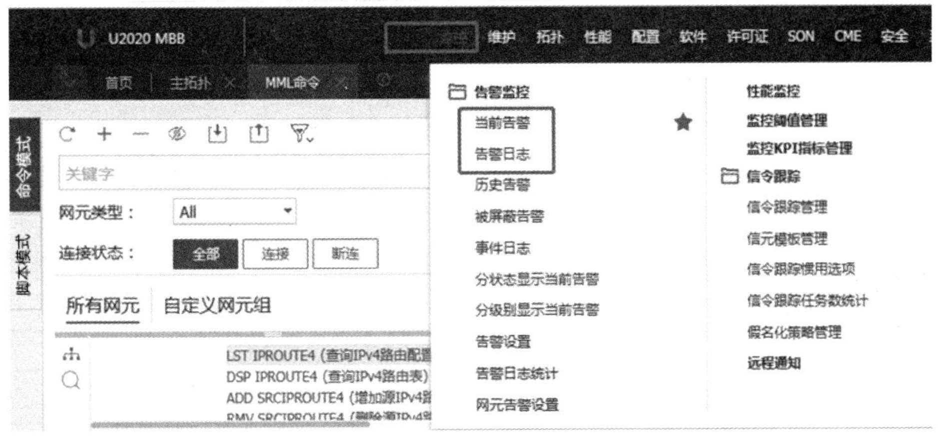

图 6-24　查询告警

（2）通过 MML 命令查询当前告警（见图 6-25）。使用“LST ALMAF”命令查询“当前告警”，使用“LST ALMAFLOG”命令查询“历史告警”。

```
LST ALMAF:

                        2019-07-12 14:57:12
O&M    #2651
%%/*1880507000*/LST ALMAF:;%%
RETCODE = 0  执行成功

ALARM  445        故障      重要告警        gNodeB     25952     中继系统
          告警同步号  =  948
            告警名称  =  用户面承载链路故障告警
        告警发生时间  =  2019-07-12 14:54:18
            定位信息  =  用户面本端对象标识=0, 对端IP地址=10.101.14.106, 描述信息=NULL, 业务类型=gNBX2
            附加信息  =  基站制式=L-N, 影响制式=N, 部署标识=AUTODID_20190604_e4afea10-8631-11e9-8000-407d0f6de, 累计时长(s)=90
           附加信息1  =  AF_N=
            根源标记  =  2
        关联标识类型  =  2
                 LCK  =  2102311VBK6TK5900411000001bd
(结果个数 = 1)

---    END
```

图 6-25　MML 命令查询当前告警

（3）通过拓扑图，右击“基站”按钮，选择“查询告警/事件”选项后，可以浏览当前告警和历史告警，如图 6-26 所示。

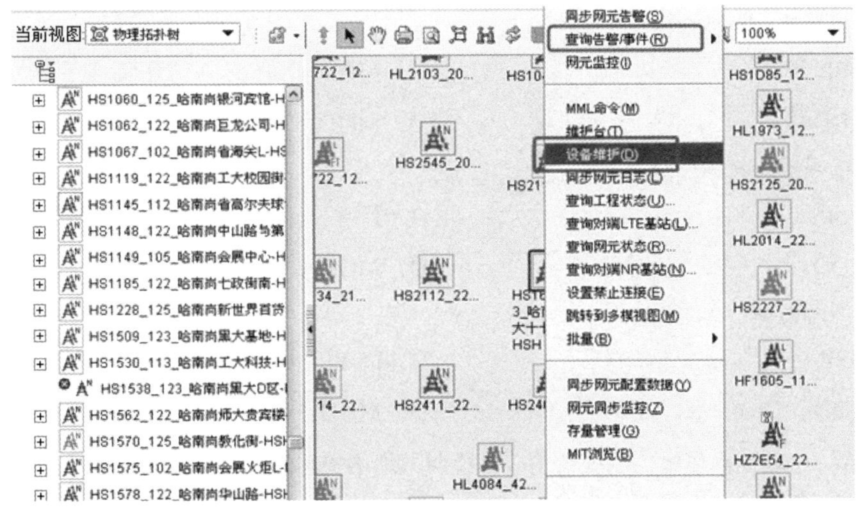

图 6-26　拓扑图查询告警

【任务实施】

1．查阅基站运维工程师的岗位职责和能力要求，并上传至课程平台。

2．角色扮演开展教学活动，小组之间分享基站维护的工作内容和方法。

3．邀请优秀毕业生回校分享基站维护项目具体实施过程，特别强调职业素养方面应该具备的能力，培养学生在平时专业课程的学习中养成正确的职业价值观。

【任务评价】

任务点	考核点		
	初级	中级	高级
5G 基站的日常操作维护	（1）掌握 LMT 和 U2020 的登录方法及应用场景 （2）掌握 LMT 和 U2020 界面的基本操作	（1）掌握 LMT 和 U2020 界面的基本操作 （2）熟悉 U2020 设备管理界面中的拓扑图功能及原理 （3）了解常用 MML 命令的含义及功能	（1）掌握 LMT 和 U2020 界面的基本操作 （2）掌握 U2020 的设备管理界面中的拓扑图功能及原理 （3）掌握常用 MML 命令的含义及功能

【任务小结】

本任务首先介绍了华为 5G 基站的两种维护方式，分别为近端（LMT 客户端）维护和远端（U2020 客户端）维护，通过不同客户端对 5G 基站进行维护；然后介绍了 LMT 和 U2020 界面的基本操作、设备管理功能、拓扑图功能及常用 MML 命令；最后介绍了查看 5G 告警的不同方式，为 5G 故障处理奠定基础。

（文档）
参考答案

【自我评测】

1．5G 基站近端维护的 IP 地址是（　　）。

A．192.168.0.48　　B．192.168.0.49

C．192.168.0.58　　D．192.168.0.59

2．查询静态参数使用哪条命令？（　　）

A．DSP　　B．LST

C．ADD　　D．MOD

3．查询动态参数使用哪条命令？（　　）

A．DSP　　B．LST

C．ADD　　D．MOD

4．修改参数使用哪条命令？（　　）

A．DSP　　B．LST

C．ADD　　D．MOD

5．绘制 5G 基站操作维护系统结构，并说明本地维护和远端维护的应用场景。

6．描述 5G 基站的告警查询方式。

任务二：5G 基站的告警介绍及处理

【任务目标】

知识目标	（1）掌握 5G 基站的常见告警类别、告警级别及相关定义 （2）掌握 5G 告警分类及常见告警
技能目标	通过拓扑图、MML 命令、颜色区分法区分 5G 告警类型
素质目标	通过了解基站告警的种类，帮助学生养成遇到困难冷静思考，学会分析问题的习惯
重难点	重点：5G 基站的告警分类 难点：5G 基站的常见告警及简易处理方式
学习方法	目标学习法、合作学习法、问题学习法

【情境导入】

5G 基站作为 5G 时代无线侧的唯一主设备，在 5G 端到端网络中发挥着重要作用，一旦发生故障，将对 5G 网络业务造成严重影响，甚至导致基站退服。5G 基站工程师应能够根据实际情况进行 5G 基站的日常维护操作。

【任务资讯】

告警（Alarm）是系统检测到故障时产生的通知，主要目的是协助运营商的维护人员进行设备监控与维护，使用对象是运营商的监控和维护人员。

（PPT）5G 基站告警介绍

1. 告警类别

告警类别如表 6-4 所示。

表 6-4　告警类别

告警类别	描述
故障告警	由于硬件设备故障或某些重要功能异常而产生的告警，如单板故障。通常情况下，故障告警的严重性比事件告警高。故障告警发生后，根据故障所处的状态，告警可分为恢复告警和活动告警
事件告警	事件告警是设备运行时的瞬间状态，仅表明系统在某时刻发生了预定义的某一特定事件，如通路拥塞，并不一定代表故障状态。某些事件告警是定时重发的，事件告警没有恢复告警和活动告警之分
工程告警	当网络处于新建、扩容、升级、调测等场景时，工程操作会使部分网元在短时间内处于异常状态，并上报告警。工程告警数量多，但一般会随工程操作结束而自动清除，而且通常都是复位、倒换、通信链路中断等级别较高的告警。为了避免这些告警干扰正常的网络监控，系统将网元工程期间上报的所有告警定义为工程告警，并提供特别机制来处理工程告警

2. 告警级别

告警级别如表 6-5 所示。

表 6-5　告警级别

告警级别	定义	处理方法
紧急告警	此级别的告警会影响系统提供的服务，必须立即进行处理。即使该告警在非工作时间内发生，也需要立即采取措施。若某设备或资源完全不可用，则对其进行修复	需要紧急处理，否则系统有瘫痪的风险

续表

告警级别	定义	处理方法
重要告警	此级别的告警会影响服务质量，需要在工作时间内处理，否则会影响重要功能的实现。若某设备或资源服务质量下降，则需要对其进行修复	需要及时处理，否则会影响重要功能的实现
次要告警	此级别的告警不会影响服务质量，但为了避免更严重的故障，需要在适当时候进行处理或进一步观察	发送此类告警的目的是提醒维护人员及时查找告警原因，消除故障隐患
提示告警	此级别的告警指示可能有潜在的错误，会影响到提供的服务，根据不同的错误采取相应措施	对系统的运行状态有所了解即可

“紧急告警”“重要告警”“次要告警”“提示告警”分别用红、橙、黄、灰表示，可见于后台网管 U2020 界面的右上角，数字表示不同告警级别的数量，如图 6-27 所示。

图 6-27　不同告警级别的数量

在拓扑图上可以看到相应颜色的告警，若该网元上方标有叉号，则表示基站断站，网元状态如图 6-28 所示。

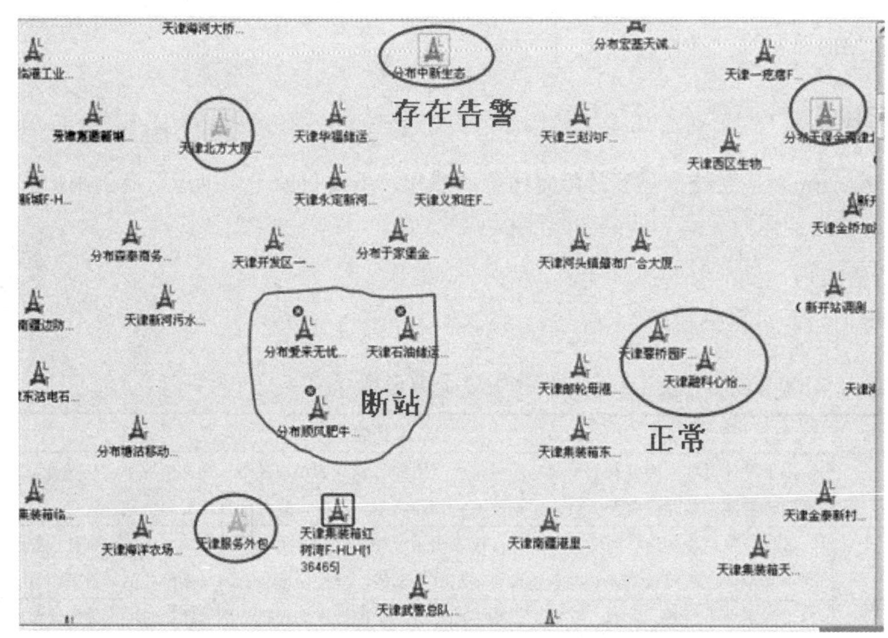

图 6-28　网元状态

告警的四种状态为已确认已清除、已确认未清除、未确认已清除、未确认未清除，告警状态如图 6-29 所示。

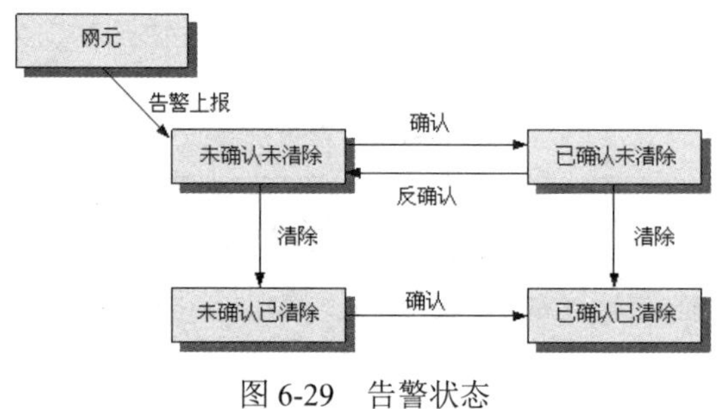

图 6-29　告警状态

通过U2020可以批量查看多个gNodeB告警，同时对告警进行分类，便于监控。

浏览告警列表："告警浏览"窗口会实时显示上报到LMT的故障告警和事件告警。通过浏览窗口中的故障告警和事件告警信息，能够掌握系统的实时运行情况。

查询基站的告警日志：双击可弹出"告警详细信息"窗口，查看详细信息。下方还有处理建议可供查询，可以通过MML命令"LST ALMLOG"查询基站的告警日志，可以保存基站告警信息，把"告警浏览"窗口或"告警日志查询"窗口中的部分或全部告警记录保存为.txt、.htm、.csv格式的文件，以便后续查看。文件中记录以下信息：告警流水号、告警名称、告警级别、发生/恢复时间、告警ID、事件类型、模块ID、定位信息、告警类型、局向名。

5G的常见告警如表6-6所示。

表6-6 5G的常见告警

告警ID	告警名称	告警级别
ALM-29800	gNodeB X2接口故障告警	重要
ALM-29810	gNodeB Xn接口故障告警	重要
ALM-29815	gNodeB NG接口故障告警	重要
ALM-29816	gNodeB NG控制面传输中断告警	紧急
ALM-29830	基站时钟失步告警	紧急/重要
ALM-29840	gNodeB退服告警	重要
ALM-29841	NR小区不可用告警	重要
ALM-29842	NR小区闭塞告警	重要
ALM-29843	NR分布单元小区模拟加载启动告警	次要
ALM-29844	NR分布单元小区不可用告警	重要
ALM-29847	NR小区PCI冲突告警	提示
ALM-29870	NR分布单元小区TRP不可用告警	重要
ALM-29871	NR分布单元小区TRP服务能力下降告警	重要
ALM-29874	NR DU小区闭塞告警	重要

3. 告警分类

告警分为时钟类、硬件类、软件类、配置类、IP传输类，硬件类又分为单板故障、射频单元故障、驻波、光路故障、光模块故障、动力环境等，配置类又分为配置数据、License。

详细故障分类及简易处理方式如表6-7所示。

表6-7 详细故障分类及简易处理方式

告警大类	告警类型	告警名称	简易处理方式
时钟类	GPS故障	星卡天线故障告警	检查避雷器、馈线、GPS、接口
时钟类	GPS故障	时钟参考源异常告警	检查避雷器、馈线、GPS、接口
时钟类	GPS故障	星卡锁星不足告警	检查避雷器、馈线、GPS、接口
时钟类	GPS故障	IP时钟链路异常告警	检查避雷器、馈线、GPS、接口
时钟类	GPS故障	系统时钟失锁告警	检查避雷器、馈线、GPS、接口
硬件类	单板故障	单板不在位告警	插拔单板；更换单板
硬件类	单板故障	单板硬件故障告警	插拔单板；更换单板
硬件类	单板故障	射频单元温度异常告警	插拔单板；更换单板

续表

告警大类	告警类型	告警名称	简易处理方式
硬件类	单板故障	BBU 单板维护链路异常告警	插拔单板；更换单板
硬件类	单板故障	BBU 风扇堵转告警	插拔单板；更换单板
硬件类	单板故障	射频单元故障告警	插拔单板；更换单板
硬件类	光路故障	BBU CPRI 接口异常告警	检查光路
硬件类	光路故障	射频单元 CPRI 接口异常告警	检查光路
硬件类	光路故障	RHUB CPRI 接口异常告警	检查光路
硬件类	光路故障	传输光接口异常告警	插拔光纤和模块；更换光路
硬件类	光模块故障	BBU CPRI 光模块/电接口不在位告警	插拔光模块；更换光模块
硬件类	光模块故障	BBU CPRI 光模块故障告警	插拔光模块；更换光模块
硬件类	光模块故障	RHUB 光模块/电接口不在位告警	插拔光模块；更换光模块
硬件类	光模块故障	RHUB 光模块故障告警	插拔光模块；更换光模块
硬件类	射频单元故障	NR 分布单元小区 TRP 不可用告警	重启射频单元；更换射频单元
硬件类	射频单元故障	射频单元维护链路异常告警	重启射频单元；更换射频单元
硬件类	射频单元故障	NR 分布单元小区 TRP 服务能力下降告警	重启射频单元；更换射频单元
硬件类	射频单元故障	NR 小区不可用告警	重启射频单元；更换射频单元
硬件类	射频单元故障	射频单元硬件故障告警	重启射频单元；更换射频单元
硬件类	射频单元故障	射频单元软件运行异常告警	重启射频单元；更换射频单元
硬件类	射频单元故障	射频单元时钟异常告警	重启射频单元；更换射频单元
硬件类	BBU 机框故障	板间 CANBUS 通信异常告警	重启基站；更换 BBU 机框
IP 传输类	传输故障	Xn 接口故障告警	检查配置和光路；配合传输人员
IP 传输类	传输故障	SCTP 链路故障告警	检查配置和光路；配合传输人员
IP 传输类	传输故障	NG 接口故障告警	检查配置和光路；配合传输人员
IP 传输类	传输故障	gNodeB X2 接口故障告警	检查配置和光路；配合传输人员
IP 传输类	传输故障	用户面承载链路故障告警	检查配置和光路；配合传输人员
硬件类	动力环境	射频单元直流掉电告警	检查动力源
硬件类	动力环境	BBU 直流输出异常告警	检查动力源
硬件类	动力环境	RHUB 交流掉电告警	检查动力源
硬件类	动力环境	单板下电告警	检查动力源
硬件类	动力环境	射频单元输入电源能力不足告警	检查动力源
配置类	License	配置数据超出 License 限制告警	无线支撑人员配合
配置类	License	系统无 License 运行告警	无线支撑人员配合
配置类	License	License 试运行告警	无线支撑人员配合
配置类	配置数据	远程维护通道配置与运行数据不一致告警	无线支撑人员配合
配置类	配置数据	配置数据不一致告警	无线支撑人员配合
配置类	配置数据	RRU 组网级数与配置不一致告警	无线支撑人员配合
配置类	配置数据	单板类型与配置不匹配告警	无线支撑人员配合
配置类	配置数据	网元遭受攻击告警	无线支撑人员配合
配置类	配置数据	未配置时钟参考源告警	无线支撑人员配合
配置类	配置数据	制式间 RRU 链环参数配置冲突告警	无线支撑人员配合
软件类	软件类	版本自动回退告警	手动清除
软件类	软件类	单板软件同步失败告警	重启单板；更换单板

续表

告警大类	告警类型	告警名称	简易处理方式
软件类	软件类	单板软件运行异常告警	重启单板；更换单板
软件类	软件类	MAC 错帧超限告警	重启基站

【任务实施】

1．视频连线基站运维工程师，对照设备讲解告警出现的原因以及造成的影响，帮助学生养成遇到困难冷静思考，学会分析问题的学习习惯。

2．以问题为导向，小组内你问我答，通过拓扑图、MML 命令、颜色区分法区分 5G 告警类型。

3．用脑图总结 5G 基站的常见告警。

【任务评价】

任务点	考核点		
	初级	中级	高级
5G 基站的告警介绍	(1)熟悉 5G 基站的常见告警类别、告警级别及相关定义 (2)了解 5G 基站的告警分类及常见告警	(1) 掌握 5G 基站的常见告警类别、告警级别及相关定义 (2) 熟悉 5G 基站的告警分类及常见告警	(1) 掌握 5G 基站的常见告警类别、告警级别及相关定义 (2) 掌握 5G 基站的告警分类及常见告警 (3) 熟悉 5G 基站的常见告警及简易处理方式

【任务小结】

1．掌握 5G 基站的常见告警类别、告警级别及相关定义。

2．掌握 5G 基站的告警分类及常见告警。

3．熟悉 5G 基站的常见告警的解决思路。

【自我评测】

（文档）
参考答案

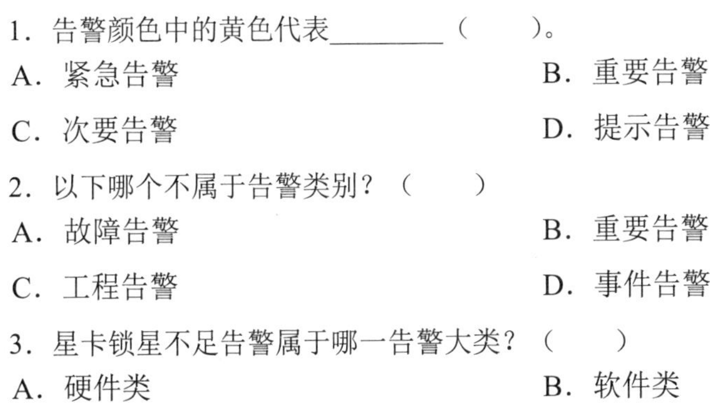

1．告警颜色中的黄色代表________（　　）。

A．紧急告警　　B．重要告警

C．次要告警　　D．提示告警

2．以下哪个不属于告警类别？（　　）

A．故障告警　　B．重要告警

C．工程告警　　D．事件告警

3．星卡锁星不足告警属于哪一告警大类？（　　）

A．硬件类　　B．软件类

C．时钟类　　D．配置类

4．描述故障告警、工程告警、事件告警的区别。

5．描述告警分类及简易处理思路。

任务三：5G 基站的基本故障分析与处理

【任务目标】

知识目标	（1）掌握 5G 基站的故障处理流程及定位故障方法 （2）掌握硬件类告警、时钟类告警、小区退服类告警原理及解决方案 （3）了解传输类故障的常见告警及常用处理手段
技能目标	（1）能够处理常见的硬件类告警、时钟类告警、小区退服类告警 （2）能够绘制 BBU 与 GPS 连线，BBU 与 AAU 或 RRU 连线示意图
素质目标	（1）重大节日离不开通信服务保障工作，帮助学生建立爱岗敬业的社会主义核心价值观，树立技能强身才能更好地服务社会的理想信念 （2）在不断排查故障的过程中，锻炼学生面对困难迎难而上，养成永不放弃的品质，以顽强的意志提升自我，实现既定目标
重难点	重点：硬件类告警、时钟类告警、小区退服类告警原理及处理思路 难点：传输类故障处理思路及处理手段
学习方法	行为导向法、合作学习法、实操演练法

【情境导入】

若系统自身或管理对象检测到自身存在异常或正常运行时的重要状态发生变化，则系统将分别以告警或事件显示在管理界面中。管理对象是指接入告警管理系统的对象或网元。

运维人员通过告警管理对系统自身或管理对象上报的告警或事件进行监控和管理。告警管理提供了丰富的监控和处理规则，还可以将故障通知给运维人员，有助于高效监控、快速定位和处理网络故障，从而保证业务正常运行。

【任务资讯】

6.3.1 故障分析与处理概述

1. 5G 基站的故障处理流程

5G 基站的故障处理流程如图 6-30 所示。

（PPT）一般故障处理流程

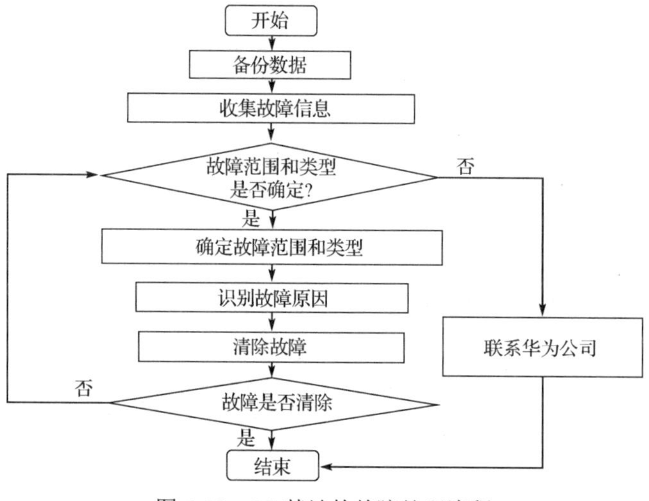

图 6-30 5G 基站的故障处理流程

（1）备份数据：在排障的时候，通常需要备份数据，包括脚本、告警数据等的备份。

（2）收集故障信息：收集与故障相关的告警、日志、话务统计、故障现象等信息，可以有效帮助用户进行故障分析与定位。

（3）确定故障范围和类型：根据收集到的故障信息，确定故障的范围和类型，如小区故障、传输故障、硬件类故障、软件类故障。

（4）识别故障原因：根据告警信息和故障现象，罗列所有可能的故障原因，并逐条排查原因，确定最终故障原因。

（5）清除故障：根据故障原因，有针对性地清除故障。例如，通过替换法清除硬件类故障，通过升级或修改参数清除软件类故障。

2. 定位故障范围的常用方法

定位故障范围的常用方法如表 6-8 所示。

表 6-8　定位故障范围的常用方法

观察法	观察法是发现、界定设备故障范围的常用方法。观察的内容主要有设备告警、指示灯显示、Web LMT 面板状态
找规律法	（1）观察是否为同一单板存在问题 （2）观察是否为同一小区或者载波存在问题 （3）观察告警是单个还是多个类似的告警
对比/互换法	（1）对比法是指对故障的部件或现象与正常的部件或现象进行比较分析，找出问题的所在 （2）互换法是指将处于正常状态的部件与可能故障的部件互换，比较互换前、后二者变化，以此判断故障的范围或部位

3. 故障处理

对于故障处理，首先要理解基站硬件在后台配置的逻辑结构，识别告警产生的环节，从而更准确、更迅速地处理告警。设备管理颜色定位法如图 6-31 所示，设备管理界面中，红色表示故障，黄色圆圈表示存在告警，绿色表示运行状态。

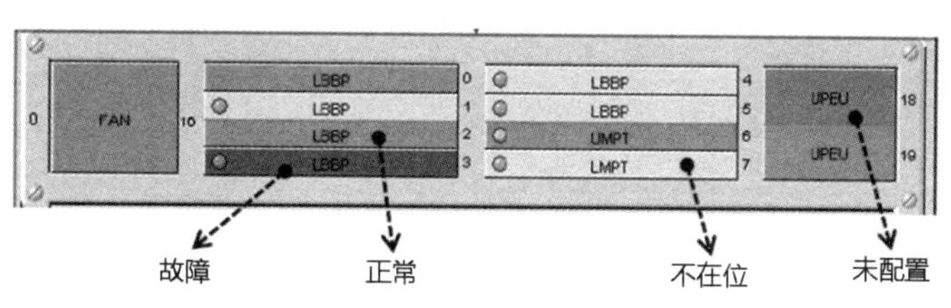

（a）

（PPT）故障处理必备技能

（b）

图 6-31　设备管理颜色定位法

BBU 单板与 AAU 和 RRU 的编号规则：SN 代表槽号，Port 代表光口号，CADLVL0 代表 RRU 级联层数。RRU 对应的框口号及级联层数如表 6-9 所示。

表 6-9 RRU 对应的框口号及级联层数

RRU	SN0_Port0	SN0_Port1	SN0_Port2	SN0_Port3	SN0_Port4	SN0_Port5
CADLVL0	150	151	152	153	154	155
CADLVL1	156	157	158	159	160	161
CADLVL2	162	163	164	165	166	167
CADLVL3	168	169	170	171	172	173
RRU	SN1_Port0	SN1_Port1	SN1_Port2	SN1_Port3	SN1_Port4	SN1_Port5
CADLVL0	174	175	176	177	178	179
CADLVL1	180	181	182	183	184	185
CADLVL2	186	187	188	189	190	191
CADLVL3	192	193	194	195	196	197
RRU	SN2_Port0	SN2_Port1	SN2_Port2	SN2_Port3	SN2_Port4	SN2_Port5
CADLVL0	60	61	62	81	82	83
CADLVL1	63	64	65	84	85	86
CADLVL2	66	67	68	87	88	89
CADLVL3	69	70	71	132	133	134
CADLVL4	72	73	74	135	136	137
CADLVL5	75	76	77	138	139	140
CADLVL6	78	79	80	141	142	143
RRU	SN3_Port0	SN3_Port1	SN3_Port2	SN3_Port3	SN3_Port4	SN3_Port5
CADLVL0	90	91	92	111	112	113
CADLVL1	93	94	95	114	115	116
CADLVL2	96	97	98	117	118	119
CADLVL3	99	100	101	120	121	122
CADLVL4	102	103	104	123	124	125
CADLVL5	105	106	107	126	127	128
CADLVL6	108	109	110	129	130	131
RRU	SN4_Port0	SN4_Port1	SN4_Port2	SN4_Port3	SN4_Port4	SN4_Port5
CADLVL0	200	201	202	203	204	205
CADLVL1	206	207	208	209	210	211
CADLVL2	212	213	214	215	216	217
CADLVL3	218	219	220	221	222	223
RRU	SN5_Port0	SN5_Port1	SN5_Port2	SN5_Port3	SN5_Port4	SN5_Port5
CADLVL0	224	225	226	227	228	229
CADLVL1	230	231	232	233	234	235
CADLVL2	236	237	238	239	240	241
CADLVL3	242	243	244	245	246	247

通过网管“DSP BRD”的查询结果如表 6-10 所示。

表 6-10 通过网管“DSP BRD”的查询结果

柜号	框号	槽号	型号	状态
0	0	2	BBP	正常
0	0	3	BBP	正常
0	0	5	BBP	正常
0	0	7	MPT	正常
0	0	16	FAN	正常
0	0	19	UPEU	正常
0	224	0	RRU	正常
0	225	0	RRU	正常
0	226	0	RRU	正常
0	227	0	RRU	正常
0	60	0	RRU	正常
0	61	0	RRU	正常
0	64	0	RRU	正常

可以根据级联规则绘制基站设备配置与实物的连线，通过 MML 命令制作简易实物连线图如图 6-32 所示。

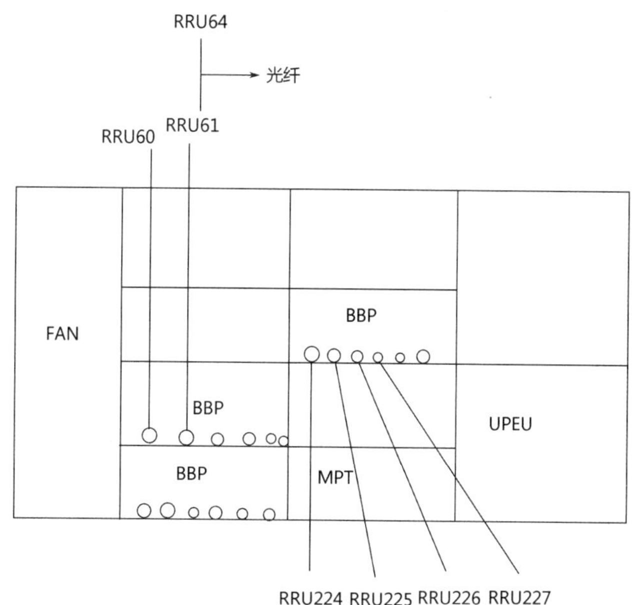

图 6-32 通过 MML 命令制作简易实物连线图

6.3.2 硬件类故障分析与处理

1. BBU 单板硬件类

（PPT）单板硬件故障分析与处理

硬件类故障一般包括 BBU 单板、RHUB、RRU、AAU、光路、温度、电力环境等故障。

单板告警如图 6-33 所示。

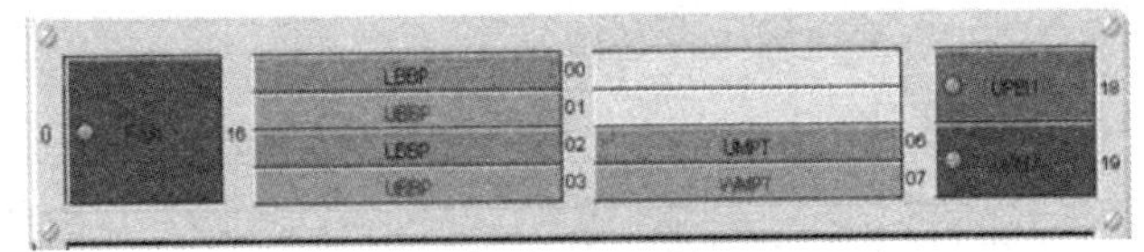

图 6-33 单板告警

注：红色：故障；绿色：正常；灰色：配置未插板或对端配置；蓝色：正在启动中。

1）告警含义及影响

BBU 单板硬件类告警含义及影响如表 6-11 所示。

表 6-11 BBU 单板硬件类告警含义及影响

告警名称	告警归属	告警含义	对系统的影响
单板硬件故障告警	BBU	当单板硬件故障时，产生此告警	单板无法正常工作，单板承载的业务可能中断
单板不在位告警	BBU	在对应槽位已配置相应单板，但未检测到单板在位信号时，产生此告警	单板无法正常工作，单板承载的业务可能中断
单板下电告警	BBU	当单板下电或单板无法上电时，产生此告警	单板无法正常工作，单板承载的业务可能中断
单板未插紧告警	BBU	当单板未插紧时，产生此告警	单板无法正常工作，单板承载的业务可能中断

2）存在单板告警的原因

（1）单板硬件故障、单板温度异常。

（2）故障单板硬件故障、背板槽位故障、主控板硬件故障、故障单板所在框内主控板未插紧、故障单板未插或未插紧。

（3）电源模块直流输出异常，为避免单板被意外烧毁，单板温度过高，自动下电；电源模块供电能力不足；用户执行了人工下电操作。

（4）背板槽位故障；故障单板硬件故障；故障单板未插或未插紧。

2. CPRI 光路类

（PPT）光路故障分析与处理

1）告警含义及影响

CPRI 光路类告警含义及影响如表 6-12 所示。

表 6-12 CPRI 光路类告警含义及影响

告警名称	告警含义	对系统的影响
BBU CPRI 光模块故障告警	当 BBU 连接下级射频单元的端口上的光模块故障时，产生此告警	无法获取光模块信息
BBU CPRI 光模块/电接口不在位告警	当 BBU 连接下级射频单元的端口上的光模块或者电接口连线不在位时，产生此告警	在链形组网下，下级射频单元的连接链路中断，下级射频单元承载的业务中断
BBU 光模块收发异常告警	当 BBU 与下级射频单元之间的光纤链路（物理层）的光信号接收异常时，产生此告警	在链形组网下，下级射频单元的连接链路中断，下级射频单元承载的业务中断
BBU CPRI 光接口性能恶化告警	当 BBU 连接的下级射频单元端口上的光模块性能恶化时，产生此告警	光模块的性能严重恶化，可能导致 CPRI 链路承载的业务质量严重下降，或导致下级射频单元的业务中断

2）存在光路告警的原因

（1）基带板上光模块的光纤接口或光模块未插紧，或光模块故障。

（2）RRU 或 AAU 端的光纤接口或光模块未插紧，或光模块故障。

（3）BBU 连接下级射频单元的端口上的光纤接口存在灰尘等异物。

（4）光模块与光纤线的模式不匹配。

（5）基带板与 RRU 或 AAU 端的光模块速率不匹配。

（6）BBU 与 RRU 或 AAU 之间的光纤链路故障。

（7）RRU 或 AAU 故障或未上电。

3）光路类处理对策

（1）查询故障链路上基带板与 RRU 两端的光模块的发送、接收光功率，观察是否异常。

（2）依次复位 RRU、基带板，观察故障是否恢复。

（3）使用光功率测试仪排查 BBI、RRU 两端的光模块及光纤，确认故障。

注：建议将故障的光纤链路与正常的链路交叉测试，识别故障原因。

“DSP SFP”命令可以查看发送光功率和接收光功率，如图 6-34 所示。

```
发送光功率(0.01毫瓦分贝)  接收光功率(0.01毫瓦分贝)
-137                      -269
-163                      36
-112                      -312
NULL                      NULL
NULL                      NULL
```

图 6-34 查看发送光功率和接收光功率

3. RHUB 故障类

（PPT）RHUB 故障分析与处理

1）告警含义及影响

RHUB 故障类告警含义及影响如表 6-13 所示。

表 6-13 RHUB 故障类告警含义及影响

告警名称	告警含义	对系统的影响
RHUB 硬件故障告警	当 RHUB 内部的硬件发生故障时，产生此告警	RHUB 可能无法正常工作，RHUB 承载的业务可能中断。RHUB 上的部分功能可能无法正常运行，可能导致 RHUB 下所有 pRRU 承载的业务质量下降
RHUB 温度异常告警	当 RHUB 内部工作温度超过额定温度范围时，产生此告警	为防止 RHUB 内部器件在高温时烧毁，RHUB 会在过温后进行自复位
RHUB 供电故障告警	当 RHUB 检测到供电出现过流、断路等异常时，产生此告警	可能导致该供电端口连接的 pRRU 无法正常工作，该 pRRU 承载的业务中断
RHUB CPRI 接口异常告警	当 RHUB 与对端设备（上级/下级 RHUB、BBU、光 pRRU）间的 CPRI 链路的 CPRI 数据收发异常时，产生此告警	在链形组网下，下级设备的 CPRI 链路中断，下级设备承载的业务中断
RHUB 光接口性能恶化告警	当 RHUB 光模块的接收或发送性能恶化时，产生此告警	光模块的收发性能严重恶化，可能导致 RHUB 下该 CPRI 链路承载的业务质量严重下降或导致业务中断，光模块的收发性能轻微恶化可能导致 RHUB 下该 CPRI 链路承载的业务质量轻微下降

续表

告警名称	告警含义	对系统的影响
RHUB 光模块故障告警	当 RHUB 与对端设备（上级/下级 RHUB、BBU、光 pRRU）间连接端口上的光模块或者电接口故障时，产生此告警	无法获取光模块信息或者电接口信息
RHUB 与 pRRU 间链路异常告警	当 RHUB 与 pRRU 之间的 CPRI 接口发生异常时，产生此告警	RHUB 与 pRRU 之间的 CPRI 接口故障，导致 pRRU 的维护链路中断，pRRU 承载的业务中断
RHUB 风扇故障告警	当 RHUB 风扇发生故障时，产生此告警	风扇失控时，可能会引发模块过温或者噪声问题。RHUB3908 风扇部署在 AC/DC 电源模块上，风扇堵转会导致单板复位

2）存在 RHUB 告警的原因

（1）RHUB 内部存在硬件故障。

（2）本级 RHUB 上的光纤接口或光模块未插紧，或光模块故障。

（3）对端设备（上级/下级 RHUB 或 BBU）上的光纤接口或光模块未插紧，或光模块故障。

（4）RHUB 和 pRRU 之间的网线存在短路故障，RHUB 和 pRRU 之间的网线存在断路故障。

4. pRRU 故障类

1）告警含义及影响

pRRU 故障类告警含义及影响如表 6-14 所示。

（PPT）pRRU 故障分析与处理

表 6-14 pRRU 故障类告警含义及影响

告警名称	告警含义	对系统的影响
射频单元光模块/电接口不在位告警	当射频单元 CPRI 接口上的光模块或者电接口连线不在位时，产生此告警	在链形组网下，下级射频单元的 CPRI 链路中断，下级射频单元承载的业务中断；在环形组网下，CPRI 链路的可靠性下降，下级射频单元的激活 CPRI 链路将倒换到备份链路上，在热环配置下对业务没有影响，在冷环配置下业务会出现约 10s 的短暂中断
射频单元输入功率异常告警	当 BBU 到射频单元的基带输入信号的功率超过了射频单元的额定功率范围时，产生此告警	射频单元自动进行输入功率的限幅，可能导致射频单元承载的业务质量变差，覆盖边缘的用户可能掉话
射频单元硬件故障告警	当射频单元内部的硬件发生故障时，产生此告警	射频单元可能无法正常工作，可能导致射频单元承载的业务中断；射频单元上的部分功能可能无法正常运行，导致射频单元承载的业务质量下降
射频单元备电设备维护链路异常告警	当射频单元与备电设备之间的维护链路异常时，产生此告警	系统无法监测输入电源、蓄电池、环境温度等情况，无法控制备电设备
射频单元硬件故障告警	当射频单元内部的硬件发生故障时，产生此告警	射频单元可能无法正常工作，导致射频单元承载的业务中断；射频单元上的部分功能可能无法正常运行，导致射频单元承载的业务质量下降

2）存在 pRRU 告警的原因

（1）射频单元 POE 端口上的接口网线未安装或未插紧。

（2）射频单元存在硬件故障。

（3）射频单元 POE 端口上的接口网线连线故障。

6.3.3　IP 传输类故障分析与处理

（PPT）IP 传输类故障分析与处理

该类故障的处理较为复杂，除了本端光纤异常、光路故障、硬件故障等故障以外，多数故障需要与传输人员配合处理，查询传输侧配置的业务 VLAN、IP 和路由是否与调单一致，也可以按照以下思路处理故障。故障处理如表 6-15 所示。

表 6-15　故障处理

传输侧	控制面	用户面	维护面
故障现象	（1）SCTP 通断类问题经常出现的告警，如 ALM-25888 SCTP 链路故障告警 （2）基站高层接口状态为 DOWN	（1）基站侧用户面通断类问题经常出现的告警，如 ALM-25952 用户面承载链路故障告警、ALM-25954 用户面故障告警 （2）基站高层业务面中断	（1）U2020 上报“ALM-301 NE Is Disconnected”告警 （2）网管无法管理目标基站
故障原因	（1）底层物理层、数据链路层、网络层故障 （2）SCTP 两端参数配置错误导致协商失败，如 IP 地址、VLAN ID、端口号等	（1）底层物理层、数据链路层、网络层故障 （2）用户面未配置或配置错误导致故障，如本端 IP 地址、对端 IP 地址等	（1）底层物理层、数据链路层、网络层故障 （2）网管连接方式设置出错 （3）中间的传输设备屏蔽了 OMCH 通道的 TCP 端口号
故障处理	（1）查看基站告警 （2）检查 SCTP 配置 （3）SCTP 信令跟踪	（1）查看基站告警 （2）检查用户面配置 （3）用户面信令跟踪	（1）近端问题处理 （2）远端问题处理

主要手段 1：查看基站告警

（1）针对传输光模块故障告警、传输光模块不在位告警、传输光接口异常告警，需要重点排查光模块、光纤，可用互换法进行定位。

（2）针对以太网链路故障告警、以太网 TRUNK 链路故障告警、以太网 TRUNK 组故障告警，重点排查基站和传输配置的端口属性。

注意：

（1）基站和对端设备的端口属性必须配置一致（目前 5G 基站基本采用 10GE）。

（2）在无线接入网里，任何网络设备均不允许配置为半双工，否则将严重影响业务。

基站故障的主要原因汇总如下。

（1）光模块、光纤或者硬件故障。

（2）两端配置不一致。

（3）协商异常、兼容性问题、产品缺陷。

主要手段 2：检查 SCTP 配置

检查 SCTP 配置的命令为“LST SCTPHOST”“LST SCTPPEER”，如图 6-35 所示。

主要手段 3：SCTP 信令跟踪

SCTP 信令跟踪可以判定信令丢失的环节，如图 6-36 所示。

主要手段 4：检查用户面配置

检查用户面配置的命令为“LST USERPLANEHOST”“LST USERPLANEPEER”，如图 6-37 所示。

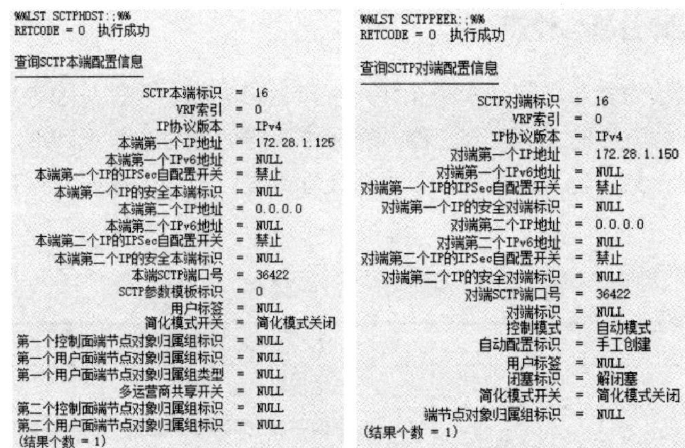

图 6-35 检查 SCTP 配置

217	2018-08-29 11:35:08(500)	发送	INIT	0	32	00 45 C0 00 40 14 05 00 00 FF 84 D5 B9 ...
218	2018-08-29 11:35:08(502)	接收	INIT ACK	0	760	00 45 C0 03 18 BA AB 00 00 FE 84 2D 3B ...
219	2018-08-29 11:35:08(502)	发送	COOKIE ECHO	0	728	00 45 C0 02 F8 14 06 00 00 FF 84 D3 00 ...
220	2018-08-29 11:35:08(504)	接收	COOKIE ACK	0	4	00 45 C0 00 24 BA AC 00 00 FE 84 30 2E ...

图 6-36 SCTP 信令跟踪

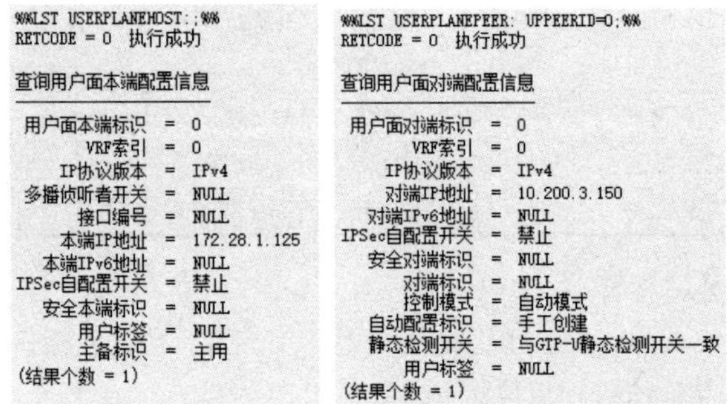

图 6-37 检查用户面配置

主要手段 5：用户面信令跟踪

用户面信令跟踪：GTPU 详细跟踪，如图 6-38 所示。

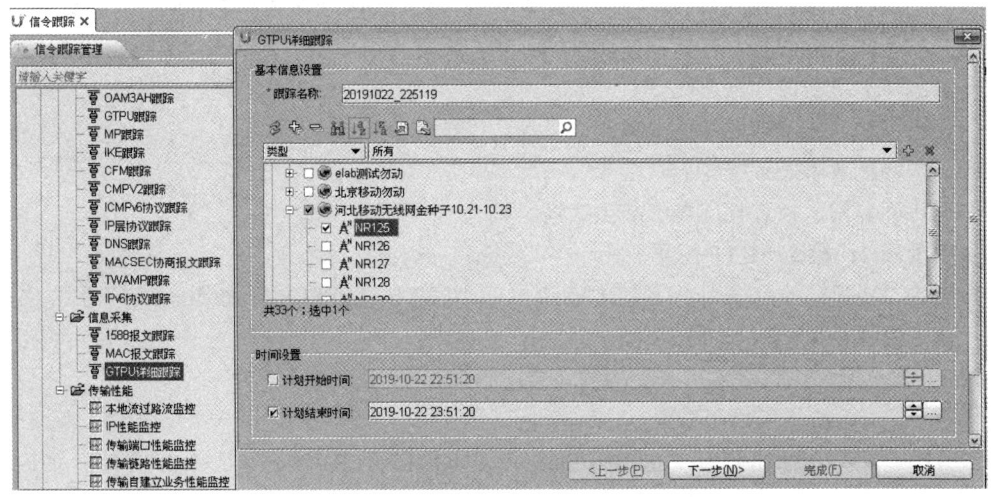

图 6-38 用户面信令跟踪

主要手段 6：IP 传输自检

IP 传输自检如图 6-39 所示。

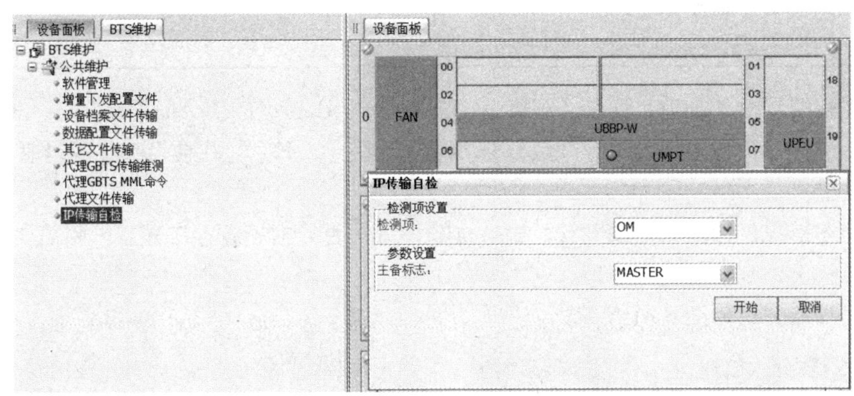

图 6-39　IP 传输自检

6.3.4　应用层故障分析与处理

应用层故障处理思路与 IP 传输层基本一致，除了本端光纤异常、光路故障、硬件故障等，多数故障需要与传输人员配合处理，查询传输侧配置的业务 VLAN、IP 和路由是否与调单一致，应用层故障处理思路如图 6-40、表 6-16 所示。

（PPT）应用层故障分析与处理

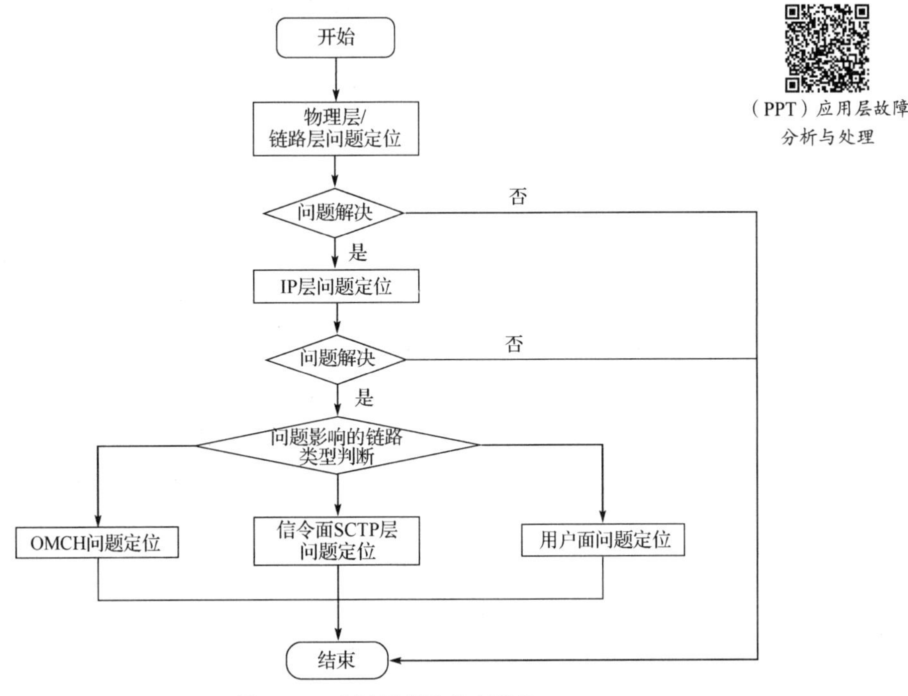

图 6-40　应用层故障处理思路

表 6-16　应用层故障处理

故障现象	（1）NSA X2 通断类问题经常出现的告警 （2）NSA 场景下，辅站建立失败
故障原因	（1）底层物理层、数据链路层、网络层故障 （2）SCTP、User Plane 两端参数配置错误，导致协商失败，如 IP、VLAN ID、端口号等

续表

故障处理	（1）查看基站告警 （2）检查 SCTP 链路状态 （3）检查对端 eNodeB 配置

每个基站配置一条 SCTP 链路（链路号=0）来承载 S1 接口的信令面消息。

当基站或传输设备出现的故障导致 0 号 SCTP 链路异常时，往往会引起小区退服、断站等一系列连锁反应。

若遇上述情况，则联系传输网管，确认传输设备是否异常。若存在异常，则需要传输处理；若传输设备正常，则需要上站处理。

应用层故障分析如图 6-41 所示。

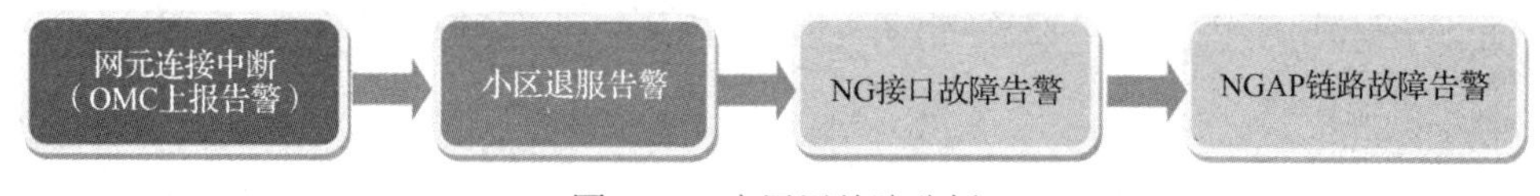

图 6-41 应用层故障分析

每个基站开启 Xn 链路后，会根据基站之间的切换关系自动配置 SCTP 链路（链路号≥1）来承载 Xn 信令面消息。

现网存在以下两种情况会导致上述 SCTP 链路故障，其原因都为传输不通。

（1）若基站 A 和基站 B 互为邻站，而基站 B 因传输原因断站，则基站 A 与基站 B 之间的传输不通，基站 A 就会上报与基站 B 之间的 SCTP 链路故障。

（2）若基站 A 和基站 B 互为邻站，两个基站状态都正常，但是基站各自的 IP 地址所在网段没有打通，则基站 A 与基站 B 都会上报 SCTP 链路故障。上述故障会导致基站之间的 Xn 链路建立失败，但不会影响切换，基站之间还可以通过 Xn 接口完成切换。

典型告警为 ALM-29810 gNodeB Xn 接口故障告警。

Xn AP（Xn Application Protocol）连接在底层 SCTP 链路资源且可用时，5G 基站将向对端基站发送连接建立请求。对端基站会对连接请求进行合法性检查，若检查不通过，则无法建立连接。gNodeB 收到对端基站的响应后，若发现对端基站在黑名单中，则无法建立连接。

（1）当 Xn AP 层因配置错误或者因对端基站异常无法建立连接时，产生此告警；当全部 Xn AP 层连接成功时，上报告警恢复。

（2）当底层 SCTP 链路故障时，也会产生该告警；当所有底层 SCTP 链路资源变为可用时，上报告警恢复。

（3）一条或者多条 Xn 接口因为相同原因故障时，只会产生一条此告警；当由于相同原因故障的 Xn 接口全部恢复时，上报告警恢复。

（4）在告警产生累计时间窗（默认为 900s）内，当 Xn 接口的状态变为不可用，且该状态累计 90s（默认）未恢复时，将产生该告警；当 Xn 接口的状态变为可用，且 Xn 接口状态在告警恢复累计时间窗（默认为 180s）内一直可用时，上报告警恢复。告警产生和告警恢复的时长可以通过“SET ALMFILTER”命令进行设置。

基站释放正在通过产生告警的 Xn 接口进行切换的用户，在该告警恢复前，基站将无法支持与对应基站间的 Xn 接口切换流程。

可能导致该告警的原因：

（1）Xn 接口配置错误。

（2）未配置跟踪区域的配置信息。

（3）未配置基站运营商。

（4）本端基站在对端基站的黑名单中。

其他手段为查询 SCTP 链路状态是否正常，或查询对端基站 ID 是否一致，SCTP 链路状态与基站状态对照表，如图 6-42 所示。

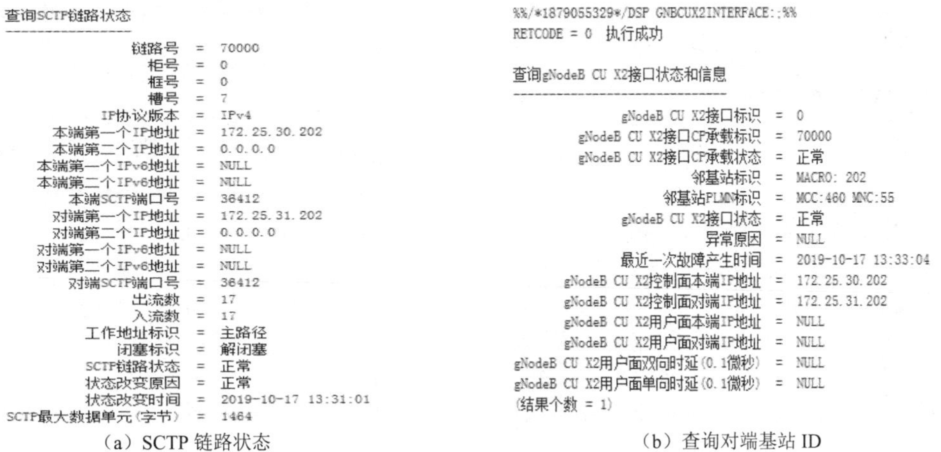

（a）SCTP 链路状态　　（b）查询对端基站 ID

图 6-42　SCTP 链路状态与基站状态对照表

6.3.5　时钟同步故障分析与处理

5G RAN 的外部时钟源主要包括 GPS 和 IEEE 1588，当出现同步故障时，基站无法开通小区业务，可能伴有时钟相关告警。时钟参考源如表 6-17 所示。

表 6-17　时钟参考源

分类	时钟参考源	备注
时间同步	GPS	GPS 是美国提供的全球定位卫星系统，其精度达到微秒级，可以支持基站实现频率同步和时间同步，缺点是费用较高，建站需要额外增加 GPS 的投入，站址需要满足 GPS 信号的接收条件和工程施工要求
	BDS	BDS 是中国自行研制的全球卫星导航系统，其原理和功能与 GPS 类似，缺点是费用较高，建站需要额外增加北斗的投入，站址需要满足 BDS 信号的接收条件和施工要求
	IEEE 1588 V2	IEEE 1588 V2 支持 IEEE 1588 V2 层三单播和层二组播，如果要求时间同步，那么要求数据承载网中的所有中间设备都支持 IEEE 1588 V2 协议定义的边界时钟（Boundary Clock，BC）或透明时钟（Transparent Clock，TC）功能，推荐采用全网 BC 和层二组播方式
	1PPS+T0D	1PPS+T0D 采用电缆传输，传输距离较短，需要为基站就近配置能够提供 1PPS+T0D 输出的传输设备或者时钟设备，费用较高。目前仅中国移动使用基站的 1PPS+T0D 接口
	IEEE 1588 V2+syncE	IEEE1588 V2 提供时间同步，同步以太网提供频率同步。组合同步源可以增强时间同步的鲁棒性，并提高时间同步的保持能力
频率同步	GPS	—
	BDS	—
	IEEE 1588 V2	—
	Clock over IP	Clock over IP 是华为自定义标准的时钟同步技术
	svncE	svncE 从物理层提取时钟，与上层业务无关，且不受网络时延抖动、丢包的影响，不占用传输带宽

续表

分类	时钟参考源	备注
频率同步	BITS	BITS 时钟仅支持 2.048MHz。使用 BITS 时钟需要配置 USCU 单板，BITS 信号采用电缆传输，传输距离较短
	E1/T1 线路时钟	E1/T1 线路时钟可以从 E1/T1 线路物理层提取频率同步和信号同步，无须额外的设备就可以为基站提供高精度的时钟源。对于 E1/T1 线路时钟，基站只支持 2.048Mbps 的输入，不支持 2.048Mbps 的输入。E1/T1 只支持频率同步。E1/T1 的时钟源精度需要优于 ±0.016ppm

1. GPS 时钟故障

GPS 时钟主要由 GPS 天线、馈线、避雷器、时钟线、放大器、分路器等组成。当天线出现短路或断路故障时，上报告警，GPS 连接逻辑图如图 6-43 所示。天线开路/短路的检测原理：硬件通过天线电流来判断天线开路或者短路，软件通过逻辑信号来读取当前的天线状态。

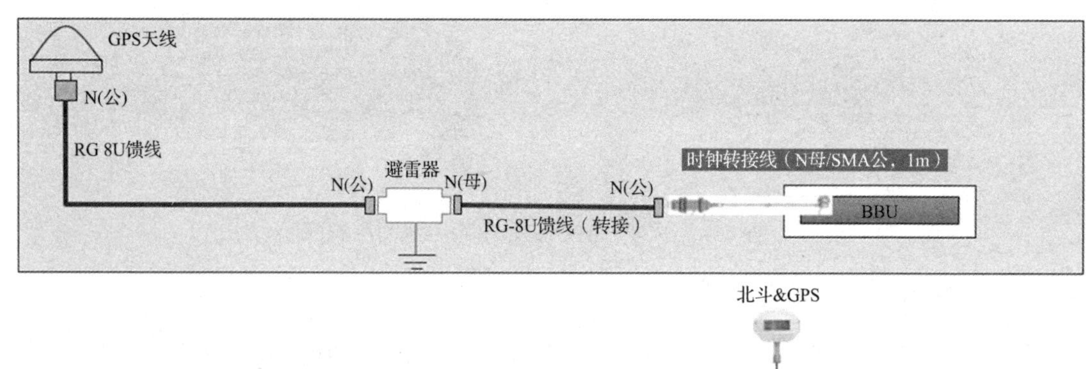

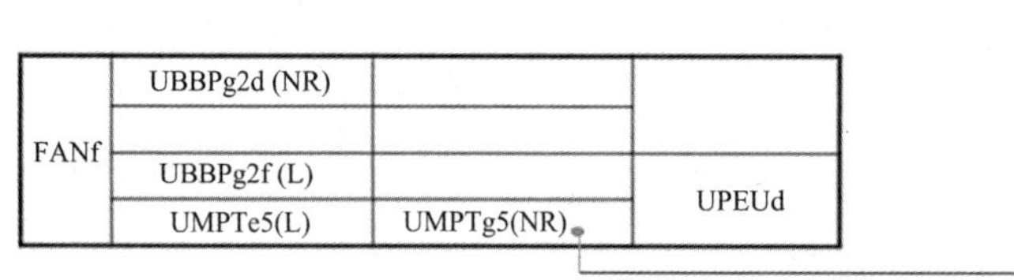

（PPT）GPS 时钟故障分析和处理

图 6-43 GPS 连接逻辑图

GPS 安装方案说明：

（1）移动要求避雷器靠近馈窗安装，时钟转接线长度不能满足避雷器到 BBU 的距离，因此需要一段转接线。

（2）GPS 避雷器接地线规格为 6 方。

（3）GPS 馈线全程绝缘，不用接地，只在 BBU 侧的 GPS 避雷器处接地。

（4）GPS 避雷器可以置于走线架上、机柜顶部或扎线带置于机柜侧面等。

通过“DSP GPS”命令可以查看 GPS 状态，如图 6-44 所示。

1）GPS 故障现象

（1）GPS 开路：主控板侧 GPS 信号线接口未插紧，制作接口松动，GPS 馈线损坏，GPS 连接的功分器过多，GPS 避雷器、功分器、主控板星卡故障。

（2）GPS 短路：接口制作不规范导致短路、GPS 天线接口进水、主控板星卡故障。

（3）GPS 搜到的卫星数量不足：接口、线缆施工工艺差导致 GPS 信号的损耗过大，GPS 天线周围有干扰、遮挡，GPS 连接的功分器过多。

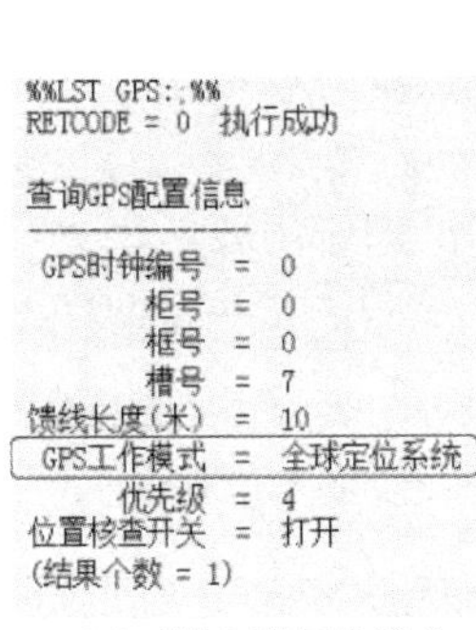
%%LST GPS:;%%
RETCODE = 0　执行成功

查询GPS配置信息

GPS时钟编号 = 0
柜号 = 0
框号 = 0
槽号 = 7
馈线长度(米) = 10
GPS工作模式 = 全球定位系统
优先级 = 4
位置核查开关 = 打开
(结果个数 = 1)

（a）查询时钟同步模式

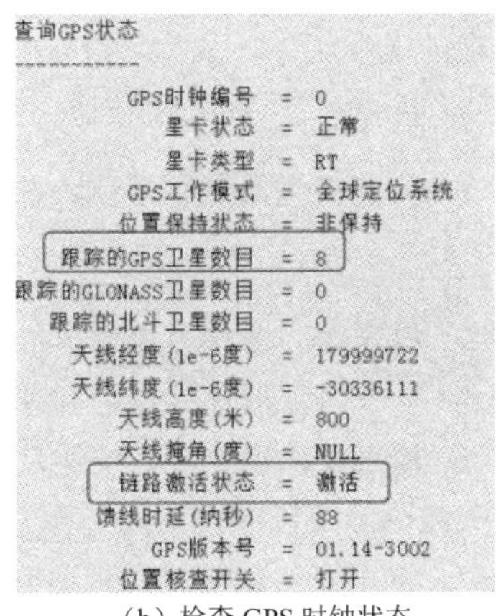
查询GPS状态

GPS时钟编号 = 0
星卡状态 = 正常
星卡类型 = RT
GPS工作模式 = 全球定位系统
位置保持状态 = 非保持
跟踪的GPS卫星数目 = 8
跟踪的GLONASS卫星数目 = 0
跟踪的北斗卫星数目 = 0
天线经度(1e-6度) = 179999722
天线纬度(1e-6度) = -30336111
天线高度(米) = 800
天线掩角(度) = NULL
链路激活状态 = 激活
馈线时延(纳秒) = 88
GPS版本号 = 01.14-3002
位置核查开关 = 打开

（b）检查 GPS 时钟状态

图 6-44　查看 GPS 状态

2）GPS 相关告警

（1）星卡天线故障告警：星卡与天馈之间的电缆断开；电缆中的馈电流过小或过大；基站获取不到参考时钟，导致基站系统时钟不可用，不能提供业务。

（2）星卡锁星不足告警：搜星颗数不足 4 颗，上报锁星不足告警，搜星足够则立即恢复，如果该告警一直存在，那么最终会导致基站 GPS 时钟源不可用。

（3）时钟参考源异常告警：15min 内连续 5min 搜星颗数不足 4 颗，上报时钟参考源异常，基站不能与参考时钟源同步，长时间后会导致基站系统时钟不可用，此时基站业务处理会出现各种异常，如小区切换失败、掉话等，严重时基站不能提供业务。

3）GPS 处理思路

GPS 处理思路为排查从 GPS 天线的蘑菇头到主控板连接线处的物理连接情况，GPS 故障处理思路如图 6-45 所示。

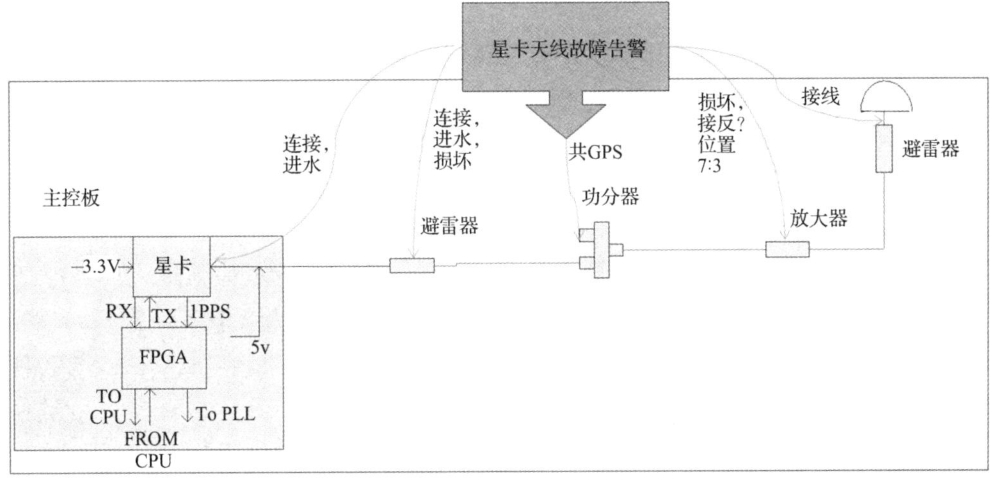

图 6-45　GPS 故障处理思路

确认故障属于哪类问题，如果是 GPS 开路或短路，那么按照 GPS 开路、短路来排查处理；如果是 GPS 星卡锁星不足，那么按照锁星不足来处理。

（1）GPS 开路或短路

天线开路或短路的检测原理：硬件通过天线电流来判断天线开路或短路，软件通过逻辑信号来读取当前的天线状态。具体可以按照以下步骤来排查和处理。

步骤 1：排查各节点的连线情况。

步骤 2：排查放大器是否接反，并确保放大器是否处于主控板到 GPS 天线之间连线的 $\frac{7}{10}$ 位置处。

步骤 3：检查功分器是否损坏、接反。

步骤 4：检查避雷器连接是否有进水，损坏等现象。

步骤 5：检查主控板连接短跳线是否有进水等现象。

星卡天线故障可以通过下面三种方法来定位。

方法一：测电压。GPS 天线是由 BBU 上的 GPS 卡提供电源的，按照上面的排查节点，分段检查 BBU 侧 GPS 主控板到 GPS 天线接口的各接线头处电压是否正常，可分段定位故障。

方法二：测电阻。使用万用表的电阻挡测试 GPS 天线的等效电阻。由于不同的万用表有不同的精度，可以用对比法测试 GPS 天线的等效电阻。

方法三：二极管法。将万用表调到二极管挡（或简易发光二极管），测试独立的 GPS 馈线，判断馈线是否短路或断路。

（2）GPS 锁星不足

若星卡状态为“快捕”且搜星颗数小于 4 颗，或星卡状态为“保持”且搜星颗数小于 1 颗，则说明此时星卡搜星不足，通常由星卡安装不符规范、电磁干扰、天气、星卡硬件故障等因素引起，可通过以下步骤排查。

步骤 1：星卡安装情况排查。

在基站现场检查 GPS 天线的安装情况，确保天线安装位置的周围不存在遮挡物，安装位置的天空要视野开阔，无高大建筑物阻挡，与楼顶小型附属建筑的距离要尽量远。安装平面的可使用面积要尽量大，天线竖直向上的视角要大于 90°。

步骤 2：干扰排查。

观察 GPS 天线的周围是否存在大功率的微波发射天线，是否存在高压输电电缆及电视发射塔的发射天线等电磁干扰源。

2. 1588 时钟故障

1）1588 时钟相关告警

1588 时钟故障会产生 26263 IP 时钟链路异常告警。

可能存在的告警：25880 以太网链路故障告警、25881 MAC 错帧超限告警、25885 IP 地址冲突告警、26222 传输光接口异常告警、26223 传输光接口性能恶化告警、IPCLK 服务器异常告警，时钟同步类告警如图 6-46 所示。

2）1588 时钟相关告警的主要解决方案

（1）配置检查

检查时钟工作模式（“LST CLKMODE”）、时钟源配置（“LST IPCLKLINK”）、时钟同步模式（“LST CLKSYNCMODE”）。

（PPT）1588 时钟故障分析和处理

（2）单板硬件故障排查

单板时钟（主控板、星卡板）异常、OCXO 运行异常、主控基准时钟异常、单板锁相环失锁异常。

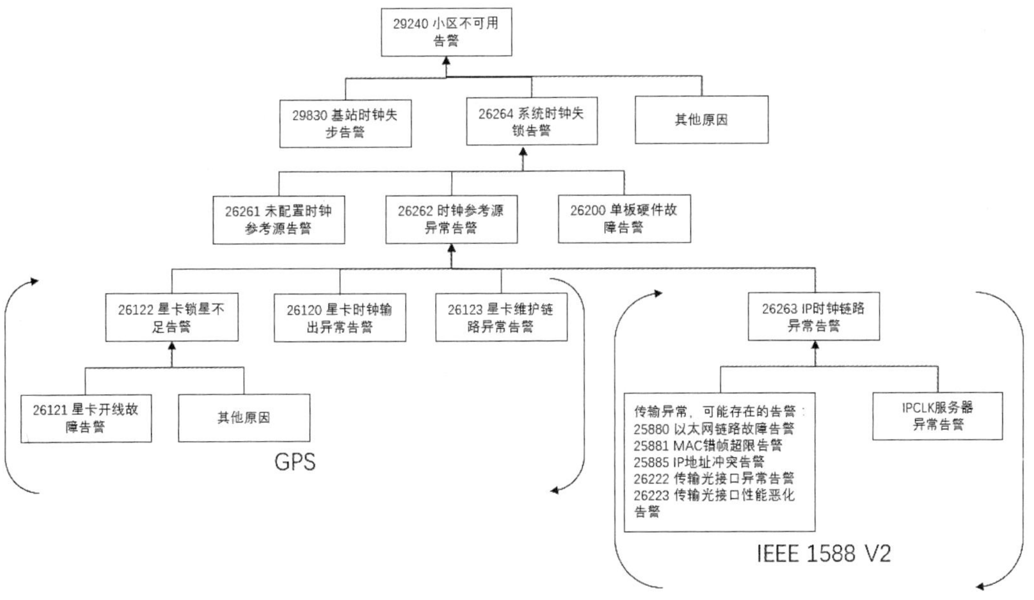

图 6-46　时钟同步类告警

（3）IP 时钟链路故障

若批量基站同时出现，则需要排查中间传输链路和时钟服务器，启动 IPCLK 时钟故障跟踪 30min 以上，分析跟踪结果。若存在丢包，则需要排查中间传输链路和时间服务器，IP 时钟故障处理思路如图 6-47 所示。

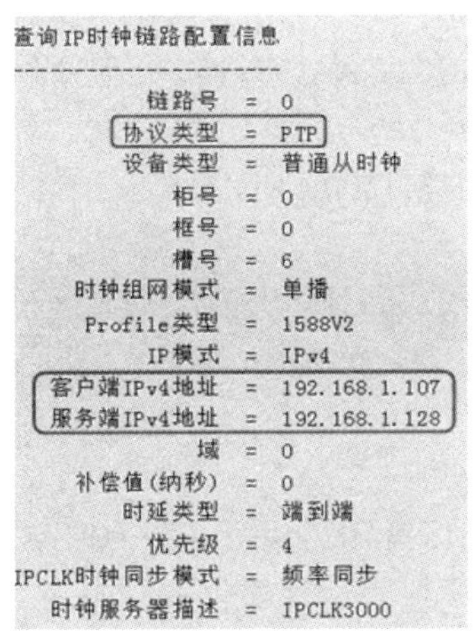

查询IP时钟链路配置信息

```
              链路号  =  0
            协议类型  =  PTP
            设备类型  =  普通从时钟
                柜号  =  0
                框号  =  0
                槽号  =  6
        时钟组网模式  =  单播
         Profile类型  =  1588V2
              IP模式  =  IPv4
      客户端IPv4地址  =  192.168.1.107
      服务端IPv4地址  =  192.168.1.128
                  域  =  0
        补偿值(纳秒)  =  0
            时延类型  =  端到端
              优先级  =  4
   IPCLK时钟同步模式  =  频率同步
      时钟服务器描述  =  IPCLK3000
```

（a）查询 IP 时钟链路配置信息

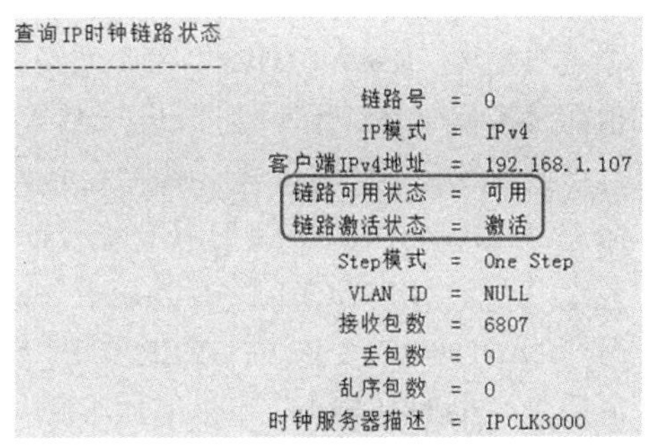

查询IP时钟链路状态

```
              链路号  =  0
              IP模式  =  IPv4
      客户端IPv4地址  =  192.168.1.107
        链路可用状态  =  可用
        链路激活状态  =  激活
            Step模式  =  One Step
             VLAN ID  =  NULL
            接收包数  =  6807
              丢包数  =  0
            乱序包数  =  0
      时钟服务器描述  =  IPCLK3000
```

（b）查询 IP 时钟链路状态

%%DSP CLKSRC::%%
RETCODE = 0　执行成功

查询参考时钟源状态

参考时钟源编号	参考时钟源类型	参考时钟源优先级	参考时钟源状态	参考时钟源激活状态	许可授权
0	GPS Clock	4	不可用	激活	未受限
0	IP Clock	4	不可用	未激活	允许

(结果个数 = 2)

（c）查询 License 授权情况

图 6-47　IP 时钟故障处理思路

6.3.6 小区故障分析与处理

gNodeB 的小区主要分为 CU 小区和 DU 小区两大类，CU 小区和 DU 小区如图 6-48 所示。

（1）CU 小区（NRCELL）负责小区建立流程管理，并管理 DU 小区，通过命令“ADD NRCELL”添加。所有小区共同组成了整个无线网络的覆盖。

（2）DU 小区（NRDUCELL）负责管理小区的物理资源，包括基带板资源、扇区等，通过命令“ADD NRDUCELL”添加。

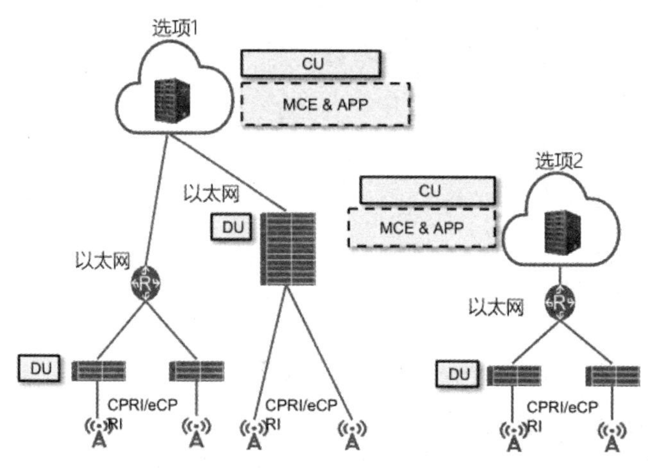

（图片）5G 网络架构

图 6-48 CU 小区和 DU 小区

基带设备是指完成小区基带数据处理的一组基带处理单元。通过 MML 命令“ADD BRD”添加单板和“ADD BASEBANDEQM”添加基带设备。

射频设备是指一组射频处理单元，即 RRU、RFU、pRRU、AAU 等设备。通过命令“ADD RRU”和“ADD RRUCHAIN”添加射频设备，将射频设备与基带板的 CPRI 端口对应。

扇区（Sector）是指一片天线覆盖区，通过命令“ADD SECTOR”添加。每个扇区使用一个或多个无线载频（Radio Carrier）完成无线覆盖。

扇区设备是一个扇区使用的一组天线，通过命令“ADD SECTOREQM”将扇区与这组天线对应。这组天线必须同属于这一扇区。

命令“ADD NRDUCELL”用于增加 DU 小区。

命令“ADD NRDUCELLTRP”用于关联 DU 小区和基带设备。

命令“ADD NRDUCELLCOVERAGE”用于增加 DU 小区覆盖区，用于关联 TRP 与扇区设备。

命令“ADD NRCELL”用于增加小区。

命令“ACT NRCELL”用于激活小区。NR 小区要能够成功激活对应的 NRDU 小区才能保证能够正常工作。

1．CU 小区故障

1）故障现象

CU 小区不可用告警呈现为 ALM-29841 NR 小区不可用告警。

告警解释：当基站出现 NRCELL 类故障、F1 链路故障时，产生此告警。在告警产生的累计时间窗（默认为 900s）内，当小区状态变为不可用，且该状态累计 120s（默认值）未恢复时，将产生该告警；当小区状态变为可用，且小区状态在告警恢复累计时间窗（默认为 180s）内一直可用时，上报告警恢复，该小区业务不可用，CU 小区故障处理流程如图 6-49 所示。

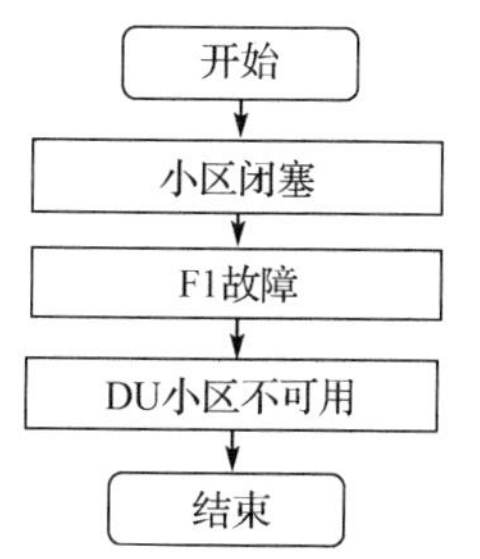

图 6-49　CU 小区故障处理流程

（PPT）CU 小区故障分析与处理

（图片）F1 接口

2）故障原因

（1）NRDUCELL 小区闭塞导致 NRCELL 故障；

（2）NRCELL 相关的 F1 信令链路出现故障；

（3）NRCELL 绑定的 NRDUCELL 出现故障；

（4）NRCELL 与 NRDUCELL 频带配置不一致；

（5）NRCELL 与 NRDUCELL 双工模式配置不一致。

3）故障处理

CU 小区故障处理思路如表 6-18 所示。

表 6-18　CU 小区故障处理思路

序号	故障分类	确认方法	恢复方法
1	NRCELL 对应的 NRCELLOP 未配置	“DSP NRCELL”“DSP NRLOCELL”命令查看小区建立失败的原因	（1）查询 NRCELLOP 配置 （2）添加 NRCELLOP 配置
2	CU 或 DU 冗余参数不一致	通过“DSP NRCELL”命令查看是否提示上行带宽不一致 通过“DSP NRCELL”命令查看是否提示下行带宽不一致 通过“DSP NRCELL”命令查看是否提示频点不一致 通过“DSP NRCELL”命令查看是否提示双工模式不一致	按错误提示修改配置 按错误提示修改配置 按错误提示修改配置 按错误提示修改配置
3	F1 故障	（1）通过“DSP NRCELL”命令查看是否提示小区建立失败的原因为 F1 故障 （2）存在 ALM-29805 gNodeB F1 接口故障 （3）检查相关配置及操作	（1）根据传输链路告警提示方法 （2）配置 GNBDULOGICNODE 后需要 RST APP；NRCELL 的 GNBDU id 和 GNBDU 中的 du id 必须一致
4	DU 小区不可用	（1）通过“DSP NRCELL”命令查看是否提示本地小区不可用 （2）通过“DSP NRLOCELL”查询不到 NRCELL 配置的 NRLOCELL	参考 DU 小区不可用的处理流程
5	小区闭塞	（1）通过“DSP NRCELL”命令查看是否提示小区闭塞 （2）存在 ALM-29842 NR 小区闭塞告警	小区解闭塞

2. DU 小区故障

1）故障现象

DU 小区不可用告警呈现为 ALM-29870 NR 分布单元小区 TRP 不可用告警，ALM-29871 NR 分布单元小区 TRP 服务能力下降告警，DU 小区 TRP 不可用告警关联告警如表 6-19 所示。

表 6-19 DU 小区 TRP 不可用告警关联告警

告警 ID	告警名称	告警 ID	告警名称
26230	BBU CPRI 光模块故障告警	26525	射频单元温度异常告警
26819	配置数据超出 License 限制告警	26235	射频单元维护链路异常告警
26264	系统时钟失锁告警	26538	射频单元时钟异常告警
26210	单板闭塞告警	26524	射频单元功放过流告警
26200	单板硬件故障告警	26545	射频单元发射通道手动关闭告警
26104	单板温度异常告警	26529	射频单元驻波告警
26203	单板软件运行异常告警	26503	射频单元光模块收发异常告警
26205	BBU 单板维护链路异常告警	26272	制式间射频单元参数配置冲突告警
26252	单板无法识别告警	26120	星卡时钟输出异常告警
26251	单板类型和配置不匹配告警	26121	星卡天线故障告警
26204	单板不在位告警	26122	星卡锁星不足告警
26214	单板下电告警	26123	星卡维护链路异常告警
26253	单板软件自动增补失败告警	26260	系统时钟不可用告警
26254	单板软件同步失败告警	26261	未配置时钟参考源告警
26533	射频单元软件运行异常告警	26262	时钟参考源异常告警
26532	射频单元硬件故障告警	26263	IP 时钟链路异常告警
26818	系统无 License 运行告警		

（2）处理方法

DU 小区故障详细处理方法如表 6-20 所示。

（PPT）DU 小区故障分析与处理

表 6-20 DU 小区故障详细处理方法

故障分类	确认方法	恢复方法
NRDUCELLTRP 未配置	通过“LST NRDUCELLTRP”命令查看是否配置	通过“ADD NRDUCELLTRP”命令添加正确配置
NRCELL/NRDUCELL 频带/频点配置不一致	通过“DSP NRDUCELL”命令查看是否提示“NRCELL/NRDUCELL 频带/频点配置不一致”	若错误，则按错误提示修改配置
NRCELL/NRDUCELL 双工模式配置不一致	通过“DSP NRDUCELL”命令查看是否提示“NRCELL/NRDUCELL 双工模 NRCELL/NRDUCELL 双工模式配置不一致”	若错误，则按错误提示修改配置
扇区设备配置错误	（1）通过“DSP NRDUCELL”命令查看是否提示“扇区设备配置错误” （2）检查 RRU 配置和扇区配置	若错误，则增加或修改对应配置
带宽配置错误	“DSP NRDUCELL”命令查看是否提示“带宽配置错误”	修改小区带宽

续表

故障分类	确认方法	恢复方法
频点配置错误	（1）“DSP NRDUCELL”命令查看是否提示频点配置错误 （2）“DSP RXBRANCH”“DSP TXBRANCH”“DSP BRDMFRINFO”查询 RRU/AAU 频段范围	（1）修改频点或者更换正确的 RRU 或 AAU （2）频点配置参考 FMA 频点计算工具
功率配置错误	（1）“DSP NRDUCELL”命令查看是否提示功率配置错误 （2）RRU 支持的最大功率可以通过 DSP TXBRANCH 的“发射通道硬件最大输出功率”来确认	通过“MOD NRDUCELLTRP”命令修改小区最大功率值
无可用的射频资源	检查本地小区配置和扇区配置	保证每个小区使用独立的扇区设备
	告警台排查是否有 RRU 相关告警	（1）如部分射频通道故障，则降低收发模式配置，或者根据告警提示解决 （2）如 RRU 设备故障，即全部射频通道故障，则更换 RRU 模块 （3）如告警提示射频单元与单本能力不匹配，通过 DSP BRDMFRINFO 查询 RRU 型号，如型号不正确，更换适配的 RRU 模块
	“DSP NRDUCELL”命令查看是否提示“无可用的射频资源”	尝试恢复手段： （1）去激活再激活重建小区 （2）复位基带板、RRU （3）复位 APP （4）复位整站 联系维护定位，查看射频上报状态是否可用
射频单元异常	“DSP NRDUCELL”命令查看是否提示“射频单元异常”	
CPRI 带宽不足	（1）“DSP NRDUCELL”命令查看是否提示 CPRI 带宽不足； （2）“DSP CPRILBR”和“DSP CPRIPORT”用于确认 CPRI 协商的线速率 （3）查看小区的带宽和收发模式，满足相应的 CPRI 线速率 （4）确认协商的 CPRI 线速率是否满足小区所需； （5）使用“LSTRRUCHAIN”命令查询 CPRI 线速率设置是否正确 （6）确认 RRU 型号、光模块支持的线速率是否满足要求；查询命令“DSP ELABEL”和“DSP SFP”；	（1）若确认是光模块或 RRU 型号不支持，则需要更换支持更大线速率的光模块或 RRU （2）若 RRUCHAIN 中的 CPRI 线速率设置不正确，则使用“MOD RRUCHAIN”修改 （3）若光模块和 RRU 都支持更大的线速率，但是协商的不是最优速率，则使用“STR CPRILBRNEG”手动协商
无可用的基带资源	通过 MML 命令“DSP BRD”，查看基带板的操作状态是否“不可操作”	等待 3min，复位基带板，更换基带板
	“DSP BRD”查询单板状态，查看管理状态为是否为“闭塞”	基带板解闭塞
	“DSP NRDUCELL”命令查看是否提示“无可用的基带资源”	尝试恢复手段： （1）去激活再激活重建小区 （2）复位基带板 如果没有恢复，请联系维护定位
基带单元异常	“DSP NRDUCELL”命令查看是否提示“基带单元异常”	

续表

故障分类	确认方法	恢复方法
时钟异常	“DSP NRDUCELL”命令查看是否提示“时钟异常”	TDD 小区如果没有配置时间同步，需通过命令“SET GNBTDDCLKMODESW CIKUnavlbCellActvSw=ON”设置使得 TDD 小区激活不依赖时钟状态。注意：只要 APP 复位，该开关需要重新设置
其他原因导致本地小区建立失败	“DSP NRDUCELL”命令查看是否提示“其他原因导致本地小区建立失败” 确认是否有设备告警，排除硬件问题	尝试恢复手段： （1）去激活再激活重建小区 （2）复位基带板 如果没有恢复，请联系维护定位
时延检查失败	“DSP NRDUCELL”命令查看是否提示“时延检查失败”	
SUL 对应的小区不存在	“DSP NRDUCELL”命令查看是否提示“SUL 对应的小区不存在”	添加对应的小区
F1 故障	（1）DSP NRDUCELL 命令查看是否提示“F1 故障” （2）存在 ALM-29805 gNodeB F1 接口故障告警 （3）“DSP GNBDUF1INTERFACE”显示 F1 接口状态不正常	按照告警提示修复 F1 链路
闭塞	（1）“DSP NRDUCELL”命令查看是否提示“闭塞” （2）告警台存在 ALM-29842 NR 小区闭塞告警	按需要通过命令“UBL NRCELL”解闭塞小区

DU 小区故障处理的整体流程总结如图 6-50 所示。

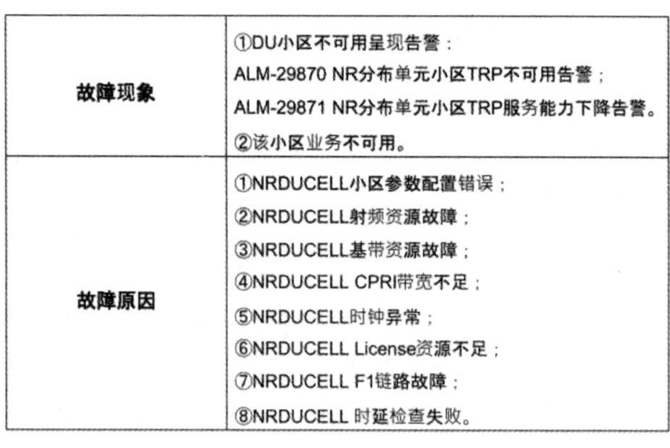

故障现象	①DU小区不可用呈现告警： ALM-29870 NR分布单元小区TRP不可用告警； ALM-29871 NR分布单元小区TRP服务能力下降告警。 ②该小区业务不可用。
故障原因	①NRDUCELL小区参数配置错误； ②NRDUCELL射频资源故障； ③NRDUCELL基带资源故障； ④NRDUCELL CPRI带宽不足； ⑤NRDUCELL时钟异常； ⑥NRDUCELL License资源不足； ⑦NRDUCELL F1链路故障； ⑧NRDUCELL 时延检查失败。

故障处理

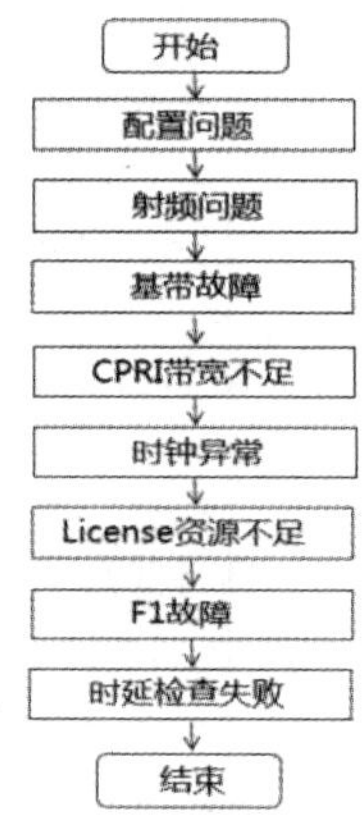

图 6-50 DU 小区故障处理的整体流程总结

【任务实施】

1. 通过查阅资料了解重大节日通信服务保障工作，如党的二十大会议期间通信服务保障、冬奥会通信服务保障、抗疫期间通信服务保障等，帮助学生建立爱岗敬业的社会主义核心价值观，树立技能强身才能更好地服务社会的理想信念。

2. 通过网管“DSP BRD”的查询结果，绘制基站硬件设备连接示意图。

3. 在 5GStar 软件里“5G 宏站数据配置”模块里设置相应的故障，根据故障分析与处理的流程，定位故障并排查。经过反复练习配置过程，熟练掌握各硬件设备和配置参数之间的相互关系，更快、更准确地定位并排查故障。培养学生困难面前迎难而上的勇气，坚定克服困难、战胜挑战的信心，以顽强的意志提升自我，实现既定目标。

【任务评价】

任务点	考核点		
	初级	中级	高级
故障分析与处理概述	（1）熟悉 5G 基站的告警处理流程及告警定位方法 （2）了解 AAU、RRU 的编号规则	（1）熟悉 5G 基站的告警处理流程及告警定位方法 （2）熟悉 AAU、RRU 编号规则	（1）掌握 5G 基站告警的处理流程及告警定位方法 （2）掌握 AAU、RRU 的编号规则
硬件类故障、IP 传输类故障、应用层故障、时钟同步故障、小区故障分析与处理	（1）熟悉硬件类告警、时钟类告警、小区退服类告警原理及解决方案 （2）了解传输类告警原理及处理思路	（1）掌握硬件类告警、时钟类告警、小区退服类告警原理及解决方案 （2）熟悉传输类告警原理及处理思路	（1）熟悉硬件类告警、时钟类告警、小区退服类告警原理及解决方案 （2）掌握传输类告警原理及处理思路

【任务小结】

1．掌握 5G 基站告警的处理流程及告警定位方法。
2．掌握硬件类告警、时钟类告警、小区退服类告警原理及解决方案。
3．了解传输类告警原理及处理思路。

【自我评测】

（文档）
参考答案

1．BBU 3 号槽位的第一个光口对应的 RRU 编号为（　　）。

A．60　　B．80　　C．90　　D．120

2．GPS 时钟主要由哪些部件组成？（　　）（多选）

A．GPS 天线　　B．馈线　　C．避雷器　　D．时钟线

E．网线

3．以下哪个方法不属于单板故障类的处理思路？（　　）

A．重启　　B．插拔　　C．申请 License　　D．倒换

E．更换

4．绘制 BBU 与 GPS 天线的实物连线图，描述 GPS 类故障的处理思路。

5．描述光路类故障的处理思路。

项目七

5G 网络的应用场景与典型案例

（视频）与华为工程师面对面-3

项目简介

人类对通信需求的不断提升和通信技术的突破创新推动着移动通信系统的快速演进。5G 不再只是从 2G 到 3G 再到 4G 的网络传输速率的提升，而是将人与人之间的通信扩展到人、网、物三个维度的万物互联，打造全移动、全连接的数字化社会。

随着通信从 1G 到 5G 的发展，3G 应用向 4G 应用的转变是手机应用向产业应用转变的过程。随着 4G 网络建设的不断推进，4G 网络出现远程医疗、车联网等更多的应用场景。2019 年 6 月份，5G 正式商用，到目前为止，我国建设的 5G 基站数已经达到了百万级，在全球 5G 的网络建设中也是最大的一张商用 5G 网络，大概占到全球 5G 基站总量的 70%左右。目前基本上可以实现所有地级市的 5G 覆盖，而且 2021 年下半年开始移动公司 700MHz 频段的网络建设、电联 2.1GHz 的建设，目前我国的绝大部分农村地区也有了 5G 信号。

（图片）移动通信发展史

移动通信每十年出现新一代技术，通过关键技术的引入，实现频谱效率和容量的成倍提升，推动新的业务类型不断涌现。

1. 1G：第一代移动通信技术

第一代移动通信技术诞生于 20 世纪 40 年代，最初是美国底特律警察使用的车载无线电系统，主要采用大区制模拟技术。1987 年 11 月，中国电信开始运营模拟移动电话业务（TACS 制式），2001 年 12 月底中国移动关闭模拟移动通信网，1G 系统基于模拟通信技术传输，具有频谱利用率低、系统安全保密性差、数据承载业务难以开展、设备成本高、体积大、费用高等缺陷，最关键的问题是系统容量低，不能满足日益增长的用户需求，为了解决这些缺陷，第二代移动通信技术应运而生。

2. 2G：第二代移动通信技术

20 世纪 80 年代中期，欧洲首先推出全球移动通信系统（Global System for Mobile communications，GSM）。2G 还包括 IS-95 CDMA、DAMPS、PDCS。GSM 体制开放、技术成熟、应用最广泛。IS-95 CDMA 是北美地区的数字蜂窝标准，2G 系统的主要业务是话音，主要特性是提供数字化的话音业务及低速数据业务，克服了模拟移动通信系统的弱点，话音质量、保密性能得到较大的提高，并可进行省内、省际自动漫游。它的缺点是制式、标准不统一，难以进行全球漫游，2G 业务带宽有限，无法实现高速率的数据业务，如移动多媒体业务，因此推出了第三代移动通信技术。

3．3G：第三代移动通信技术

3G 又被国际电信联盟（International Telecommunication Union，ITU）称为 IMT-2000，指工作在 2000MHz 频段上的国际移动通信系统，IMT-2000 的标准化工作开始于 1985 年，在 2000 年左右开始商用，3G 系统最初有三种主流标准：欧洲各国和日本提出的宽带码分多址（Wideband Code Division Multiple Access，WCDMA）、美国提出的码分多址接入 2000（Code Division Multiple Access 2000，CDMA 2000）、中国提出的时分同步码分多址接入（Time Division-Synchronous Code Division Multiple Access，TD-SCDMA）。在多址和网络技术方面，3G 采用 CDMA 和分组交换技术，而不是 2G 系统常用的 TDMA 和电路交换技术；在业务和性能方面，3G 提供了除话音以外的高质量的多媒体业务，如可变速率数据、移动视频和高清晰图像等，实现多种信息一体化，从而能够提供快捷、方便的无线应用。3G 的优点为低成本、优质服务质量、高保密性及良好的安全性能等。但 3G 有 WCDMA、CDMA2000 和 TD-SCDMA 三大分支，三种制式之间存在相互兼容的问题，频谱利用率较低，不能充分利用宝贵的频谱资源，速率不高。这些不足远远不能适应未来移动通信发展的需要，为此推出了第四代移动通信技术。

4．4G：第四代移动通信技术

2000 年，确定 3G 国际标准之后，ITU 就启动了第四代移动通信的相关工作。2008 年，ITU 开始公开征集 4G 标准，有三种方案成为 4G 标准的备选方案：3GPP 的长期演进（Long Term Evolution，LTE）、3GPP2 的超移动宽带（Ultra Mobile Broadband，UMB）、电气和电子工程师协会（Institute of Electrical and Electronics Engineers，IEEE）的 WiMAX（IEEE 802.16m）。LTE 最被看好，3GPP 从 R8 开始进行 LTE 标准化的制定，后续在特性上进行增强和增补。

LTE 并不是真正意义上的 4G 技术，而是 3G 向 4G 技术发展过程中的一种过渡技术，也被称为 3.9G 的全球化标准。4G 的优点为采用 OFDM 和 MIMO 等关键技术，改进并且增强了传统无线空中接入技术。这些技术的运用使得 LTE 的峰值速率相比 3G 有很大的提高。LTE 技术改善了小区边缘位置用户的性能，提高了小区容量值，降低了系统的延迟，降低了网络成本。2012 年，正式确立 IMT-Advanced（也称 4G）国际标准，包括 TD-LTE（时分双工）和 LTE FDD（频分双工）两种制式。我国引领了 TD-LTE 的发展，TD-LTE 继承和拓展了 TD-SCDMA 在智能天线、系统设计等方面的关键技术和自主知识产权，系统能力与 LTE FDD 相当。但是在 4G 时代，4G 已经无法满足很多业务，为此推出了第五代移动通信技术。

5．5G：第五代移动通信技术

2015 年 10 月 26 日，在瑞士日内瓦召开的无线电通信全会上，国际电联无线电通信部门（ITU-R）正式批准了三项有利于推进未来 5G 研究进程的决议，并正式确定了 5G 的法定名称是 IMT-2020，相较于 4G，5G 网络将提供 20 倍的小区容量，更优的用户体验，1/10 的空口时延，5G 与 4G 的对比如图 7-1 所示。

（PPT）5G 愿景及关键性能

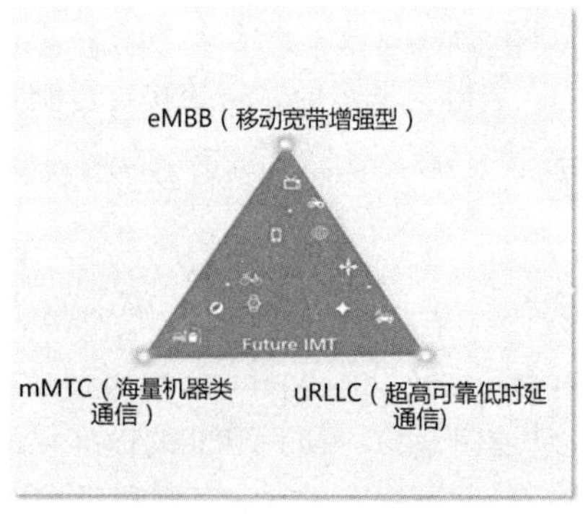

（a）ITU 对 IMT2020 愿景的描述

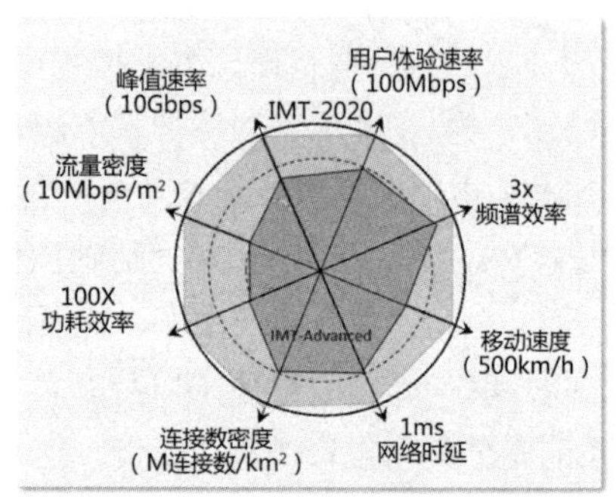

（b）IMT-2020 与 IMT-Advanced 在关键性能指标上的对比

图 7-1 5G 与 4G 的对比

5G 的主要优点如下。

第一，全新应用。5G 网络的普及将使得虚拟现实（VR）和增强现实（AR）这些技术成为主流。其中，AR 可以将出行方向、产品价格或者对方姓名等信息投射在用户视野中，如投射在汽车的前挡风玻璃上。VR 则可以在用户视野内创造一个完全虚拟的场景，而无论是 VR 还是 AR，都对数据获取速度有着极高的要求。

第二，即时满足。4G 网络下的最快下载速度大约是 150Mbps，但 5G 网络的最快下载速度则达到了 10Gbps。换句话说，我们仅需 4s 就可以下载完电影《银河护卫队》的视频，而 4G 网络则需要 6min。

第三，瞬时响应。除了可以在单位时间内传输更多数据以外，5G 还可以大幅缩短数据传输前的等待时间。

5G 应用场景由单一领域创新向跨领域协同创新转变，由面向个人服务向面向各行各业服务转变，5G 应用不再只是手机，它将面向未来 VR、AR、智慧城市、智慧农业、工业互联网、车联网、无人驾驶、智能家居、智慧医疗、无人机、应急安全等。5G 超高速上网和万物互联将产生呈指数级增加的海量数据，这些数据需要云存储和云计算，并通过大数据分析和人工智能产出价值。

在 5G 应用的成熟阶段，行业的关注点将转向低时延、高可靠的网络特性，智能网联汽车、智能制造和产业园区等高价值应用预计将于 2022 年进入市场，助力运营商开放网络能力，打造差异化的网络优势，推动移动通信行业与其他垂直行业合作探索新领域。

要想随时随地体验 4K/8K 超高清视频、VR、AR 等新业务，必须解决实现 Gbps 以上的无线传输速率、ms 级的网络传输时延。目前，5G 网络在高带宽、低时延方面已经达到或部分超越了新业务对于实时传输速率的要求，未来在任何一个有 5G 网络覆盖的场所，可以不受地域限制地享受移动宽带业务带来的极致体验，5G 与 4G 的关键性能对比如图 7-2 所示。

图 7-2　5G 与 4G 的关键性能对比

任务一：5G 网络的应用场景

【任务目标】

知识目标	（1）掌握 eMBB 的关键性能指标及技术特点 （2）掌握 uRLLC 的关键性能指标及技术特点 （3）掌握 mMTC 的关键性能指标及技术特点
技能目标	（1）识别生活中 5G 的业务场景 （2）分析 5G 三大应用场景的关键性能指标
素质目标	（1）讲述我国通信技术，特别是移动通信技术 1G 2G 落后、3G 4G 追赶，5G 领先的发展过程，激发学生的积极性，提高民族自豪感，树立科技强国的精神 （2）通过了解 5G 网络应用场景，培养学生探索和求证的科学精神
重点难点	重点：5G 的三大应用场景 难点：三大应用场景的关键性能指标及技术特点
学习方法	自主学习法、探究学习法、合作学习法

【情境导入】

5G 网络下更快的用户体验速率、更大的连接数密度和更低的时延是其区别于 4G 的三大特性，而 5G 网络的提升让无线通信不再局限于手机通信和网络连接，手机成为 5G 应用场景中很小的一部分。5G 的三大应用场景如图 7-3 所示。

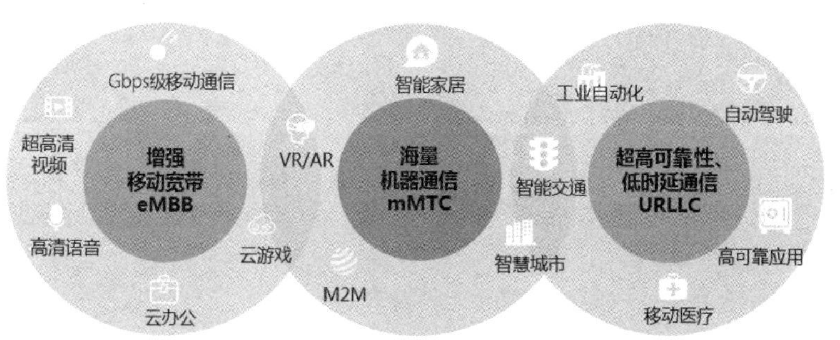

图 7-3　5G 的三大应用场景

（图片）5G 三大业务场景

三大应用场景分别对应不同的实际应用。eMBB 针对的大流量应用场景有 3D 或 4K 等格式的超高清视频传输、高清语音（或多人高清语音或视频）、更先进的云服务、AR、VR 等；mMTC 对应的应用场景主要是物联网目前涵盖的范围，包括智能家居、智能交通、智慧城市等；uRLLC 场景对应的特殊应用场景包括工业自动化、自动驾驶、移动医疗等，5G 业务领域如图 7-4 所示。

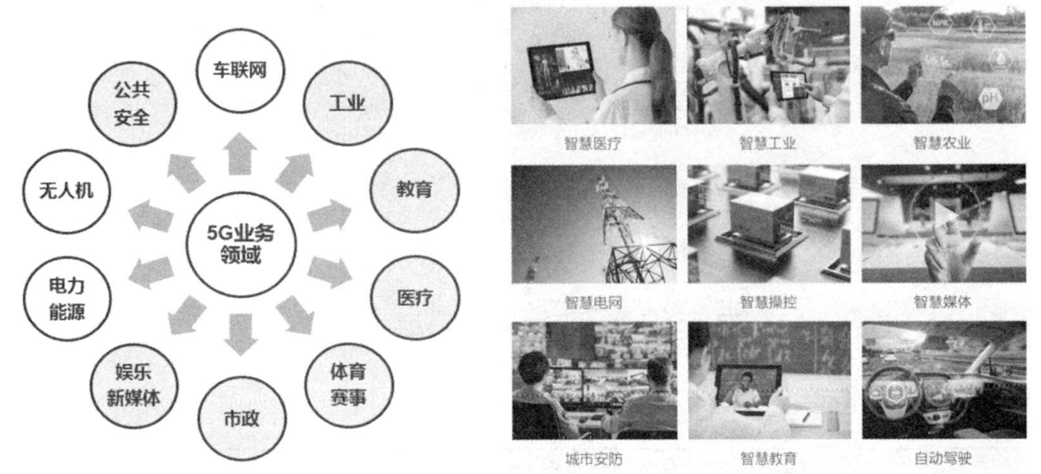

图 7-4 5G 业务领域

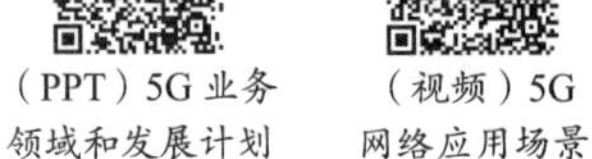

（PPT）5G 业务领域和发展计划

（视频）5G 网络应用场景

【任务资讯】

7.1.1 eMBB 的应用

eMBB 为移动宽带增强，主要应用场景包括高清视频、VR、AR、3D 全息等，这些应用对网络的共同需求是高带宽。

1. VR

（PPT）eMBB 应用

VR 是纯虚拟的，与现实环境无关。AR 将虚拟与现实结合，即时互动，理解人，理解环境，产生内容和互动，混合现实 MR，对带宽需求都很高，LTE 无法满足，VR 和 AR 如图 7-5 所示。

（a） （b）

图 7-5 VR 和 AR

VR、AR、MR 的区别如图 7-6 所示。

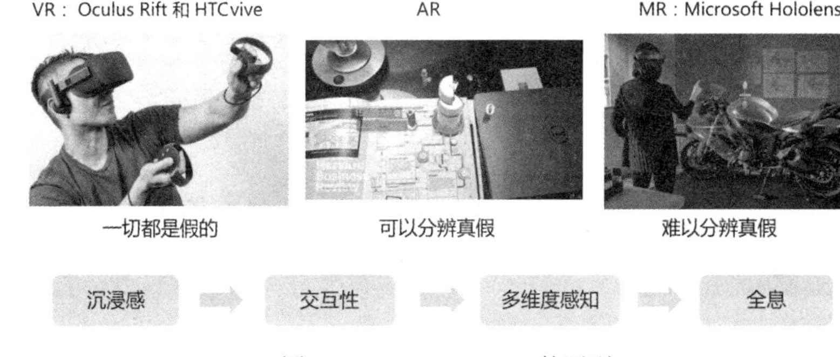

图 7-6 VR、AR、MR 的区别

5G 能实现 VR、AR、高清视频等业务，因为良好的 VR 至少需要 100Mbps 的传输带宽，而 4G 的最高网速仅为 100Mbps，VR 视频带宽需求对比如表 7-1 所示。

表 7-1 VR 视频带宽需求对比

全景视频分辨率	2880 像素×1440 像素（2D）	8000 像素×2000 像素（3D）	16000 像素×4000 像素（3D）	32000 像素×8000 像素（3D）
屏幕分辨率	1080p	2K	4K	16K
	1920 像素×1080 像素	2556 像素×1440 像素	3840 像素×2160 像素	15 360 像素×8640 像素
帧率	24 fps	30 fps	60 fps	120 fps
编码格式	H.265	H.265	H.265	H.266
和压缩比例	1∶120	1∶80	1∶40	
视频格式	YUV4∶2∶0 8 位色	YUV4∶2∶0 8 位色	YUV4∶2∶0 10 位色	YUV4∶2∶0 10 位色
带宽需求	12Mbps(Live) 15Mbps(VoD)	90Mbps(Live) 100Mbps(VoD)	1.8Gbps(Live) 2Gbps(VoD)	14.4Gbps(Live) 16Gbps(VoD)

5G 由于采用了新的空口技术，空口频谱利用率更高，载波带宽更大，理论峰值速率达到 10Gbps，是 4G 的 100 倍，5G 和 4G 的关键指标如表 7-2 所示。5G 的吞吐量有了极大的提升，所以 4K/8K 超高清视频、VR、AR 等高带宽业务就有了网络支撑。

表 7-2 5G 和 4G 的关键指标

关键指标	5G	4G
峰值速率	10Gbps~20Gbps	100Mbps~150Mbps
用户体验速率	100 Mbps~1000 Mbps	50 Mbps
网络时延	1 ms	50 ms
移动速度	500 km/h	350 km/h
流量密度	10T bps/km^2	—
连接密度	1000000/km^2	—

2. 3D 全息

现在的视频电话是 2D 的，未来可以使用 3D 全息，将电话对象投影到面前，就像站在我们面前一样。3D 全息如图 7-7 所示，影片《蜘蛛侠：英雄远征》中的反派神秘客将全息投影搭载在无人机上，利用无人机的机动性，快速地改变摄像头的角度，实现多场景、多视角的变幻效果。

图 7-7 3D 全息

eMBB 业务对于网络的诉求主要是带宽的提升，除此以外，eMBB 业务也关注峰值速率、移动速度、功耗效率、频谱效率，eMBB 的关键性能指标如图 7-8 所示。

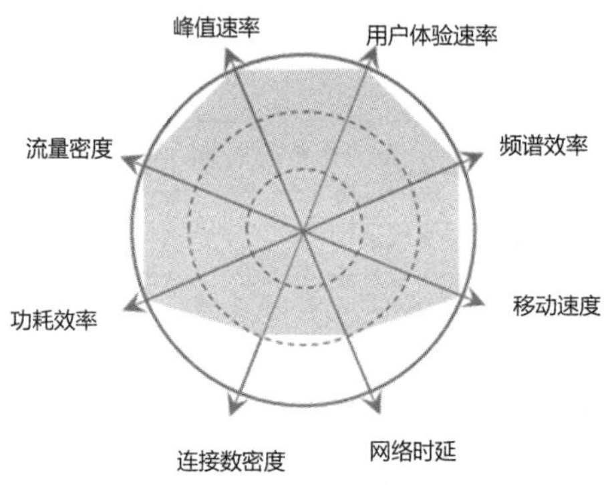

图 7-8 eMBB 的关键性能指标

eMBB 是 4G 时代移动宽带的延续，是运营商当前最主要的商业场景。作为最早实现商用的 5G 场景，eMBB 的应用前景最为清晰，eMBB 为 5G 发展的第一阶段（见图 7-9），它将满足用户对高数据速率、高移动速度的业务需求。同时，运营商也将打破 4G 时代的业务场景、终端模式的边界，引入如 4K 或 8K 超高清视频、VR、AR、云服务等新业务，广泛应用于融合传媒、智慧教育、智慧旅游和智能安防等领域，成为 5G 的基础业务应用。5G 应用的初期将主要延续 4G 的业务发展路线，提升下载速度和扩大系统容量，目前最先推出增强型移动宽带服务，如融合传媒、智慧教育、智能安防等应用，催生更大数据流量的使用，进一步促进高清视频、VR、AR 等业务的发展。

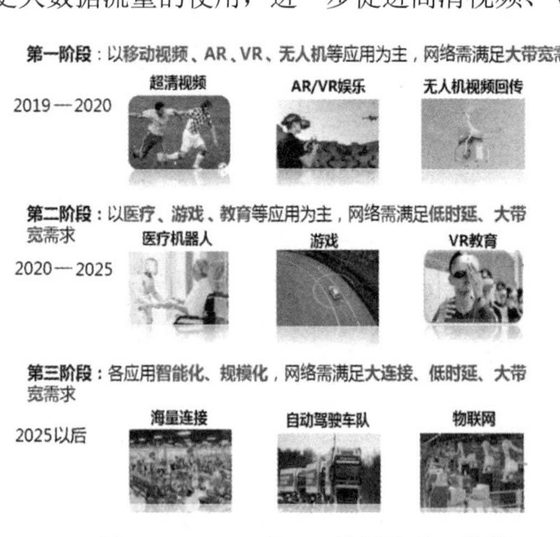

图 7-9 eMBB 为 5G 发展的第一阶段

eMBB 场景的各业务指标要求如表 7-3 所示。

表 7-3　eMBB 场景的各业务指标要求

业务类型	对网络指标的要求	网络
4K 高清视频业务	单个用户体验速率至少需要 30~120Mbps	4G
8K 高清视频业务	单个用户下行体验速率至少需要 1Gbps，单小区的吞吐量则要达到 10Gbps 以上	5G
VR 业务	典型：实时速率为 40Mbps，时延＜40ms，时延太大会导致眩晕 挑战：实时速率为 100Mbps，时延＜20ms 极致：实时速率为 1000Mbps，时延＜2ms	5G
AR 业务	典型：实时速率为 20Mbps，时延＜100ms 挑战：实时速率为 40Mbps，时延＜50ms 极致：实时速率为 200Mbps，时延＜5ms	5G
高清回传	单个用户上行回传速率为 50Mbps~120Mbps，端到端时延控制在 40ms 以内	4G/5G
无人机视频监控	单个用户上行回传速率为 50Mbps~120Mbps，端到端时延控制在 20ms 以内，无人机覆盖范围为 150~500m，定位精度为 1m	5G

7.1.2　uRLLC 的应用

uRLLC 对于网络的诉求主要是时延的降低、可靠性的增强，部分 uRLLC 业务（如自动驾驶、无人机、远程医疗等）对移动速度同样有较高的要求，uRLLC 的关键性能指标如图 7-10 所示。

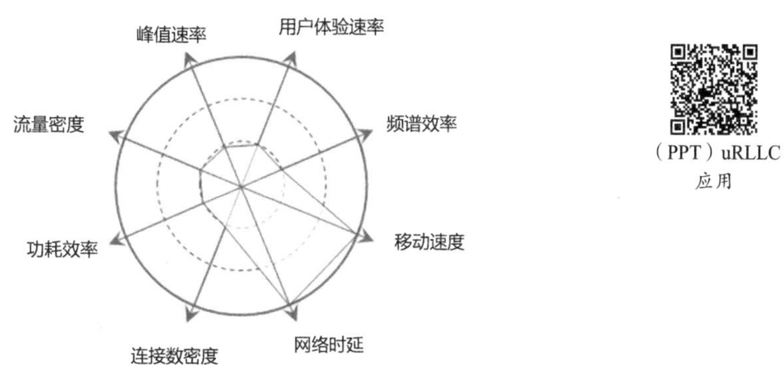

图 7-10　uRLLC 的关键性能指标

假如一辆车以 120km/h 的速度前行，3G、4G、5G 的网络时延分别为 100ms、50ms、1ms，那么它们的制动距离分别为 333cm、167cm、3.3cm。很明显，3G、4G 的自助驾驶是不够安全的。

在 4G 网络下，观看视频前等待数秒并不是太大的问题，但如果在自动驾驶时遇到数据延迟就完全不能接受了。具体来说，就目前 4G 网络而言，该网络通常需要 15ms～25ms 的时间将数据传输给可能发生碰撞的车辆，车辆才会开始紧急制动。但在未来的 5G 网络下，这一数据的传输时间仅为 1ms，5G 关键业务的时延要求如表 7-4 所示。

表 7-4　5G 关键业务的时延要求

5G 典型业务	带宽边缘速率	时延要求	业务场景
Cloud VR 720p	20Mbps	50ms	用于娱乐、教育、营销、医疗、旅游、房产、工程、社交、购物等
Cloud VR 1K	50Mbps	20ms	
Cloud VR 2K	150Mbps	10ms	

续表

5G 典型业务	带宽边缘速率	时延要求	业务场景
AR	150Mbps	5ms	用于家庭、医疗、工业、社交、体育、游戏等
4K 2D	25Mbps	20ms	用于教育、娱乐、社交、安全、医疗等
4K 3D	50Mbps	20ms	
8K 2D	100Mbps	20ms	
8K 3D	200Mbps	20ms	
移动宽带接入	300Mbps	20ms	用于远程直播，如比赛，晚会，发布会等
车联网	N×10Mbps	5ms	用于车辆远程诊断、远程控制等
工业控制	10Mbps	1ms	用于生产流水线控制.电力系统控制等

7.1.3 mMTC 的应用

mMTC 海量机器类通信，该业务的特点是连接设备数量庞大，这些设备通常传输相对少量的非延迟敏感数据。需要降低设备成本，并大幅延长电池续航时间，mMTC 的关键性能指标如图 7-11 所示。

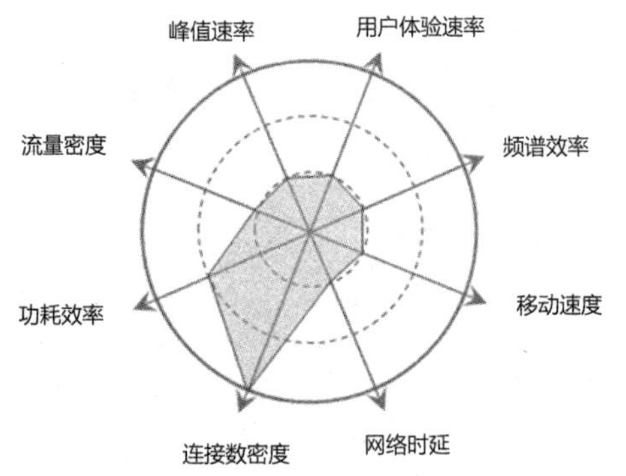

（PPT）mMTC 应用

图 7-11 mMTC 的关键性能指标

mMTC 业务对于网络的诉求主要是连接能力要增强，除此以外，部分 mMTC 业务对网络功耗效率要求很高，如智能抄水表、智能抄燃气表、智慧农业中的智能传感器，这些终端需要和网络交互信号，那么就需要对终端供电，在水表或燃气表上连接一根电源线显然是不合适的，目前行业的通用做法是通过电池供电，要让一节电池工作更长的时间就需要增强网络功耗效率。5G 的连接数密度是 4G 的 100 倍如图 7-12 所示。

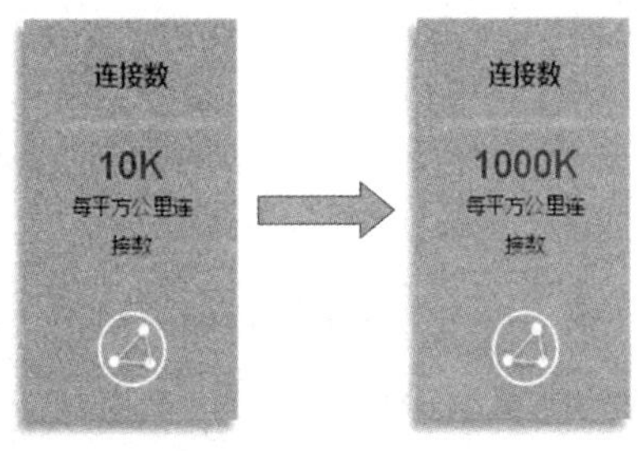

图 7-12 5G 连接数密度是 4G 的 100 倍

未来的交通信号灯、路灯、摄像头、甚至商场停车位都是联网的，城市路灯可以根据周围的亮度自动打开和关闭，mMTC 在生活中的应用如图 7-13 所示。

智能水表

智能电表

智能井盖和共享单车

图 7-13　mMTC 在生活中的应用

【任务实施】

1．观看课前预习视频，每位学生提出关于三大应用场景的生活实例的问题，学校教师和企业工程师线上点评，加强线上互动。

2．查阅资料，了解 5G 网络应用场景，分组展示资料收集成果。

3．随着科技创新，中国在 5G 领域的优势越来越明显。通过讲解华为 5G 在国际上影响力，激发学生的学习积极性，提高民族自豪感，培养科技强国的精神，实现课程育人目标。

【任务评价】

任务点	考核点		
	初级	中级	高级
5G 网络应用场景	（1）掌握 5G 的三大应用场景含义及特点 （2）了解 1G 至 5G 的发展历程 （3）了解 5G 的三大应用场景关键性能指标及技术特点	（1）掌握 5G 的三大应用场景含义及特点 （2）掌握 1G 至 5G 的发展历程 （3）掌握 5G 的三大应用场景关键性能指标及技术特点	（1）掌握 5G 三大应用场景的含义及特点 （2）掌握 1G 至 5G 的发展历程 （3）掌握 5G 三大应用场景的关键性能指标及技术特点、应用方向

【任务小结】

本任务介绍了通信技术从 1G 至 5G 的发展历程及 5G 出现的时代背景，5G 三应用场景，eMBB、uRLLC、mMTC 含义、特点、关键性能技术特点、应用方向，有助于联系实际，深刻理解 5G 新技术带来的生活方式的改变。

（文档）
参考答案

【自我评测】

1. ITU 定义的 5G 小区峰值速率是（　　）。

A．1Gbps　　B．10Gbps　　C．50Gbps　　D．100Gbps

2. ITU 定义的 5G 最小时延是（　　）。

A．0.1ms　　B．1ms　　C．5ms　　D．10ms

3. ITU 定义的 5G 每平方千米的最大连接数为（　　）。

A．1 万　　B．10 万　　C．100 万　　D．1000 万

4. 以下哪些属于 eMBB 业务？（　　）（多选）

A．高清视频　　B．AR　　C．VR　　D．自动驾驶

5. 以下哪个属于 URLLC 业务？（　　）

A．高清视频　　B．AR　　C．VR　　D．自动驾驶

6. 以下哪些属于 mMTC 业务？（　　）（多选）

A．远程抄表　　B．智能监控　　C．自动驾驶　　D．高清视频

任务二：5G 网络的典型案例

（视频）5G 网络
行业应用案例

【任务目标】

知识目标	（1）掌握 VR、Cloud VR 的技术原理及应用场景 （2）掌握智能制造的技术原理及应用场景
技能目标	列举至少 10 个生活中的 VR 和智能制造的应用场景
素质目标	（1）了解中国芯片的发展情况，了解新中国建设过程中的困难和科技发展，激发学生的民族自豪感和爱国热情，提升学习的自觉性和主动性 （2）通过自主查阅资料，了解我国在 5G 网络行业应用案例，培养学生科学的辩证思维，能够运用专业知识进行思考和判断
重难点	重点：掌握 5G 网络的行业应用 难点：掌握 5G 网络行业应用的技术特点和原理
学习方法	自主查阅、类比学习、自主学习

【情境导入】

在医疗行业中，5G 网络与目前的诊断系统结合可以产生一个新的应用：5G 远程诊断，利用了 5G 网络的高带宽和低时延技术为医生提供实时数据信息，从而解决了患者看病难、治病难的问题，实现了专家资源的共享。医院也可以在远程诊断的过程中实现 VR 教学、知识共享，降低了成本。

在交通行业中，借助 5G 网络的低时延特点，通过将各种探头与 5G 网络连接，可以实现车辆的自动驾驶和远程驾驶，最大程度地避免因疲劳驾驶导致的交通事故。通过 5G 室内网络，可以实现米级精度的室内定位，能够为机场、车站等场景提供客流统计、热力图等服务，辅助安保和运营管理。5G 室内网络也可以为普通旅客提供室内导航、室内自动接驳服务，提升出行体验。

在媒体行业中，将 5G 的网络与摄像机结合，实现 5G 实时转播，如在新年晚会上，电视台通过 5G 实现现场直播，让活动场地更加灵活、极大地降低了传统卫星带宽租赁和传输建设成本；在体育赛事直播中，使用 5G 实现摄像机的视频回传，减少“线”的束缚，让机位布放更加灵活。

在地产行业中，将现有的智慧楼宇系统与 5G 网络相结合，通过 5G 网络承载原来通过固定网络连接的视频监控设备和感应器件，实现更加灵活的部署、扩容和调整。同时，也可以将 5G 网络与智能机器人结合，基于 5G 网络的位置服务功能，实现立体的智慧楼宇服务。对智慧楼宇而言，5G 将成为与水、电、气同等重要的物业基础设施之一，成为智慧城市演进的核心。

【任务资讯】

（PPT）Cloud VR

7.2.1　Cloud VR

1. VR 概述

VR 又称为虚拟现实，通过相关设备遮挡用户的现实视线，将用户带入一个独立且全新的虚拟空间，为用户提供代入感更强的体验。随着 5G 的商用，到 2021 年，中国 VR 市场经济规模将达到近 300 亿元，主要应用于 VR 直播、影视及 VR 游戏业务场景。2016—2021 年我国 VR 的消费规模如图 7-14 所示。

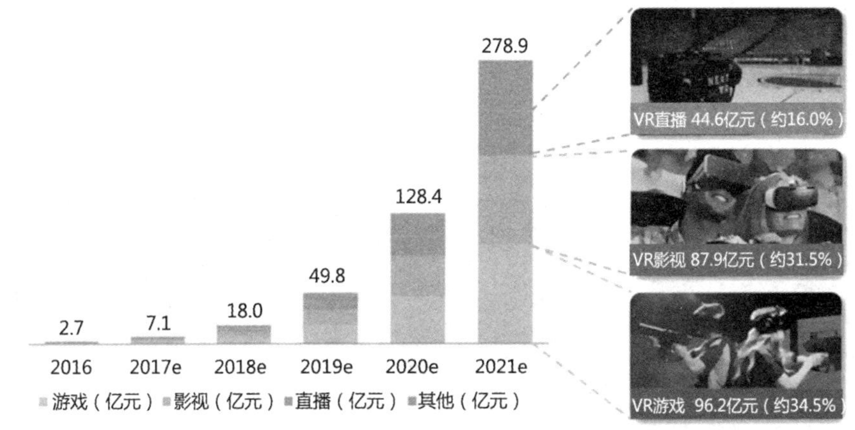

图 7-14　2016—2021 年我国 VR 的消费规模

VR 业务的技术先将图片经过服务器渲染，再通过网络传递到 VR 终端。传统 VR 主要通过本地专用服务器对图片渲染，并通过有线网络传递给终端，而 Cloud VR 和传统 VR 最大的差异是由云端服务器来处理 Cloud VR 的图像渲染，传统 VR 和 Cloud VR 如图 7-15～图 7-17 所示。

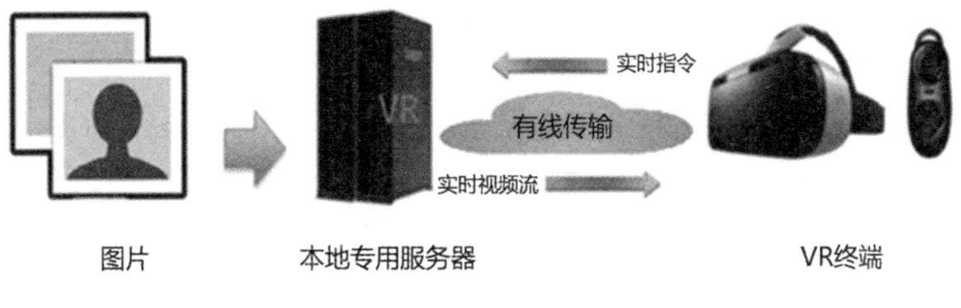

图 7-15　传统 VR

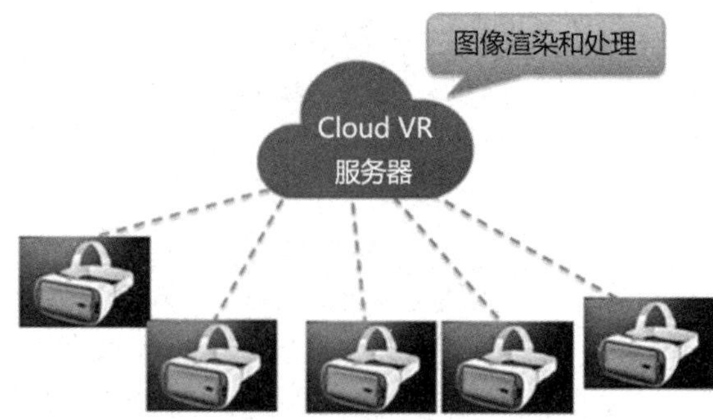

图 7-16 Cloud VR

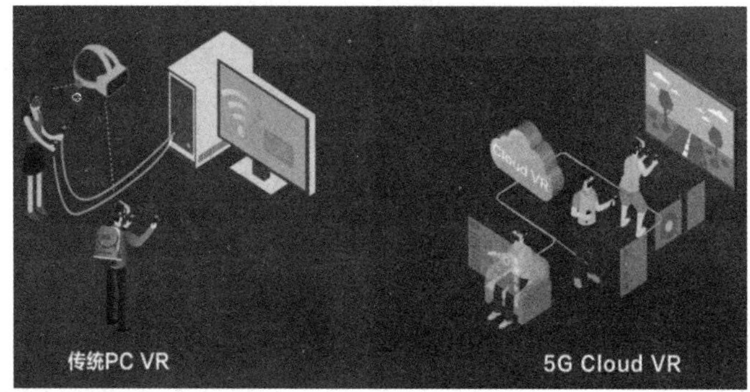

图 7-17 传统 VR 和 Cloud VR

VR 演进如图 7-18 所示。

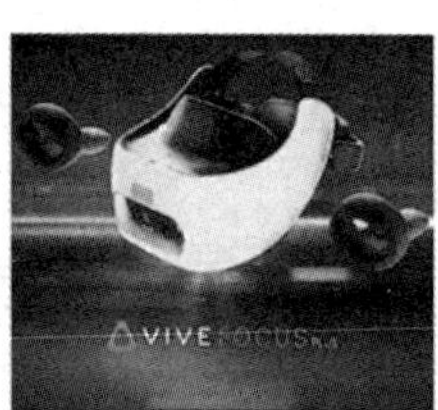

	手机+显示盒	本地内容+胖终端	Cloud VR+瘦终端
用户体验	直接放入手机，方便但效果差，容易头晕	有绳，行动不便；PC VR头显笨重，佩戴不方便	云渲染降低了对终端的要求。头显实现无绳化，便于更多类型的终端接入
用户成本	很低，甚至9.9元包邮	PC+PC VR头显的总费用高达1万元以上	通过业务运行环境云化、一体机播放解码等方案，有效降低终端成本，一体机终端售价可降低到2000元以内
内容版权	离线内容管控难度大，无版权保障	离线内容管控难度大，无版权保障	内容管控容易，有版权保障
商业前景	已经退出主流市场	单用户消费成本高，内容缺乏，推广难	用户成本低，容易进入千家万户，促进生态繁荣

图 7-18 VR 演进

Cloud VR 需要 5G 网络支持，考虑到未来 VR 的使用场景无处不在，Cloud VR 实现了终端的无线化，并通过云端服务器完成图像渲染，极大地降低了终端成本，并提升了用户体验。Cloud VR 对移动网络提出了更高的要求，如入门级的体验需要 100Mbps 的带宽和 10ms 的时延，而极致的体验则需要 9.4Gbps 的带宽和 2ms 的低时延，只有 5G 网络才能满足 VR 极致体验的诉求，5G 与 Cloud VR 如图 7-19 所示。

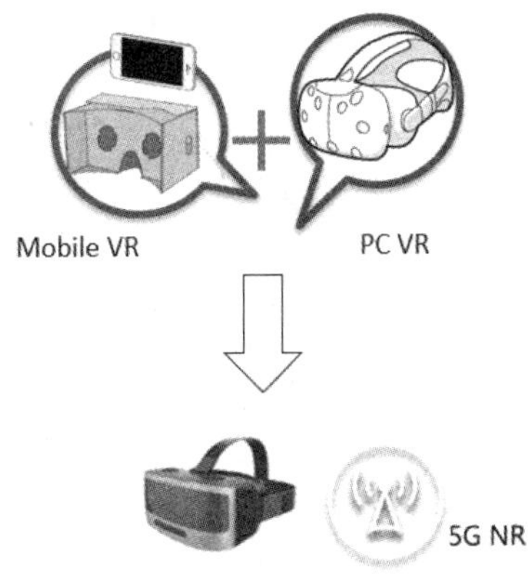

图 7-19　5G 与 Cloud VR

2．VR+游戏

与传统游戏相比，VR 游戏会带来强烈的临场感，玩家将不被局限于平面，而是身临其境地体验游戏场景。此外，AR、VR 游戏通过体感操作，实现玩家与游戏角色的感官同步，这种同步远超于遥控所带来的乐趣。目前，制约 VR 游戏发展的因素主要包括设备使用时的眩晕感、硬件性能及游戏内容的匮乏。5G 将会带来更高的网络传输速率、更低的延时及更大的宽带，云计算技术把复杂的渲染程序通过 5G 网络传输到云端服务器中进行实时处理，有望提升 VR 的游戏体验。VR+游戏如图 7-20 所示。

（PPT）VR

（a）Ooredoo 展出首款 5G“飞的”，并提供 VR 模拟飞行体验

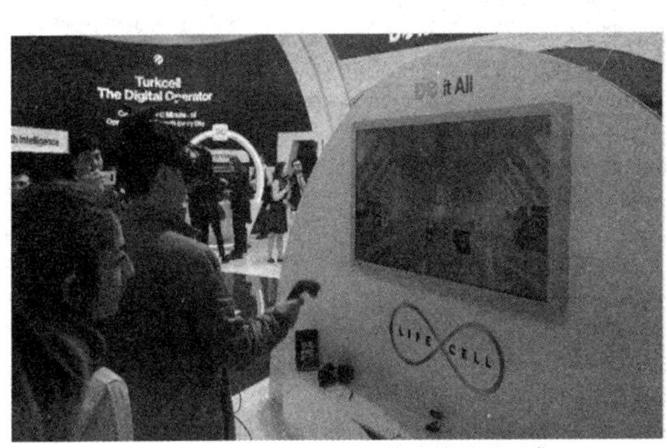

（b）Turkcell Cloud VR 游戏体验者云集

（c）STC VR 太空舱受到追捧，排起长龙

图 7-20　VR+游戏

（d）头号玩家中的 VR 游戏未来有望实现

图 7-20 VR+游戏（续）

VR、AR 不仅仅是娱乐，也在改变着传统商业和教育。

3. VR+体育

VR 赛事直播赋予了观众身临其境的感受，AR 实景化增强了观众带入感与比赛信息化。VR 技术在体育产业的一个亮点是在比赛直播领域赋予用户高度沉浸的参与感，VR+体育如图 7-21 所示。而 AR 技术可以让观众对比赛过程和球员数据等信息掌握得更加透彻，如在 NBA 比赛中各球员的跑位、命中率情况、战术布置，在赛车比赛中长赛道情况下各选手车辆的实时情况等。在体育训练与教学中，VR 技术根据教学计划和训练者的需求，可实现更具针对性的个性化训练模式，提高训练效果和比赛成绩。同时，VR 技术在训练数据分析、比赛复盘等方面的应用可以有效地提高教练员的教学成果。

（a）通过 VR 眼镜观看足球比赛

（b）球迷通过 VR 设备沉浸式观看球赛

（c）AR 将比赛场地沙盘化

图 7-21 VR+体育

4．VR+智慧旅游

根据文化和旅游部公布的数据，2018 年我国国内旅游人数达到 55.39 亿人次，旅游总收入达到 5.97 万亿元。随着国内文化旅游产业的蓬勃发展，游客对旅游质量的要求越来越高，个性化需求也越来越多。面向游客的服务已进入到以人为本的新阶段。现如今，在游览前，游客可以预览目的地城市、酒店、景区，还可以通过 VR 获得更加丰富的景点信息。在游览过程中，游客可以随时享受各种便捷的服务，快速入园，如 VR 导览等业务为游客随时提供了贴身的服务。总之，5G 与智慧旅游的结合将带给游客超出预期的旅游体验和无处不在的旅游服务。

5G 移动网络可以搭建视觉导览平台，为游客提供集服务、互动、体验、娱乐于一体的旅游新体验。从游客入园前直至游客离开，景点可提供全方位的陪同式导游服务，以全新的游览、消费体验，提升导览效率。某些景点以 VR 技术为核心，整合边缘计算、大数据分析和定位等技术，深入挖掘当地人文、历史，让游客快速体验景区的文化沉淀，给游客带来沉浸式的游览感受。VR+智慧旅游如图 7-22 所示。

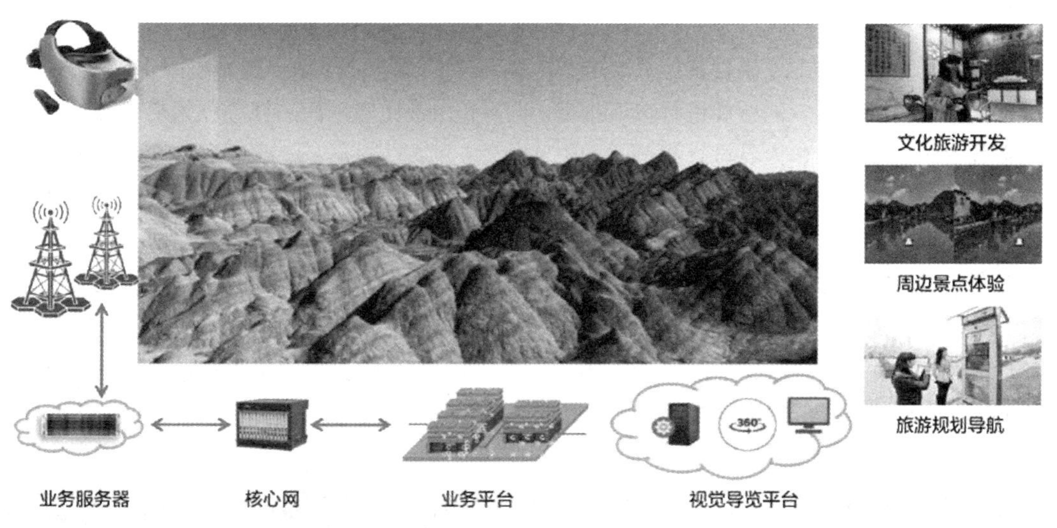

图 7-22 VR+智慧旅游

采用 5G、VR、AR 等技术为景区游客提供数字化旅游新体验将受到越来越多的关注。运营商不仅需要在景区进行网络覆盖，搭建视觉导览平台，还要与 VR、AR 硬件和内容提供方合作，共同为景区管理方提供全套旅游的解决方案，可采用功能服务、广告形式或采取门票分成的形式向景区收费。

5．VR+教育

传统授课模式的眼神互动缺失导致学生注意力难以集中，VR 环境下的眼神互动将带来一对一授课的体验，更进一步推动知识可视化，如图 7-23 所示。VR 技术最大的特征是身临其境的逼真度和随时随意的交互性。因此、VR 教学是实践性、创造性很强的教学活动，教学方式十分灵活。通过软件开发虚拟客观事物的状态、运动方式及过程，使得学生更容易摆脱枯燥的课本和计算机屏幕上冷冰冰的界面，处于可以由自己控制的环境里。在虚拟现实环境下，学生通过与虚拟环境的相互作用，借助本身对接触事物的感知和认知能力，更加方便和直观地记忆和理解知识点。

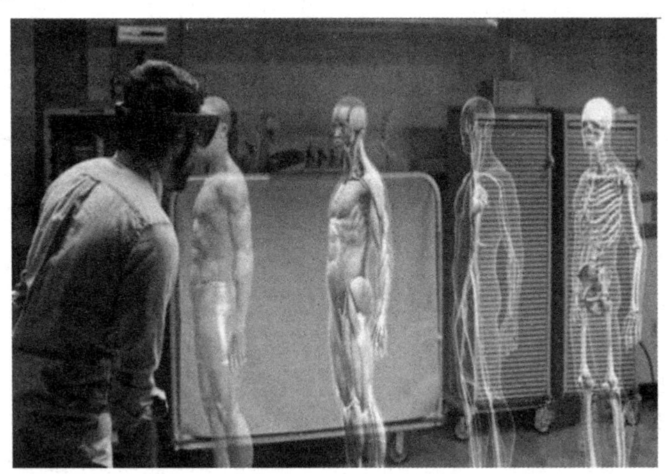

图 7-23 知识可视化

6. VR+直播

传统的赛事直播的卫星租赁费用高、专线成本高、施工周期长。由于摄影机固定机位的限制，摄影师无法对非固定区域的图像进行灵活拍摄。同时，由于比赛期间的视频原始文件非常大，需要在现场安排众多的工作人员进行视频的剪辑和处理，并通过固定专线或卫星链路将图像回传到电视台做进一步的处理和转发。在线缆铺设和系统建设的整个过程中，也需要大量的工作人员，赛事的制作成本极高。

5G 技术使户外超高清媒体直播成为可能，让带宽和速率变为面向媒体转播行业的商用价值。为每一台摄像机配置一个 5G CPE，摄影师可以根据需求灵活走位，将最佳的镜头呈现给观众。同时，利用 5G 高速率、大带宽、低时延的特性，可以将摄像机拍摄的画面实时传回到电视台制作中心，省去现场制作的处理工序，极大地降低了现场投入成本。演唱会和球赛都可以使用视频直播，VR+直播如图 7-24 所示。

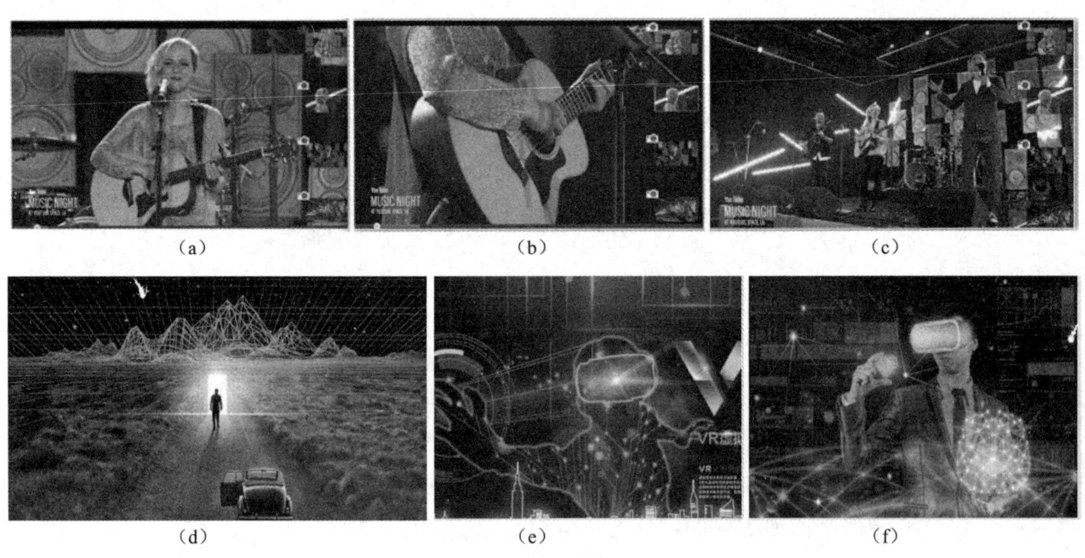

（a） （b） （c）

（d） （e） （f）

图 7-24 VR+直播

7.2.2 智能制造

（PPT）智能制造行业应用场景

在制造业加快迈入信息化时代的大背景下，数字化升级已然是大势所趋，而工业互联网对于工业制造业来说，是不可或缺的变革动能。2015 年，国务院印发《中国制造 2025》，这是我国实施制造强国战略第一个十年的行动纲领。2017 年，国务院发布了《国务院关于深化“互联网+先进制造业”发展工业互联网的指导意见》，为我国工业互联网的发展指明了方向，也是工业互联网发展的纲领性文件。2018 年，工业和信息化部正式发布了《工业互联网发展行动计划（2018－2020 年）》，为工业互联网的“三步走”制定了详细的路线图，并详细划分了目标、任务及落实主体。

随着国家宏观政策的支持和大力推进，中国制造业从设计、生产、流通到销售，正经历着数字化、网络化、智能化的变革，未来将会催生出庞大的市场。其中，网络是实现工业互联与数据智能化的基础。在智能制造的过程中，云平台和工厂生产设施的实时通信，海量传感器、人工智能平台的信息交互、人机界面的高效交互对通信网络提出了多样化的需求及极高的性能要求。目前传统的有线网络与 WiFi、蓝牙等无线技术都存在不同程度的局限性，如在时延、可靠性上性能不高，安全生产存在着较大的隐患，因此无法支持网络的需求。而 5G 在时延、吞吐量、覆盖范围和抗干扰性方面等都有了极大地改善，可为工业系统提供有效的解决方案，使工厂和生产线的网络建设、改造施工更加便捷，使得工厂模块化生产和柔性制造成为可能。随着产业政策逐渐落地，市场空间将有望加速，2020 年，工业互联网市场全球规模已达到 1.2 万亿元，其中我国工业互联网规模近 7000 亿元。工业互联传输手段对比如表 7-5 所示。

表 7-5 工业互联传输手段对比

连接类型	有线			无线连接			
	光纤	线缆	CAN	WiFi	ZigBee	4G	蓝牙
峰值速率	10Gbps	125Mbps	1Mbps	450Mbps	250Mbps	10Mbps	24Mbps
时延	<1ms	1ms~100ms	—	20ms~2000ms	—	10ms~100ms	—
优势	时延低，稳定性高，普遍应用于大型现代化工厂中			部署和维护成本较低，部署灵活，有助于提升场地利用率和柔性化生产能力			
劣势	铺设成本高，且有线网络使柔性化生产受限；除光纤外，其余连接方式的传输速率无法满足产业升级需求			传输速率较低，时延较高，无法满足工业领域的高速大容量数据传输要求			

针对制造行业，中国信科提出了“5G+智能制造”解决方案。在工业生产中，各种机器、设备组和设施通过传感器、嵌入式控制器和应用系统与网络连接，以流程自动化、生产智能化为核心，构建基于“云-管-端”的新型复杂体系架构。通过 5G 网络、工业大数据、移动边缘计算和人工智能等核心技术，整合装配信息、测试结果、操作人员信息、产品信息、工站信息、订单与工序信息等，实现车间现场数据采集、制造过程管理、质量 SPC 分析、设备/环境/能源监控、远程运维、仓储物料管理、产品溯源、批次跟踪、个性化定制、制造能力交易、库存管理、车辆物流资产管控等功能，实现制造过程的智能控制、运营优化，并实现生产组织方式的变革。

5G+智能制造的解决方案如图 7-25 所示。

通过引入 5G 技术，制造企业能够降低劳动力成本、减少物料库存、提高产品质量、提高生产效率、降低安全风险，也能够快速响应客户的个性化需求，减少产线调整的所需时间。

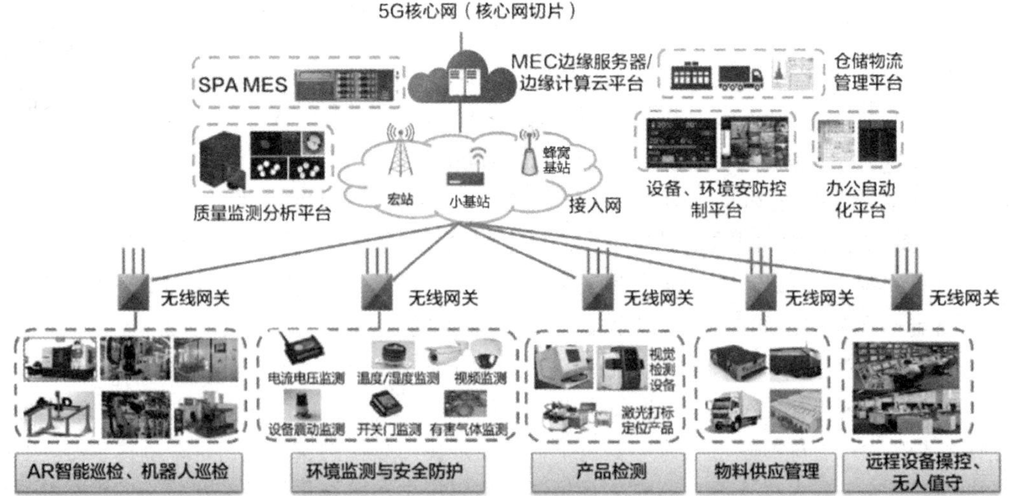

图 7-25 5G+智能制造的解决方案

1. 智能监控

机器人巡检：传统的机房巡检，机组出现预警、故障被动响应，人工巡检劳动力消耗大、工作效率低、存在巡检不到位的情况，可能无法及时发现产线及工厂内的问题，存在生产风险。在工厂内部署 5G 网络，通过智能巡检机器人及部署在边缘服务器或边缘云平台上的巡检分析系统，加载红外热成像仪、气体检测仪、高清摄像机等有关的设备检测装置，将高清视频实时回传给监控室。这种方式便于维护人员及时发现设备问题，可以提升巡检的质量和效率。

AR 智能巡检：在巡检过程中，巡检人员确认巡检点的每个巡检任务，佩戴智能 AR 眼镜识别需要巡检的设备对象，通过 5G 网络实时上传巡检信息至边缘云平台进行比对和判断，确定巡检设备的情况并给出判定结论。另外， AR 眼镜自带位置定位系统，通过巡检建模可以提前设定巡检线路、巡检内容、巡检人员信息、巡检类型、异常判定等信息。

环境监测与安全防护：通过部署在工厂内的高清摄像头，温度、湿度、电压、稳定性、粉尘、噪音、空气质量、有毒气体等环境监测传感器及部署在边缘计算云平台上的视频监控系统，完成工厂内环境及安全的实时监测及预警分析，为工厂提供恒定的生产环境，以及生产过程的安全保障。

能源管理：经过平台能耗的大数据分析，针对高能耗产线工序和设备制订顶层节能规划，并动态调整节能措施，进行局部节能的精细控制，从而提升生产效能，保证设备安全、稳定地运转，实现生产成本的精细管控。

智能监控如图 7-26 所示。

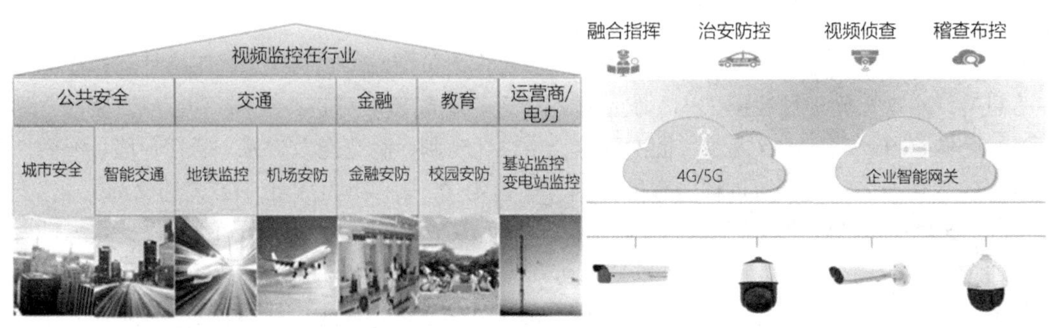

图 7-26 智能监控

2．工业视觉与自动化

产品检测：采用视频图像识别等方法对整体加工过程进行监控，通过 5G 网络回传视频和图像，在边缘计算云平台上进行 AI 算法辅助、大数据分析等技术，对关键制造工序、最终成品进行表面缺陷检测等相关质量检测，实现质检工序和质检数据的全覆盖，提高质检效率、产品质量，降低不良品比例，提高客户满意度，降低维护成本。同时，通过大数据分析可以实现产品报废率、不良率等指标可视化，对制造成本数据进行实时核算、分析及预警。

装配自动化：导入自动装配线系统，增加自动化设备协助关键工位，如视觉检测、自动锁螺丝机等；导入包装辅助装置，完成自动化包装流程。通过自动装配系统实现生产过程的可视化，优化生产流程和效率，降低人力成本与生产能耗。

物料供应管理：通过高效的 5G 网络打通各生产单元的信息流，缩短调度响应时间。一方面通过自动物流系统对物流数据进行精准分析，实现自动物流分配，确保配送精准度，并降低人工成本。一方面根据各单元收集的相关数据如厂商编号、厂商料号、物料生产周期、物料出货批次、产品生产数据、测试数据、不良信息、分析结论、维修等，建立静态和动态的双重数据模型分析方法，实现预警预报管理，提升产品质量，降低不良率，并提高客户满意度。

工业视觉与自动化如图 7-27 所示。

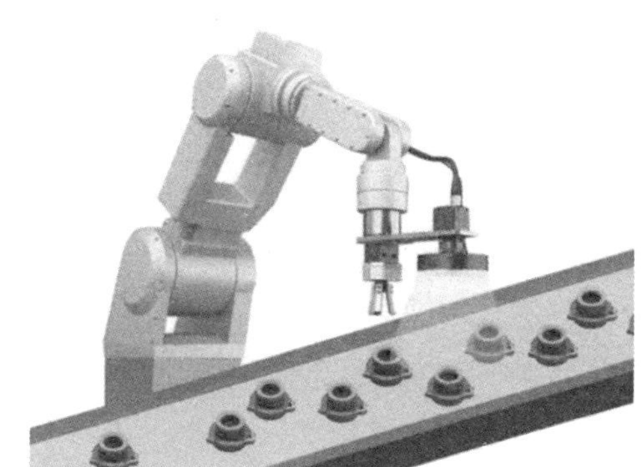

图 7-27　工业视觉与自动化

3．远程操控与运维

远程设备操控：对于高危场景（不适合工人进入的区域，如矿井、辐射区域等），操作人员在控制中心佩戴可穿戴装置，通过 5G 网络对装载在特殊机器人身上的仿生机械手进行远程控制，实现保养及检修、处理放射性废物等一系列操作，完成预定的工作目标，保证厂房生产的安全性及可靠性。

无人值守：通过高可靠、低时延的 5G 网络对工业生产设备、零部件的运行状态、异常情况、工况信息等数据进行实时采集、上传，与制造企业生产过程执行系统（MES）进行数据集成，并在云端进行实时计算、实时分析、实时控制指令解析及下发，通过接入网关对相应设备进行云端控制，实现上层应用对底层设备的透明可视化。可以对整个车间的制造过程进行优化，实现对现场设备的数字化管理，达到生产线无人值守的目的。

【任务实施】

1．观看课前预习视频，每位学生提出关于生活中 VR 和智能制造的应用场景的 3 个问题，学校教师和企业工程师线上点评，积极思考，加强线上互动。

2．查阅资料，了解我国 5G 网络典型案例，分组展示资料收集成果。

3．了解中国芯片的发展情况，使学生了解新中国建设过程中的困难和科技发展，激发学生的民族自豪感和爱国热情，芯片虽小，却是“国之利器”，谁掌握了芯片研发和生产技术，谁就能主导一场信息革命。鼓励学生保持热情，多动手，多实践，实现课程育人目标。

【任务评价】

任务点	考核点		
	初级	中级	高级
Cloud VR	（1）掌握 Cloud VR 的原理及技术特点 （2）熟悉生活中 Cloud VR 的应用行业	（1）掌握 Cloud VR 的原理及技术特点 （2）熟悉生活中 Cloud VR 的应用行业	（1）掌握 Cloud VR 的原理及技术特点 （2）熟悉生活中 Cloud VR 的应用行业
智能制造	（1）掌握智能制造的原理及技术特点 （2）熟悉生活中智能制造的应用行业	（1）掌握智能制造的原理及技术特点 （2）掌握生活中智能制造的应用行业	（1）掌握智能制造的原理及技术特点 （2）掌握生活中智能制造的应用行业

【任务小结】

1．掌握 VR、Cloud VR 的技术原理及应用场景。

2．掌握智能制造的技术原理及应用场景。

3．掌握生活 5G 网络的应用行业。

（文档）
参考答案

【自我评测】

1．描述 Cloud VR 的应用行业。

2．描述智能制造的应用行业。

3．对比分析 Cloud VR、自动驾驶、智能监控三种业务对网络性能的需求。

反侵权盗版声明